"十二五"职业教育国家规划教材

经全国职业教育教材审定委员会审定

"十四五"技工教育规划教材

畜牧场环境控制与规划

主　编◎王玉梅

副主编◎周芝佳　王素梅　李　红　赵　玮

XUMUCHANG HUANJING

KONGZHI YU GUIHUA

北京师范大学出版集团
BEIJING NORMAL UNIVERSITY PUBLISHING GROUP
北京师范大学出版社

图书在版编目(CIP)数据

畜牧场环境控制与规划 / 王玉梅主编. —2 版. —北京：北京师范大学
出版社，2025.10

("十二五"职业教育国家规划教材)

ISBN 978-7-303-22379-4

Ⅰ. ①畜… Ⅱ. ①王… Ⅲ. ①畜牧场—生产工艺—高等 职业教育—教材
②畜禽舍—建筑设计—高等职业教育—教材 Ⅳ. ①S812.9 ②TU264

中国版本图书馆 CIP 数据核字(2017)第 114287 号

出版发行：北京师范大学出版社 https://www.bnupg.com
　　　　　北京市西城区新街口外大街 12-3 号
　　　　　邮政编码：100088
印　　刷：北京虎彩文化传播有限公司
经　　销：全国新华书店
开　　本：787 mm×1092 mm　1/16
印　　张：16.5
字　　数：367 千字
版 印 次：2025 年 10 月第 2 版第 12 次印刷
定　　价：39.80 元

策划编辑：周光明　　　　　　　责任编辑：周光明
美术编辑：焦　丽　　　　　　　装帧设计：焦　丽
责任校对：陈　民　　　　　　　责任印制：赵　龙

本书编审委员会

主　编　王玉梅（黑龙江职业学院）

副主编　冯艳忠（黑龙江省农业科学院畜牧研究所）
　　　　周芝佳（黑龙江职业学院）
　　　　李　红（黑龙江职业学院）
　　　　李玉杰（哈尔滨市双城区畜牧兽医局）

参　编　孙耀辉（黑龙江职业学院）
　　　　彭晓培（北京农业职业学院）
　　　　吴东滨（黑龙江职业学院）
　　　　王素梅（黑龙江职业学院）
　　　　任丽哲（黑龙江职业学院）
　　　　王淑香（黑龙江职业学院）

主　审　陈翠玲（黑龙江职业学院）

内容简介

本教材系统介绍了畜禽养殖环境控制与保护及畜牧场规划等内容，突出高职人才培养目标，将理论知识与实践技能有机结合，符合畜牧业发展需要；结构完整，图文并茂。本书内容主要包括：畜禽舍内环境控制与管理、畜牧场环境管理、畜牧场规划与设计等。本书在编写过程中以科学的态度取材于生产实践，以指导生产操作过程和工作项目为主要内容，明确学习的目标与任务，便于教师组织理论教学和生产实习，也能指导学生参与生产实践活动。

本书不仅可供高等职业院校畜牧兽医专业、畜牧专业、动物营养与饲料专业的师生使用，也可作为中等职业学校学生和基层畜牧兽医技术人员的参考或职业培训教材。

前　言

　　本教材以高等职业教育为指导思想，突出高技能人才培养模式的特点，将畜牧兽医专业理论课程的基础知识与企业生产操作过程相结合，以畜牧生产实践的工作过程和工作任务为主要内容；并将畜牧场环境控制与规划学习领域的知识体系与养殖生产过程相结合，构建了教材的基本知识体系，是校企联合办学的畜牧场环境控制与规划学习领域的教材。

　　本书在编写过程中，力求培养学生实践技能，系统编写了畜禽舍内环境控制与管理、畜牧场环境管理、畜牧场规划与设计等，体现了以学生学习工作技能为主的项目化教学方式与方法，明确了学习的目标与任务。教材编写注重结构完整、操作性强、文字精练、图文并茂。适用于高职高专院校畜牧、动物营养与饲料、兽医等专业的学生和养殖行业人员使用。

　　本教材由黑龙江职业学院王玉梅主编，并编写了学习情境3教学项目1～项目3任务2的内容；学习情境1中项目1、项目2由周芝佳编写；学习情境1中项目3～学习情境2项目1中任务2由李红编写；学习情境2项目1中任务3～项目3中任务1由冯艳忠编写；学习情境2项目3中任务2～学习情境2的实践训练由李玉杰编写；学习情境3项目3任务3～扩展知识由孙耀辉编写。其他剩余内容由主编完成。

　　吴东滨、王素梅、任丽哲、王淑香等参与了本书教学项目与生产工作任务整理工作，黑龙江职业学院农牧工程学院院长陈晓华参与了教材的建设与指导，并承蒙黑龙江省农业科学院畜牧研究所冯艳忠、北京农业职业学院彭晓培编写生产指导教学任务，黑龙江职业学院农牧工程学院陈翠玲教授担任主审，在此一并表示衷心的感谢。

　　书中涉及多学科及许多行业标准，由于作者水平有限，难免存在错误与不足之处，敬请专家和读者批评指正，以便加以完善。

编　者

目　录

学习情境 1

畜禽舍内环境控制与管理

●●●●● 学习任务单

学习情境 1	畜禽舍内环境控制与管理			学　时	22
布置任务					
学习目标	1. 了解各种畜禽舍的类型； 2. 学会控制畜禽舍内的温度，做好夏季防暑及冬季防寒工作； 3. 能制定鸡的光照制度； 4. 会设计畜禽舍排水系统，控制畜禽舍内的湿度； 5. 能设计畜禽舍的通风系统，尤其是有管道自然通风的设计； 6. 掌握控制畜禽舍内有害气体、微粒、微生物及噪声的措施； 7. 学会管理畜禽舍的卫生； 8. 培养团队合作、爱护动物、吃苦耐劳、不怕脏不怕累的精神				
任务描述	在畜禽舍内，根据不同畜禽所需要的环境温度、湿度、光照等要求，通过合理的设计和设施布置，按规程进行环境控制，保证舍内的小气候环境，满足畜禽需要，保证畜禽身体健康及提高其生产性能。具体任务： 1. 控制畜禽舍内温度，做到夏季防暑冬季防寒； 2. 控制畜禽舍内湿度； 3. 控制畜禽舍内光照； 4. 控制畜禽舍内有害物质； 5. 控制畜禽舍内卫生				
学时分配	资讯：7 学时	计划：2 学时	决策：1 学时	实施：10 学时	考核：1 学时　评价：1 学时
提供资料	1. 蔡长霞．畜禽环境卫生．北京：中国农业出版社，2006 2. 李如治．家畜环境卫生学．北京：中国农业出版社，2005 3. 贵州省畜牧兽医学校．家畜环境卫生．北京：中国农业出版社，2002 4. 郑翠芝．畜禽生产环境与环保．哈尔滨：哈尔滨地图出版社，2004 5. 冯春霞．家畜环境卫生．北京：中国农业出版社，2004				
对学生要求	1. 以小组为单位完成任务，体现团队合作精神； 2. 严格遵守养殖场消毒防疫制度，防止传播疾病； 3. 严格遵守操作规程，避免安全事故发生； 4. 严格遵守生产劳动纪律，爱护劳动工具设备				

●●●●● 任务资讯单

学习情境 1	畜禽舍环境控制与管理
资讯方式	通过资讯引导，观看视频，到本课程的网站查找，去图书馆查询，向课程指导教师咨询
资讯问题	1. 什么是体温、皮温？如何给家畜测量体温？ 2. 产热的途径和散热的途径有哪些？ 3. 在高温的环境中，畜禽自身如何调节体温？ 4. 什么是太阳辐射能？影响太阳辐射强度的因素有哪些？ 5. 紫外线对畜禽有哪些作用？生产中怎样应用紫外线？ 6. 红外线对畜禽有哪些作用？生产中如何应用？ 7. 什么是长日照动物和短日照动物？ 8. 影响自然采光的因素有哪些？ 9. 如何确定人工光照制度？请举例说出蛋鸡的光照制度。 10. 什么是畜禽的等热区和临界温度？其影响因素有哪些？ 11. 高温和低温情况下对畜禽热调节、健康和生产性能都有哪些影响？ 12. 畜禽舍的防暑降温和防寒采暖的措施有哪些？ 13. 表示湿度的方法有哪些？ 14. 高温高湿和高温低湿哪个环境更热？为什么？ 15. 低温高湿和低温低湿哪个环境更冷？为什么？ 16. 畜禽舍排水系统由哪些部分组成？建筑时有哪些要求？ 17. 风压通风和热压换气的原理是什么？如何设计有管道自然通风？ 18. 机械通风风机的类型、通风方式有哪些？如何让设计机械通风？ 19. 如何控制畜禽舍中有害气体、微粒、微生物和噪声？ 20. 垫草的作用及使用方法是什么？
资讯引导	1. 在信息单中查询； 2. 在教材查询； 3. 进入有关畜牧场环境的网站查询； 4. 相关资料和报刊资讯； 5. 到实训基地进行现场观察

●●●●● **相关信息单**

项目1　温热环境控制

任务1　畜禽舍光照控制

一、畜禽舍自然采光的控制

1. 选择最佳的畜禽舍方位

尽量选择冬季利于太阳直射光线进入舍内的方位，夏季因太阳高度角增大，而使舍内无太阳直射光线的畜禽舍方位，利于畜禽舍防暑。畜禽舍的长轴方向应尽量与纬度平行，能有效增加舍内照度。

2. 消除影响采光的舍外因素

建筑物布局时，一般要求其他建筑物与畜禽舍及畜禽舍之间的距离，应满足当地采光间距的要求（参照学习情境3中项目3具体设计方法）。为了防暑而在畜禽舍附近植树时，应选用树干高大枝条稀疏的落叶乔木，而且要妥善确定栽种的位置，不要挡光。畜禽舍周围绿化时，要考虑是否挡光，还要定期修整，防止过高而影响畜禽舍采光。

3. 合理设计畜禽舍的自然采光

畜禽舍纵墙上窗户的形式、高矮及透光面积决定舍内自然光线的强弱。当畜禽舍的跨度小于21 m时，畜禽舍两侧纵墙上的窗户可以满足舍内采光的要求；当跨度大于21 m时，应设天窗或增加纵墙的采光面积。在现代畜禽舍建筑时，可用隔热良好的透明屋面板以代替侧墙上的采光。

(1)确定畜禽舍窗户的面积

各种畜禽舍对采光系数的要求不同（表1-1），根据舍内地面面积就可计算出窗户的透光面积及窗户的面积。

表1-1　不同种类畜禽舍的采光系数

畜禽舍种类	采光系数	畜禽舍种类	采光系数
乳牛舍	1：12	种猪舍	1：(10～12)
肉牛舍	1：16	肥育猪舍	1：(12～15)
犊牛舍	1：(10～14)	成年绵羊舍	1：(15～25)
种公马厩	1：(10～12)	羔羊舍	1：(15～20)
母马及幼驹厩	1：10	成禽舍	1：(10～12)
役马厩	1：15	雏禽舍	1：(7～9)

(2)确定窗户的高度　根据入射角（畜禽舍地面中央一点到窗户上缘外侧或屋檐所引直线与地面水平线之间的夹角，入射角不应小于25°）和透光角（畜禽舍地面中央一点向窗户上缘外侧或屋檐和下缘内侧引出两条直线所形成的夹角，透光角不应小于5°）（图1-1）计算并确定窗上缘高度和窗户高度的最小值。

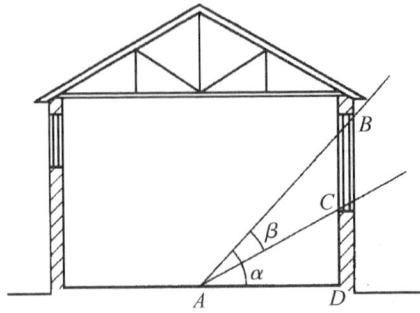

图 1-1   入射角（α）和透光角（β）示意图

（3）确定窗户的数量、形状与分布   在窗总面积不变的情况下，减小每间窗的面积，增加窗的数量，缩小窗与窗之间的宽度有助于舍内光照分布均匀，但窗与墙间的宽度不能过窄，必须满足结构的要求。

窗户面积一定时，采用宽度大而高度小的"卧式窗"，可使舍内长度方向光照和通风较均匀，而跨度方向则较差，且保温效果较差。当窗高度大于宽度的"立式窗"，光照和通风均匀程度与"卧式窗"相反。方形窗光照、通风、保温效果介于两者之间。根据畜禽舍跨度大小合理设计。要充分考虑当地气候的特点，炎热地区南北窗面积之比一般为(1～2)：1，夏季炎热而冬季寒冷的地区南北窗面积之比一般为(2～4)：1。

（4）合适的窗玻璃，增加光线的射入量   有花纹和图案及带有颜色的玻璃透光性差，脏污的玻璃可以阻止 15%～50% 可见光，结冰的玻璃可以阻止 80% 的可见光，而透光差的玻璃还阻止大部分的紫外线进入舍内。畜禽舍的窗应选用透明度好的玻璃，并且要保持窗玻璃清洁。

（5）加强畜禽舍内反光面程度   畜禽舍内物体的光反射情况对进入舍内的光线也有很大影响。据测定，白色表面的反射率为 85%，黄色表面为 40%，灰色为 35%，深色仅为 20%，砖墙约为 40%。可见，舍内的表面(主要是墙壁和天棚)应当平坦，粉刷成白色，并经常保持清洁，以利于提高畜禽舍内的光照强度。

（6）合理布置畜禽栏(笼)及设施   舍内设施的布置(参照学习情境 3 中项目 3 具体设计方法)。尽量选用不影响采光金属的或反光较好的硬塑料的材料做畜禽栏(笼)，而尽量不用水泥砖墙做畜禽栏(笼)。

二、畜禽舍人工光照的控制

1. 计算畜禽舍所需光源总瓦数

根据畜禽舍光照标准和 1 m² 地面设 1 W 光源提供的照度(表 1-2)，计算畜禽舍所需光源总瓦数。同时，根据畜禽舍光照常用电光源的特性(表 1-3)，以及畜禽种类来选用灯具类型。

光源总瓦数＝畜禽舍适宜照度/1 m² 地面设 1 W 光源提供的照度×畜禽舍总面积

表 1-2   每平方米畜禽舍地面积设 1 W 光源可提供的照度

灯源	白炽灯	荧光灯	卤钨灯	自镇流高压水银灯
照度(lx/W)	3.5～5.0	12.0～17.0	5.0～7.0	8.0～10.0

表 1-3　畜禽舍光照常用电光源的特性

光源种类	功率(W)	照度(lx/W)	寿命(h)
白炽灯	15～1 000	6.5～20	750～1 000
荧光灯	6～125	40～85	5 000～8 000

2. 确定灯具数量

按灯行距大约 3 m 布置灯具，或按工作的照明要求布置灯具，各排灯具平行或交叉排列，布置方案确定后，再计算出所需灯具盏数。猪舍灯具布置图如图 1-2 所示。

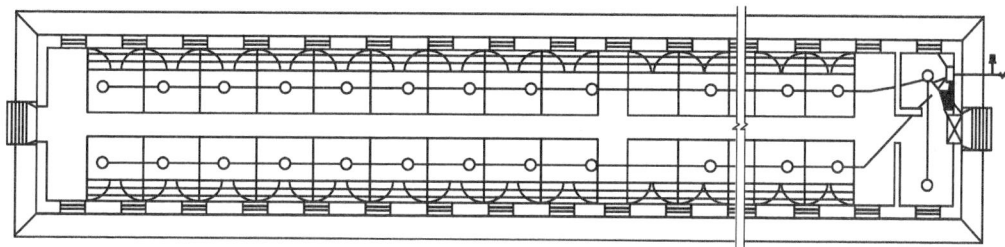

图 1-2　猪舍灯具布置图

3. 计算每盏灯具的瓦数

根据总瓦数和灯具盏数，计算出每盏灯的瓦数。

4. 保证光源的光照强度

使用灯罩可使光源的光照强度增加 50%。避免使用上部敞开的圆锥形灯罩，因为它的反光效果较差，而且将光线在太小的范围内，一般应采用平形或伞形灯罩。而不加灯罩的灯泡所发出的光约有 30% 被墙、顶棚和各种设备等吸收。如安装反光灯罩，比不用反光灯罩的光照强度大 45%，反光罩以直径 25～30 cm 的伞形反光罩为宜。

选用优质的质量灯具，灯具质量差要减少光照度的 30%，清洁度也影响光照度的重要因素，脏灯比干净灯发出的光约减少 1/3。

5. 畜禽舍内人工光照的设计(畜禽舍人工光照标准如表 1-4 所示)

(1)选择畜禽舍内使用的光源　白炽灯、荧光灯和节能灯。

(2)确定舍内灯的高度　光源一定时，灯越高，地面的照度就越小，为在地面获得 10 lx 照度，需要的白炽灯瓦数和安装高度为：15 W 灯泡时为 1.1 m，25 W 时 1.4 m，40 W 时 2.0 m，60 W 时 3.1 m，75 W 时 3.2 m，100 W 时 4.1 m。

(3)灯具的分布　为使舍内的光照比较均匀，应适当降低每个灯的瓦数，增加舍内的总装灯数。鸡舍内装设白炽灯时，以 40～60 W 为宜，不可过大。灯与灯之间的距离，应以灯距地面高度的 1.5 倍为宜。舍内如果装设两排以上灯泡，应交错排列，靠墙的灯，与墙的距离应为灯间距离的一半。灯具在布线时，不可使用软线吊挂，以防被风吹动而使畜禽受惊。如为笼养，灯的布置应使灯光照射到料槽，特别要注意下层笼的光照强度，因此，灯一般设置在两列笼间过道的上方。

表 1-4　畜禽舍内人工光照标准

畜　舍	光照时间 (h)	照度(lx)	
		荧光灯	白炽灯
牛舍			
乳牛舍、种公牛舍、后备牛舍	16～18		
饲喂处		75	30
休息处或单栏、单元内		50	20
产间			
卫生工作室		75	30
产房		150	100
犊牛预防室			
犊牛舍		100	50
带犊母牛或保姆牛的单栏或间隔		75	30
青年牛舍(单间或群饲栏)	14～18	50	20
肥育牛舍(单栏或群饲栏)	6～8	50	20
饲喂场或运动场		5	5
挤奶厅、乳品间、洗涤间、化验室		150	100
猪舍			
种公猪舍、育成猪舍、母猪舍、断奶子猪舍	14～18	75	30
肥猪舍			
瘦肉型猪舍	8～12	50	20
脂用型猪舍	5～6	50	20
羊舍			
母羊舍、公羊舍、断奶羔羊舍	8～10	75	30
育肥羊舍		50	20
产房及暖圈	16～18	100	50
剪毛站及供养舍		200	150
马舍			
种马舍、幼驹舍		75	30
役用马舍		50	20
鸡舍			
0～3 日龄	23	50	30
4 日龄～19 周龄	23 渐减或突减		5
成鸡舍	8～9		10
肉用子鸡舍	14～17 23 或 3 明：1 暗		0～3 日龄 25，以后 减为 5～10

续表

畜禽舍	光照强度（h）	照度（lx）	
		荧光灯	白炽灯
兔舍及皮毛兽舍			
封闭式兔舍、各种皮毛兽笼、棚	16～18	75	50
幼兽棚	16～18	10	10
毛长成的商品兽棚	6～7		

三、鸡舍光照时间的管理

对不同生理阶段和生产性能的鸡群，应选用不同光照制度。

1. 恒定光照制度

在无窗舍内培育小母鸡时，自出雏后第 2 天起直到开产（蛋鸡 20 周龄、肉鸡 22 周龄），每日用恒定的 8h 光照。从开产之日（见第一枚蛋）起光照骤增到 13 h/d，以后每周延长 1 h，达到 15～17 h/d 后，保持恒定。

2. 递减光照制度（渐减渐增光照制度）

在有窗鸡舍中，先预计自雏鸡出壳至开产时（蛋鸡 20 周龄、肉鸡 22 周龄）的每日自然光照时数，加上 7 h，即为出壳后第 3 天的光照时数，以后每周光照时间递减 20 min，到开产时恰为当时的自然光照时数，此后每周增加 1 h，直到光照时数达到 15～17 h/d 后，保持恒定。

3. 间歇光照制度

在无窗鸡舍中饲养肉用仔鸡时，光照与黑暗交替时数之比为 1∶3 或 0.5∶2.5 或 0.25∶1.75 等。较常用的为 1∶3，即光照 1 h 供鸡采食和饮水，黑暗 3 h 供鸡休息，可提高肉鸡采食量、日增重、饲料利用率和节约电力，但饲槽饮水器的数量需要增加 50%。

4. 持续光照制度

肉用仔鸡出壳 2～5 d 内，每天光照 24 h，此后每日黑暗 1 h，光照 23 h，直至肥育结束。

5. 恒定单期光照制度

通常在鸡开始产蛋后一直采用 16 h/d 的光照。在自然光照不足 16 h 时，以人工照明补足 16h。

6. 超期光照制度

光照的明暗周期合计时间大于或小于 24 h。也有单期光照和间歇光照之分。通常光照周期长于 24h（如 16L∶10D，18L∶10D 等），超期光照可使蛋形变大，减少破壳率，多适用于蛋鸡产蛋后期。短于 24 h 的超期光照（如 15.75L∶5.25D，13L∶9D 等）多用于蛋鸡的培育期。

目前，人工光照在养鸡应用的较为普遍，在表 1-5 中列出了便于操作的蛋鸡鸡舍光照管理方案。

表 1-5　蛋鸡鸡舍光照管理方案

商品蛋鸡		父母代种鸡	
周龄	光照时间(h/d)	周龄	光照时间(h/d)
0～1	23	0～1	23
2～17	8	2～19	8
18	9	20	9
19	10	21	10
20	11	22	11
21	12	23	12
22	13	24	13
23	14	25	14
24	15	26	15
25～68	16	27～64	16
69～76	17	65～70	17

【必备知识】

三、光照与畜禽机体的关系

光照是畜禽重要的环境因素，自然光照来源于太阳辐射，太阳辐射也是产生各种极其复杂的天气现象的根本原因，是地球表面光、热和生命的源泉，对畜禽生理机能、健康和生产力产生至关重要的影响。

1. 太阳辐射强度

太阳是直径 140 万 km 的巨大热核反应器，在氢原子核聚变为氦原子核的过程中，产生巨大的辐射能，称为太阳辐射能。太阳表面的温度达 6 000℃，以电磁波的形式向宇宙空间中放射能量，速度为 33.5×10^{22} kJ/s，将放射能量的方式和能量本身称为太阳辐射。表示太阳辐射强弱的物理量，称为太阳辐射强度。到达地球大气外层的仅占其中的二十二亿分之一。

太阳辐射强度与太阳高度角有关。太阳高度角是指太阳直射光线与地面水平之间的夹角。太阳高度角越小，太阳辐射在大气中的射程越长，被大气减弱的越多。相反，太阳高度角越大，太阳辐射越强。太阳高度角随地理纬度、季节和一天的不同时间而变化。低纬度地区、夏季、中午等情况下太阳高度角大，太阳辐射较强。高纬度地区、冬季、早晨及傍的晚等情况下太阳高度角小，太阳辐射强度较弱。除此，阳辐射强度还受大气状况、海拔及地表的物理状态影响，大气层质量好，到达地面的太阳辐射强度大，海拔越高太阳辐射强度大。

2. 太阳辐射光谱(表 1-6)

太阳辐射是一种电磁波，其波长为 4～343 000 nm。其光谱组成按人类的视觉反应分为三个光谱区：红外线、可见光、紫外线。其中红外线和紫外线是不可见光，在全部太阳辐射中，红外线所占比例较大，紫外线所占比例最小，其余的是可见光。波长越长，穿透能力超强，增热效应也越大，所以红外线可以辐射大量的热。

表 1-6　太阳辐射光谱

辐射种类	波长（nm）
红外线	$3 \times 10^5 \sim 760$
红光	$760 \sim 620$
橙光	$620 \sim 590$
黄光	$590 \sim 560$
绿光	$560 \sim 500$
青光	$500 \sim 470$
蓝光	$470 \sim 430$
紫光	$430 \sim 400$
紫外线	$400 \sim 4$

太阳辐射光谱中，红外线占 $50\% \sim 60\%$，紫外线约占 1%，其余的是可见光部分。但是太阳高度角不同，其光谱组成也不同，短波随着透过大气层的路径的增加而减少，而随着海拔的升高而增加，波长随着透过大气层的路径的增加而增加。光谱成分随着纬度、海拔、时间的变化而变化，太阳高度角小于 $35°$ 时，紫外线很难达到地面。如表 1-7 所示。

表 1-7　不同太阳高度角时太阳辐射所含光谱比例（%）

太阳高度角（°）	紫外线	可见光	红外线
90	4	46	50
30	3	44	53
0.5	0	28	72

3. 太阳辐射对畜禽的作用

（1）太阳辐射的普遍作用　太阳辐射作用于畜禽机体，只有被畜禽皮肤吸收的部分才能起到生物学作用。被动物机体吸收的程度与光谱成分及光线对机体的穿透能力有关。光线被物体吸收强烈时，进入动物机体的深度不大就被吸收殆尽，所以不能进入深层。各种光线对机体的穿透能力的大小顺序是：短波红外线＞红、橙、黄光线＞绿、青、蓝、紫光线＞长波紫外线＞长波红外线＞短波紫外线。由此可见，动物机体对紫外线的吸收最为强烈，对可见光的吸收很差，对短波红外线吸收更差。这就说明紫外线对动物的生物学效应非常重要。

①光热效应　由表 1-7 中可以看出，红外线在日光成分中占有较大比例，红外线的单个光子的能量较低，被组织吸收后主要是转变为热运动的能量，可使组织温度升高，称光热效应。红外线及红光能加速组织内的各种物理化学过程，提高组织和全身的代谢。

②光化学效应　是指机体的分子吸收了外来光子的能量后激发的化学反应。在一定条件下光与生物组织作用产生光化学效应。例如，人体皮肤中的麦角固醇在阳光作用下变成维生素 D_2，在叶绿体存在的条件下，阳光照射可使水和二氧化碳合成碳水化合物和氧气。

激光作为一种能量高度集中、单色性极好的光源，它还可以引起一些普通光不能引起的光化学效应。

③光电效应　物质的分子由于吸收光子被激活或电离所至。光具有激发生物大分子的电子并促进其反应。

④光敏反应　动物体内含有某些含光敏物质或有感染病灶吸收的毒素等，受到日光照射，引起皮肤炎症、坏死等现象。如家畜采食某些含光敏物质的植物如荞麦、三叶草、苜蓿、灰菜等受到日光照射使毛细血管壁破坏，通透性加强，导致皮炎、坏死等，有时还发生眼、口腔黏膜发炎或中枢神经系统紊乱和消化机能障碍。

（2）紫外线的作用

①有益作用　紫外线对畜禽有重要的生物学作用。

杀菌作用紫外线杀菌是利用适当波长的紫外线破坏微生物细胞中的 DNA 或 RNA 的分子结构，造成生长性细胞死亡或再生性细胞死亡。紫外线消毒技术是基于现代防疫学、医学和光动力学的基础上，利用特殊设计的高效率、高强度和长寿命的 UVC 波段紫外光照射，可将各种细菌、病毒、寄生虫以及其他病原体直接杀死（表 1-8）。

表 1-8　用紫外线灭菌照射对畜禽的染病率、死亡率和生长率的影响（%）

指　标	用紫外线灭菌	不用紫外线灭菌
染病率	46.8	78
死亡率	0.4	3.5
生长率	0.55	0.42

紫外线的杀菌效果决定于波长、辐射强度及微生物对紫外线的抵抗能力。紫外线杀菌能力最强的波长是 253～260 nm，波长过短或过长，其杀菌能力均减弱。增加紫外线的照射时间或照射强度，可增强杀菌作用。紫外线主要用于空气、物体表面的消毒以及表面创伤感染的治疗。在灰尘颗粒包裹中的微生物对紫外线的耐受程度大大加强。紫外线的穿透能力又较弱，只有环境清洁，才能达到较好消毒效果。

在生产中畜禽舍使用的低压汞灯发出紫外线具有较好的灭菌效果。如用 20 W 的低汞灯悬于畜禽舍 2.5 m 的高处，每 20 mm² 悬挂 1 盏，即 1 W/mm²，每日照射 3 次，每次 50 min 左右，可降低畜禽的感染率和死亡率，抗病力明显提高。紫外线灯安装在畜禽生产场地的入口处以及畜禽舍的入口处用于防疫消毒，起到很好作用。

抗佝偻病作用动物皮肤中的 7-脱氢胆固醇在紫外线作用下形成维生素 D_3，从而调节钙、磷的吸收代谢。冬季在纬度大于 32°的地区，到达地面紫外线起不到转化维生素 D_3 的作用，选用波长为 283～295 nm 的紫外线，对畜禽进行人工补充紫外线的照射。现代的密闭畜禽舍，易发生维生素 D 缺乏症，应注意日粮中维生素 D 的供给。

注意，在畜牧生产中常用人工保健紫外线（280～340 nm）照射畜禽，采用 15～20 W 的保健紫外线灯，按 0.7 W/mm² 安装，距畜体 1.5～2.0 m 高，每日照射 4～5 次，每次 30 min。用紫外线灯也可照射其他动物，同样会提高维生素 D 的转化。

色素沉着作用当阳光照射皮肤时，阳光中的紫外线激发并活化了位于基底层内的黑色素细胞，黑色素细胞中含有色素颗粒，在粗内质网合成黑色素体，将催化酪氨酸进行系列反映，并生成黑色素蛋白，同时酪氨酸酶将失去活性，并担任运输工作，将其转移至角质细胞。黑色素蛋白转移入角质细胞越多，肤色越深。皮肤的黑色素含量增多，能增强皮肤对光线的吸收能力，防止组织深部造成损害，同时还使汗腺加速排汗散热，避免机体过热。因此，黑色素对动物机体有重要的保护作用。而动物皮肤颜色浅易被灼伤，皮肤颜色深受灼伤较轻。

增强机体的免疫力和抗病力动物经常晒太阳，阳光中的紫外线能刺激机体的造血机能，增加白细胞数量和血色素，改善红细胞质量，提高血液凝聚素的滴定效价，增强血液的杀菌和吞噬作用，提高机体对疫病的抵抗力，改善肌肉的活动状态，促进机体细胞吸氧能力和新陈代谢，减轻气喘病和关节疼痛。动物长期缺乏紫外线的照射，可导致机体免疫功能下降，对各种病原体的抵抗力减弱，易引起各种感染和传染病的发生。为提高畜禽机体的免疫功能，在畜牧生产中对于舍饲畜禽，可采用小剂量紫外线进行多次照射，以增强畜禽的体质，提高畜禽对环境变化的适应能力和对某些疾病的抵抗力。

兴奋吸收中枢的作用　阳光中的紫外线还能兴奋动物机体的呼吸中枢神经系统，使呼吸变深，促进氧气的吸收和二氧化碳的排出，从而提高动物机体的活力。

②有害作用　过度的紫外线照射，会引起不良反应。

红斑现象　在紫外线照射下，被照射部位的皮肤会出现红斑，这是皮肤对紫外线照射的特异反应，称为红斑作用。紫外线的红斑反应有两个最敏感的波长区，即 254 nm 和 297 nm，由于产生红斑作用的这一波段紫外线也具有抗佝偻病的作用，故生产中可用红斑出现作为确定紫外线适宜照射时间的依据。

光照性皮炎　当畜禽机体的光敏性物质吸收了光子处于激发态，该物质又作用于皮肤中的其他物质发生反应，出现痛痒、水泡等症状。这种皮炎易发生在白色或浅色皮肤的动物，特别是无毛或少毛部位更易发生，多见于猪和羊。

光照性眼炎　紫外线过度照射动物眼部时，会引起结膜和角膜发炎，称为光照性眼炎。最易引起光照性眼炎的波长为 295～360 nm 的紫外线。其临床表现为角膜损伤、眼红、灼痛感、流泪和羞明等症状。

皮肤癌　皮肤癌的发生与地理纬度有关，还有浅色皮肤的畜禽更易发生。

紫外线照射对动物有利也有弊，在畜牧生产中尽可能地利用有利的一方面，避免过度照射紫外线而造成危害。

（3）红外线的作用

①有益作用　红外线生物学作用的基础是热效应，又称为热射线。

消肿镇痛　红外线能使机体产生热效应的波长大部分集中在 760～2 000 nm，能在照射组织表面及内部转化为热能，引起局部温度升高，微血管扩张，血流量增加，促进血液循环，从而加速组织内各种物理和化学过程，组织营养和代谢得到改善，使炎症迅速消退。局部渗出液被吸收消除，而使组织张力下降，肿胀减轻，也使肿痛减缓。同时热作用于局部刺激，与疼痛一起传入中枢神经系统，也影响疼痛的程度。因此，医疗上红外线可用来治疗神经痛、风湿、冻伤等。

御寒　由于红外线有很强的热效应，在畜禽养殖中常用来给动物取暖，用红外线灯照射雏禽、仔猪、羔羊和病、弱畜禽取暖御寒，而且还可以改善机体的血液循环，促进生长发育。如用红外线灯保温伞育雏。

红外线灯有发光的和不发光的两种灯。发光红外线灯工作时能同时发出短波红外线和可见光，不发光的红外线灯工作时不发光或仅呈暗红色，在生活和养殖生产中常用的为发光红外线灯。

②有害作用

日射病　红外线有较强的穿透作用，波长 600～1 000 nm 红外线能穿透颅骨，使脑内温度升高，引起日射病。

热射病　由于红外线有较强的热效应，使体内热量蓄积，引起体温升高，影响机体的热调节，引发热射病，又称为机体过热症。同时过度的红外线照射，使表层血液循环增加，内脏血液循环减少，使动物的胃消化能力及抵抗力下降。夏季强烈阳光中的红外线照射皮温度可升高到 40℃ 以上，皮肤会变性甚至形成严重烧伤。

眼病　波长 1 000～1 900 nm 红外线长时间照射眼睛，可使水晶体及眼内液体温度升高，水晶体混浊，引起白内障。马属动物最易发生。因此，夏季要避免长时间放牧或使役时，并注意动物的保护头部和眼睛。

(4)可见光作用　可见光的波长 400～760 nm，是太阳辐射光谱中能使动物产生光觉和色觉的部分，并通过动物眼睛的视网膜，作用于中枢神经系统。过强的光照会引起神经兴奋，减少休息时间，增加甲状腺的分泌，影响动物的活动、采食等，从而影响增重和饲料利用率。

①光色　可见光波长不同，光色不同，但光色对某些动物是有影响的。家禽对光色比较敏感，尤其是鸡，光色与鸡的恶癖发生率的关系如表 1-9 所示。多数人认为，鸡在红光下比较安静，啄癖极少，成熟期略迟，产蛋量稍有增加，蛋的受精率较低；在蓝光、绿光或黄光下，鸡增重较快，成熟较早，产蛋较少，蛋重略大，公鸡交配能力增强。红光对于其他动物也有一定的影响。目前，波长对动物生长、肥育等方面的影响，研究的结果不一致，还需要进一步的研究与探讨。

表 1-9　光色与鸡的恶癖发生率的关系

光　色	明亮	青	绿	黄	橙	红
恶癖发生率(%)	13.0	21.5	0	52.0	0.5	0

②光照强度　不同的光照强度对畜禽的生物学效应不同，光照强度不变对于不同动物的生物学效应也各异。在肥育期内畜禽的光照过强会兴奋，减少休息，增加活动时间，日增重下降。因此，在畜禽的肥育阶段给予的光照强度为：便于饲养管理工作进行和畜禽能正常的采食和饮水即可。具体的光照强度大小和作用时间，因动物不同而不同(表 1-10)。

表 1-10　光照强度

用　途	鸡及家禽	家　畜
幼小或种用舍	5～15 lx	60～100 lx
肉用舍	5～10 lx	40～50 lx

鸡对可见光的感光阈很低。当照度低于 10 lx 时，鸡群比较安静，生产性能和饲料利用率均较高。若照度高于 10 lx 时，容易引起啄羽、啄趾、啄肛和神经质。如果突然增强

光照，还易引起母鸡泄殖腔外翻。因此，无论对肉鸡或蛋鸡、成鸡或小鸡光照强度均不可过高，均应以 5 lx 为宜，最多不超过 10 lx。

家畜对光照强度的反应阈较高。较强光照和足够的光照时间可以促进动物的性腺发育，提高公畜的精液品质，仔猪生长速度、成活率、抗病力及母畜泌乳力等综合繁殖力也得到很大改善。相反暗光下（5～10 lx），公猪和母猪生殖器官的发育较正常光照下的猪差；犊牛的代谢机能减弱。因此，幼畜、生长畜和种畜给予光照强度较高，家畜肥育应给予较低的光照强度为宜。

③光周期　随着地球转动，季节交替，光照时数呈周期性变化，光的波长、强度以及每天光照与黑暗时间交替循环的变化规律，称为光周期。这种规律主要表现为光照时数的年周期和昼夜周期。其生物学效是非常显著，动物机体的各种生理现象也具有周期性，同时与光周期相关，例如产蛋、发情、产仔、脱毛等，表现为昼夜节律或年节律。生物都对光周期性变化产生周期性生理现象和繁殖规律，这种动物机体活动的内在节律，称为生物周期或生物节律。

长日照动物　马、驴、雪貂、狐、猫、野兔、及鸟类等在春季日照逐渐延长的情况下发情交配，称为"长日照动物"。

短日照动物　绵羊、山羊、鹿和一般野生反刍兽等在秋季日照逐渐缩短的情况下交配，称为"短日照动物"。

高纬度地区由于光照的年周期变化较低纬度明显，动物繁殖的季节性亦更加显著。赤道地区因光照的年周期变化不明显，动物繁殖也就没有明显的季节性。此外，也有一些动物对光周期不敏感。

光周期对繁殖性能的影响　在长期的生产实际中发现光周期对动物繁殖机能的影响最为明显。当春天日照时数逐渐延长时，一些动物的垂体前叶开始分泌促性腺激素，性腺机能变得活跃，出现发情征兆，而在白昼趋短的秋天性腺则渐渐衰退。禽类表现尤为明显。鸡在春天日照趋长时开始产蛋，而高纬度地区昼短夜长的冬季满足不了母鸡产蛋所需要光照时间，成为母鸡停产的主要原因。

当前，养禽业普遍应用人工光照。在冬季通过人工补充光照以保持母鸡产蛋所需要的光照时数，从而使母鸡产蛋不受季节性的变化。在培育新母鸡时，如果育成期逐渐延长光照，小母鸡提早产蛋，全期产蛋量低。相反，在育成期逐渐缩短光照条件下培育的新母鸡，性成熟较适宜，有利于鸡的生长发育及体成熟，全期产蛋量高，且蛋重大。

畜禽长期生活在一定的光照规律条件下形成一定的遗传性，这种遗传性不仅限于繁殖，而且还表现在脱毛、换羽等。但它们受到人类长期驯化和培育程度影响，对光的反应就不明显。例如，牛和猪已经成为全年繁殖的动物，不再有明显的季节性。但这些动物的精液品质、受胎率及出生率等指标仍有季节性差异。

光周期对生长、肥育的影响研究表明：适当光照可刺激垂体前叶分泌促甲状腺激素、生长激素等，从而促进畜禽的生长和增重。光照不足影响蛋白质和矿物质沉积，影响生长发育。但光照强度过强导致代谢加强，饲料转化率低，但瘦肉率得到提高。

在养殖生产中种用畜禽的光照时数应适当增加，以利于活动，增强体质。肥育畜禽则应适当缩短，以减少活动，加速肥育。

光周期对产乳的影响光照通过垂体前叶影响促性腺激素、促甲状腺激素、生长激素的分泌而控制乳汁的合成与排出。对产乳动物适当延长光照时间与强度可以提高产奶量。一般哺乳动物的产奶量都是春节最多 5～6 月达到高峰，7 月大幅跌落，10 月又慢慢回升。这与牧草枯萎和温度高达有着直接关系，但光照时数的变化也是重要因素。试验发现，人为增加奶牛的光照时数与强度，就能提高产奶量。

光周期对毛生长的影响　为了适应环境变化，成年动物的毛生长与更换有着明显的季节性，春季换毛后换上夏天的毛粗而硬，有利于散热。秋季换上冬天的毛软而密，有利于保温。动物毛的季节性脱换，与光照时数有密切关系，畜禽的被毛每年的一定季节脱落更换，牛、羊、狗、猫、貂及禽类等都如此。在自然条件下，鸡是每年秋季换羽，现在养鸡场对成年母鸡实行 16～17 h 的恒定光照制，光照时数没变，羽毛一直不能脱落更换。为了让产蛋鸡短时间快速换羽，人为采用缩短光照及药物辅助等手段，强制鸡换羽，控制产蛋周期，这是光照规律在养鸡生产实践中的成功应用。

光周期对毛皮动物的毛皮成熟非常重要。秋季光照时数日渐缩短，动物的皮毛随之逐渐成熟。到了日照时间最短的冬季，皮子和被毛的质量都达到了优质。而到了春季，光照时数日渐延长，动物开始逐渐换毛，毛皮质量变差。我国南方某些省区从北方引进水貂，因为不同季节光照时数变化太小，到了冬季被毛不能成熟，生产了许多等外品，而到了春季也不能正常进行繁殖。当采取人工控制光照、加大光照的季节性变化，皮毛的一级品比率大幅度提高，春季也都能正常发情配种。这一现象同温度固然有一定关系，但最主要的因素是光周期的变化。

环境因素中，光照起着重要的作用，不仅影响动物性腺机能、交配、孵化、产仔等繁殖活动，还决定被毛脱换、角的脱落与再生、某些动物的冬眠、移栖动物的迁徙等机能和习性。

二、畜禽舍光照

为了满足畜禽正常的生产需要，光照时间和光照强度都要严格控制。冬季舍温低，太阳直射光线进入舍内会提高舍内温度，对畜禽舍防寒起着重要作用。

由于季节的更替，光照也在呈现周期性变化，在昼短夜长的冬季对于有些动物就需要人工补充光照来满足其生产需要的光照。这样将畜禽舍的光照就分为人工光照和自然采光两个方面。人工光照是在自然光照不满时的补充光照。

对于借助于门窗及畜禽舍开放部分进行采光的禽舍，是以自然光照主。衡量畜禽舍自然采光主要指标有采光系数、入射角和透光角。

1. 采光系数

采光系数指畜禽舍窗户的有效采光面积与该舍地面面积之比。不同畜禽要求光照不同，其舍内的采光系数也不同，为了畜禽舍内采光均匀，在窗户面积一定时，增加窗户的数量以改善光照效果。或将窗户周围的墙修成斜角呈喇叭形，以提高光照。

2. 入射角

入射角指畜禽舍地面纵中线上一点到窗户上缘（或屋檐）所引直线与地面水平线之间的夹角。入射角不应小于 25°，入射角在一定程度上规定了窗（或屋檐下端）的最小高度，入射角越大，越有利于畜禽舍的采光。

当考虑到畜禽舍的防寒与防暑时，夏季不应有太阳直射光射入舍内，而冬季则希望有更多阳光照射到舍内畜床上。当窗的上缘外侧（或屋檐）与窗的内侧下缘所引直线同地面形成的夹角小于当地夏至日的太阳高度角时，可防止夏至前后太阳直射光进入舍内。当畜床后缘与窗的外侧上缘(或屋檐)所引直线同地面之间的夹角大于当地冬至日太阳高度角时，就可使冬至前后的太阳直射光大量进入舍内，从而提高畜舍内的温度。

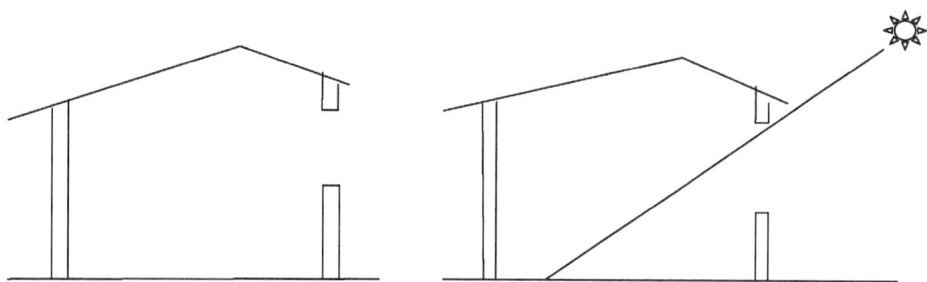

图1-3 根据太阳高度角设计窗户上缘的高度

夏至日和冬至日时太阳高度角的计算为：

$$h = 90 - \varphi + \sigma$$

式中：h——太阳高度角；

φ——当地纬度；

σ——赤纬(夏至时为$23°27'$，冬至时为$-23°27'$，春分和秋分时为$0°$)。

3. 透光角

透光角是指畜禽舍地面中央一点向窗户上缘外侧或屋檐和下缘内侧引出两条直线所形成的夹角。透光角不应小于$5°$，透光角越大，越有利于畜禽的采光。

任务2 畜禽舍温度控制

一、畜禽舍防寒保暖措施

1. 设计建造防寒保暖的畜禽舍外围护结构

(1)选择防寒保暖的畜禽舍类型 如二层畜禽舍、有窗或无窗密闭式畜禽舍、在冬季搭设塑料暖棚的开放或半开放的畜禽舍。

(2)屋顶和天棚的保温隔热设计 屋顶和天棚的结构必须严密，不透气。设置天棚，使屋顶与舍内空间形成一个不流动的空气缓冲层，还可在天棚上加如珍珠岩等保温材料。在寒冷地区适当降低畜禽舍净高，有助于改善舍内温度状况，趋向于采用$2\sim2.8$ m的净高。也可使用高效合成隔热材料或聚苯乙烯泡沫塑料、聚氨酯板等新型材料作屋顶。

(3)墙壁的隔热设计 选择导热系数小的建筑材料。建筑墙壁要严密不透气，或增加墙壁的厚度，或降低墙壁的高度，或增大畜禽舍的跨度等。用空心砖替代红砖，墙的热阻值提高41%，而用加气混凝土块，热阻值则可提高6倍，或者采用空心墙体或在空心中填充隔热材料，也会提高墙的热阻值。

(4)门、窗的防寒设计 在寒冷地区，受寒风侵袭的北墙和西墙应尽量少设窗、门，而且要注意对北墙和西墙加强保温。在外门设置门斗，在门内加装保温层。设双层窗，或在窗的内外加塑料薄膜、挂窗帘等。

(5)地面的保温隔热设计 一般情况下，鸡舍、羊舍等地面设计为隔热性能良好的干燥夯实土地面及三合土地面。猪舍、牛舍则应设计为具有坚固、耐久和不透水等优良特点水泥地面，但水泥地面硬，而且导热系数大，寒冷冬季在水泥畜床上最好加铺木板、垫料或厩垫等。

2. 加强畜禽舍的防寒保暖管理

(1)选择适合的畜禽舍朝向，充分利用太阳的直射光线，提高舍温。

(2)在不影响饲养管理及舍内基本卫生状况的条件下，适当增加畜禽的饲养密度，是解决舍内防寒的重要手段。

(3)在寒冷的季节，组织通风换气要适当，防止气流过大，带走过多的热量，导致舍温过低。

(4)保持舍内湿度适宜，控制舍内用水量，保证排水系统的通畅。

(5)利用垫草与垫料(图1-4)，改善畜禽机体周围小环境温度，降低畜床的导热性能。在寒冷地区尽量不使用漏缝地板。

图1-4   垫料与垫草

(6)加强畜禽舍入冬前的维修，如抹墙、粉刷、加封塑料膜等，以减少热量损失，防冷风侵袭。

3. 畜禽舍取暖

畜禽舍取暖分集中和局部取暖。集中取暖是由一个集中的热源(锅炉房或其他热源)，将热水、蒸汽或预热后的空气，通过管道输送到舍内或舍内的散热器。局部取暖则由火炉(包括火墙、地龙等)、电热器、保温伞、红外线等就地产生热能，供给一个或几个畜栏。

图1-5   热风炉

畜禽舍的取暖方式应根据需要进行选择，同时考虑经济条件与效益，选定最佳的方案。可供选择的常用取暖设备如下：

(1)热风炉式空气加热器 由通风机、加热炉和送风管道组成，风机将热风炉(图1-5)加热的空气通过管道送入畜禽舍，属于正压通风。

(2)暖风机式空气加热器 有蒸汽或热水电加热器两种。暖风机有壁装式和吊挂式两种形式，前者常装在畜禽舍进风口上,对进入畜禽舍的空气进行加热处理;后者常吊挂在畜禽舍内,对舍内的空气进行局部加热处理。也有的是由风机将空气加热和并由风管送入畜禽舍,此种加热器在夏季与低温或深层的地下水连接,用于夏季舍内降温。

(3)太阳能式空气加热器 太阳是取之不尽,用之不竭的能源。太阳能空气加热器就是利用太阳辐射的热能来加热进入畜禽舍的空气,这是畜禽冬季取暖经济而有效的装置,相当于民用太阳能热水器,投资大,供暖效果受天气状况影响,在冬季的阴天,几乎无供暖效果。

(4)电热保温伞 电热保温伞下部为温床,用电热丝加热混凝土地板(电热丝预埋在混凝土地板内,电热丝下部铺设有隔热石棉网),上部为直径为1.5米左右的保温伞,伞内有照明灯。利用保温伞育雏,一般每800～1 000只雏一个,而用于仔猪取暖时,则每2～4窝仔猪一个保温伞。

(5)电热地板 在仔猪躺卧区地板下铺设电热缆线,每平方米供给电热300～400 W,电热缆线应铺设在嵌入混凝土内38 mm,均匀隔开,电热缆线不得相互交叉和接触,每4个栏设置一个恒温器。

(6)红外线灯保温伞 红外线灯保温伞下部为铺设有隔热层的混凝土地板,上部为直径为1.5米左右的锥型保温伞,保温伞内悬挂有红外线灯(图1-6)。保温伞表面光滑,可聚集并反射长波辐射热,提高地面温度。在母猪分娩舍常采用红外线灯为仔猪取暖,每窝一盏(125 W),只保证仔猪保育区所需较高的温度,而不影响母猪。保育区温度高低与红外线灯悬挂高度和距离有关,在红外线灯功率一定条件下,红外线灯悬挂高度越高,或与保育区距离越大,则温度越低。

图1-6 吊挂式红外线育雏伞

(7)热水管加热地板 在仔猪躺卧区地板下铺设热水管,方法是在混凝土地面50 mm处铺设热水管,管下部铺设矿棉隔热材料。热水管可以为铁铸管,也可以为耐高温塑料管。

(8)电热育雏笼 电热育雏笼由一个供热笼,一个保温笼和四个运动笼构成每组电热笼可饲养800～1 000只雏鸡,有自动控温装置,管理方便。

二、畜禽舍防暑降温措施

1. 加强畜禽舍结构隔热设计

(1)选用隔热性能好的建筑材料 尽量选用导热系数小的材料用于建造外围护结构,同时可几种材料综合使用,以达到隔热的作用。

（2）合理设计屋顶的隔热构造　将屋顶设计成双层，两层中间空气可以流动，流动的空气可以带走热量，同时也阻止热量传入舍内（图 1-7）。

（3）屋顶和外墙面采用白色或浅色，增加其反射太阳辐射的作用，可以减少太阳辐射热向舍内传入。

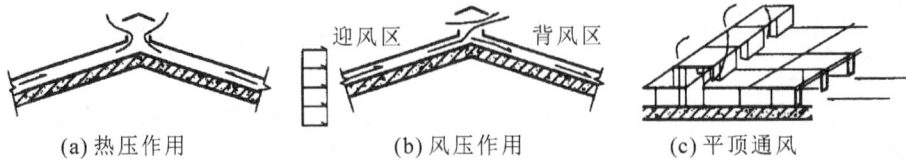

迎风区　背风区

(a) 热压作用　　　　(b) 风压作用　　　　(c) 平顶通风

图 1-7　通风屋顶

2. 畜禽舍防暑设计

选择利于防暑类型的畜禽舍，如棚舍、开放舍及半开放舍和组装舍等。同时在设计时还要考虑到舍的朝向与各季节主导风向的关系，及当地的地势是否利于通风。

3. 畜禽舍遮阳与绿化

使用垂直挡板遮挡正面射到窗口的阳光，适用于对东、西向或接近东、西向的窗口遮阳。当用垂直挡板对西向窗口遮阳时，太阳辐射透过系数为 17％。选用水平遮阳板用以阻挡来自窗口上方来的阳光，适用于南向及接近南向的窗口，也适用于北回归线以南的北向及接近北向的窗口。当对南向窗口遮阳时，太阳辐射透过系数为 35％。进行综合式遮阳，能同时遮挡窗口上方（水平挡板）和左右两侧（垂直挡板）射来的阳光，这种这样方式既可适用于南向、东南向、西南向以及接近此朝向的窗口，也适用于北回归向以南的低纬度地区北向及接近北向的窗口。当对西南向窗口进行综合式遮阳时，太阳辐射透过系数为 26％。

此外，还有加宽舍挑檐、挂竹帘、搭凉棚及种植树木和棚架攀缘植物等遮阳设计，但要兼顾通风、采光，应全面考虑。

在畜禽舍周围进行绿化，尽量减少水泥地面，降低热辐射。要选择适合畜牧场绿化的植物，还要注意及时修剪。

4. 组织好的畜禽舍通风

首先选择畜牧场地址时，要注意地形、地势与防暑的关系，同时兼顾到炎热季节的主导风向。其次要进行畜禽舍的通风设计（见本项目任务 4）。最后清除舍外堆放杂物等影响通风的因素。

5. 加强畜禽的防暑管理

首先保持全天有充足清洁的饮水。其次改变饲喂时间，尽量在清晨和晚上饲喂，夜间还可加喂 1 次，以保证满足营养需要。再次降低畜禽的饲养密度，减少热应激。最后炎热地区应选用耐热品种。

6. 采取降温措施

（1）喷雾降温（图 1-8）　喷雾降温的效果与空气湿度有关，当舍内湿度小于 70％时，采用喷雾降温，可使气温降低 3～4℃。当空气中湿度大于 85％时，不应选择喷雾降温。

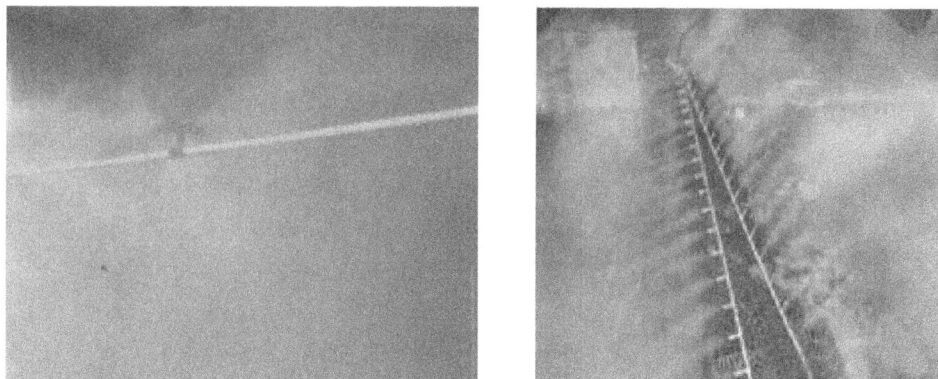

图 1-8 畜舍喷雾降温

（2）喷淋降温 这种方法只适用在炎热地区，猪、牛等畜禽舍使用的降温方法。在畜禽舍内相应的位置安装喷头或钻孔水管。舍内高温时，定时或不定时对畜禽进行淋浴。在喷淋时，让水冲透被毛或润湿皮肤，这样水可以直接从畜体及舍内空气中吸收热量，利于畜体蒸发散热和降低舍温。

（3）湿帘降温（图 1-9） 畜禽舍采用负压通风系统时，将湿帘安装在通风系统的进气口，空气通过不断淋水的蜂窝状湿帘，水蒸发时吸收热量，从而降低舍温。实验表明，当空气通过蒸发后，舍温可降低 $2\sim7℃$。

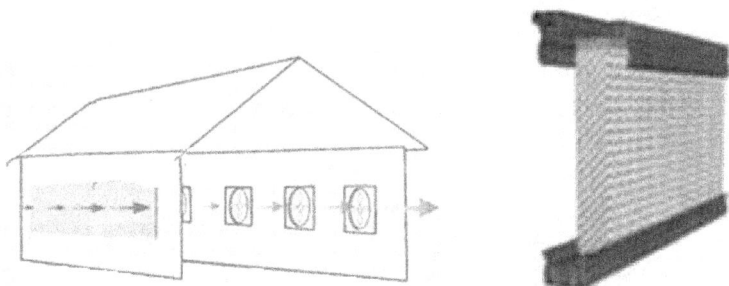

图 1-9 畜禽舍湿帘降温装置

（4）冷风设备 冷风机（图 1-10）是一种新型的将喷雾和冷风相结合的设备，一般喷雾雾滴直径可在 $30\ \mu m$ 以下，喷雾量可达 $0.15\sim0.20\ m^3/h$，通风量为 $6\ 000\sim9\ 000\ m^3/h$，舍内风速可达 $1.0\ m/s$ 以上，降温范围长度为 $15\sim18\ m$，宽度 $8\sim12\ m$。为理想的降温设备。

（5）地能利用装置 用特定设备使畜禽舍内空气与地下恒温层进行交换热，利用其能量给畜禽舍供暖或降温。例如，美国衣阿华州的一家公司，在地下 3m 深处以辐射状水平埋 12 根 30m 长的钢管，每条钢管的一端与垂直通入猪舍的中央风管相通，另一端分别露出地面作为进风口，中央风管中设风机向猪舍送风。外界

图 1-10 冷风机

空气由每条风管的进风口进入水平管，通过管壁与地层换热，夏季使进气温度降低，冬季使进气温度升高，从而对猪舍进行降温或供暖。据测定，当夏季舍外气温为35℃时，吹进

畜禽舍的气流温度为24℃,当冬季舍外气温为−28℃时,进气温度可升至1℃。钢管造价较高,日本等国采用硬质塑薄料管壁,可降低造价,并防锈蚀。风管埋置地层深度一般不小于0.6 m,埋置越深,四季温度变化越小,但深度越大投资越高,0.6 m以下,低温以无昼夜差异。

(6)机械制冷　这种降温方式不会导致空气中水分的增减,和干冰(液态CO_2)降温相同,统称为"干式冷却"。采用机械制冷法降温效果最好,但成本很高。目前仅在少数种畜禽蛋库、畜产品冷库等生产中应用。

【必备知识】

一、自然环境温度

太阳辐射对空气增热作用很小,太阳辐射通过空气时,空气吸收热量温度升高0.015~0.02℃,但是太阳辐射到达地面后,被地面吸收,使地面增热,地面再通过辐射、传导和对流将热量传给空气,这是空气热量的主要来源。

环境温度的升降源于太阳的运行规律。由于某一地区的太阳辐射强度因纬度、季节和一天不同时间而异,这地区的气温也随太阳辐射强度的增加而升高,又随太阳辐射强度的减弱而温度下降。因此,各地温度变化都随太阳辐射呈周期性的变化。

1.气温的日变化规律

在1天中,日出之前气温最低,日出后气温逐渐升高,下午14:00左右最高,以后气温逐渐下降。1天中气温最高值与最低之差称为气温日较差。各地气温日较差大小与纬度、季节、地形地势、天气状况等因素有关,我国各地的气温日较差基本上是从东南向西北逐渐增加。东南沿海地区一般在8℃以下,秦岭和淮河以北在10℃以上,西北内陆在15~25℃。

2.气温的年变化规律

在一年中,一般是1月气温最低,7月最高。最热月份与最冷月份的平均气温之差,称为气温年较差。各地气温年较差的变化与纬度、与海洋的距离、海拔高度、降雨量等因素有关,我国1月平均气温南北地区相差较大,纬度向北每增加1°,气温降低1.5℃,到了夏季7月平均气温普遍较高,从广东到河北北部平均气温都达到28℃以上。同一地区不同年份的年较差也变化的,有时差值大,有时差值小,为了保证畜禽健康和较高生产性能,只能调控畜禽舍的温度。

气温除规律性的变化外,还有规律性变化。如春季气温回升后,因冷空气到来,气温突然下降。秋季气温下降后,因暖空气的活动,又出现气温回升的现象。

二、畜禽舍内温度

畜禽舍内温度与该舍封闭程度、位置朝向及饲养密度等因素有关。密闭畜禽舍可以避免寒风侵袭,舍内温度决定于热量来源与外围护结构保温状况,舍内的热量一部分由舍外空气传入和太阳辐射产生,另一部分则来自舍内产生的,主要是畜体放散的热量,或是人工供暖。据测定,在适宜温度下2万只产蛋鸡的鸡舍内1 h放散的可感热总量为618 640 kJ。此外,人的活动、机械的运转、各种生产过程也产生一定的热量。白天热量产生较为集中,舍内温度较高。夜晚热量产生相对少,舍内温度就会下降。

舍内的垂直方向上,温度也存在差异。一个保温良好的畜禽舍内,由于畜禽发散热量，温暖潮湿的空气向上升，越接近天棚附近温度越高，越接近地面处温度最低。如果天棚或屋顶保温不良，热量通过上部很快发散，情况则相反，舍上部温度变低，舍下部温度相对高，因为下部有畜禽的散热。在正常的情况下，天棚附近和地面附近温度之差一般不超过 2～3℃为宜，或者每升高 1m，温差不超过 0.5～1.0℃。在畜禽舍水平方向上，气温从中央向四周逐渐降低，靠近门、窗和墙等位置的温度最低。畜禽舍的跨度越大温度差越显著。实际差异的大小，决定墙和门、窗的保温性能，通风管的位置，以及畜禽舍内外温差大小。寒冷季节，要求墙内表面温度与舍内平均温度不超过 3～5℃，墙壁附近的空气温度与畜禽舍中心相差不超过 3℃。

三、畜禽的体温、皮温

动物保持正常体温是动物维持生命活动和生产性能的前提，体温衡量动物健康的重要生理指标。在生物的漫长进化过程中，动物进化位置越高，体温调节机能也越完善，动物的体温就越稳定。

1. 畜禽的体温

体温是指身体深部的温度，虽然畜禽的体温各不相同，它是衡量畜禽重要的生理与病理指标。但要测量动物体内深部的温度比较困难，躯体体内部位不同，温度也不完全相同。因此，一般以直肠温度作为内部体温的代表。在适温和不炎热的天气条件下，直肠温度较颈动脉血液温度高 0.1～0.3℃；在严重的热应激情况下，两者的温度相同。因直肠温度对环境条件迅速变化的反应迟钝，所以用直肠温度的变化能表示动物体深部温度的相应变化。反刍动物的瘤胃由于微生物发酵产生大量的热，其温度高于直肠 2.2℃；但在瘤胃排空时，瘤胃与直肠温度之差下降为 0.8℃。由于直肠温度能代表体温，又易测量，故长期以来均以直肠温度表示体温。在测量体温时，温度表感应部位伸入直肠深部一定位置，如成年牛、马等大家畜为 15 cm，羊、猪为 10 cm，小家畜和家禽为5 cm。温度表伸入直肠过浅，测定温度较低，不能代表身体深部温度。

恒温动物在正常的环境温度范围内能保持体温相对稳定，畜禽基本都属于恒温动物，体温恒定是指在环境温度变化时动物体温保持相对稳定（在一定范围内波动的）。相对恒定的体温是保持动物内环境稳定，维持细胞正常代谢的基础。

不同种类动物的体温不同，同一种类不同品种、不同年龄的动物体温也稍有差别（表 1-11）。动物体温的差别与动物机体的代谢强度和体表的隔热能力有关，一般代谢强度高，体表隔热能力强的动物体温较高，反之则动物体温较低。幼龄动物体温较高，成年动物体温较低。同一种动物在不同时间体温也有波动，存在着日变和年变。一般白昼活动的动物，体温在清晨时最低，在中午或气温最高时体温最高，如牛的体温一般在下午 5～6时最高，早晨4～6 时最低。夜间活动的动物如鼠，其体温夜间高，白天低。鸡的体温最高的时间与气温最高的时间相符合。羊早晨的体温在夏季最高，冬季最低，在春季中午体温最高。当动物的生活方式改变后，体温变化的曲线亦完全改变。体温的正常日变化规律主要由于活动、觅食或饲喂产热增加，而休息、睡眠产热减少所致。如果昼夜温差或气温季节性变化很大，气温对动物的体温也产生很大影响。由于外界环境温度一般比体温低，且身体的热量主要由皮肤散失，所以越向身体外部，动物体温度越低。

表 1-11　各种家畜的直肠温度

畜禽种类	直肠温度(℃)	
	平均	变化范围
鸡(fowl)	41.7	40.0～43.0
鸭(duck)	40.7	40.2～41.2
鹅(goose)	40.8	40.0～41.3
兔(rabbit)	39.5	38.6～40.1
猪(pig)	39.2	38.7～39.8
肉牛(beef cattle)	38.3	36.7～39.1
乳牛(milk cow)	38.6	38.0～39.3
水牛(buffalo)	37.8	36.1～38.5
牦牛(yak)	38.3	37.0～39.7
黄牛(yellow cattle)	38.2	37.9～38.6
绵羊(sheep)	39.1	38.3～39.9
山羊(goat)	39.1	38.5～39.7
马(horse)	37.6	37.2～38.1
驴(donkey)	37.4	36.4～38.4
骡(mule)	38.5	38.0～39.0
骆驼(camel)	37.8	34.2～40.7
狗(dog)	38.9	37.9～39.9
猫(cat)	38.6	38.1～39.2
水貂(mink)	40.2	39.7～40.8
银狐(silver fox)	40	39.4～40.9
豚鼠(cavy)	39.5	39.0～40.0
大白鼠(rat)	39	38.5～39.5
小白鼠(mouse)	38	37.0～39.0

2. 畜禽的皮温

皮肤表面的温度称为皮温。皮温受身体本身和外界温热条件的影响，常随外界条件的变化而变化。动物身体部位不同，其皮温也不相同，一般的规律是，凡距体躯较远、被毛保温性能较差、散热面积较大、血管分布较少和皮下脂肪较厚的部位，皮温较低。四肢末端、耳尖和尾部等部位温度较低，在环境温度低时，这些部位的温度显著下降，例如，犊牛在 35℃ 的高温环境中，直肠温度为 39.8℃，身体各部位的皮温没有很大的差异，体温范围在 36.5～38.5℃，可是在 5℃ 的低温环境中，直肠温度为 39.5℃，胸部皮温为 31.2℃，耳部仅 7℃，两部位的温度相差 20℃。

在不断变化的环境条件中，动物通过调节产热与散热来维持体温的相对稳定，维持体温稳定的途径包括产热和散热两个方面。

3. 产热

动物体内的热量主要来自于饲料。动物胃肠中的饲料在被消化吸收过程中产生热量，营养物质在参与动物机体的能量和物质代谢过程中也产生热量。动物的能量代谢不断进行，就会不断产生热量。在物质的分解和合成过程中总是伴随能量的释放、转移和利用。饲料中的化学能在动物体内被转化为机械能、电能和化学能的过程称为能量代谢。能量代谢的速度或强度称为"代谢率"。在一定时间内，动物机体的产热量取决于其"代谢率"，代谢率越高，产热越多。因此，产热量是衡量动物代谢率的一项重要指标。动物从饲料中获得的能量主要用于维持生命活动和进行各种生产。动物不进行生产，只进行正常生命活动并保持体重不变的情况下的产热量称为维持代谢产热，维持代谢产热量又包括基础代谢产热量和动物活动产热量。因此，动物的产热环节主要包括基础代谢产热、活动产热、生产产热以及热增耗。

(1)基础代谢产热　动物的基础代谢常称为"饥饿代谢"，是指动物处于饥饿、休息(静卧清醒)、温度适宜(20℃)、消化道没有养分可吸收、清醒、安静状态下的产热量。此时的能量消耗只用于维持生命的基本生理过程，如血液循环、呼吸、泌尿、神经和内分泌等的正常运行，为动物在清醒状态下的最低产热量。在上述条件下，动物睡眠时的产热量比基础代谢产热量降低10%。

各种动物单位体表面积基础代谢产热量非常相似，如马、鸡和小鼠每日基础代谢产热量平均分别为 3 966 kJ/m²、3 946 kJ/m² 和 4 971 kJ/m²。大多数动物基础代谢产热量都很相似，均在 4 200 kJ/m² 左右。因此，动物的基础代谢产热量是与其体表面积成正相关，而不是与它的体重呈正比例。经实验测定，基础代谢产热与体重的 0.75 次方关系较为密切。目前估计代谢产热，仍用体重的 0.75 次方估测。成年动物不论体重大小，基础代谢产热量均可以用下式估计：

$$基础代谢 = K_1 W^{0.75}(kJ/d)$$

式中：W——动物质量(kg)；

　　　K_1——单位代谢体重的平均基础代谢产热量(kJ/kg·d)。

人的基础代谢为 134.3 kJ/kg·d，狗的基础代谢为 215.5 kJ/kg·d，鼠的基础代谢为 2736.3 kJ/kg·d，猪的基础代谢为 79.7 kJ/kg·d。

对于动物而言，确切的基础状态很难达到，一般用静止代谢代替基础代谢。静止代谢要求动物禁食、处在静止状态，在温度适中条件下用间接方法测定的动物的产热量。

$$静止代谢产热量 = KW^{0.75}(kJ/d)$$

式中：W——动物质量(kg)；

　　　K——常数，指单位代谢体重的平均静止产热量(kJ/kg·d)。

兔为 64.7 kJ/kg·d，绵羊为 72.4 kJ/kg·d，猪为 68.1 kJ/kg·d，奶牛为 117 kJ/kg·d。

可见畜禽基础代谢产热量与动物各类、品种、性别、年龄、体重、营养状况、神经和内分泌等有关。影响畜禽代谢的因素都影响基础代谢产热。

(2)体增热　休息在舒适环境中的饥饿动物，因采食而增加的产热量，被称为体增热。体增热也被称为"热增耗""增生热"或"特殊动力作用"。体增热由两部分组成，一部分为动物摄食、消化和吸收饲料时，因细胞生物化学反应使代谢强度增加而产生的热量，另一部分为饲料在消化道运动，被微生物发酵所释放的热量，如反刍动物的瘤胃，马属动物的盲肠和大肠中的内容物被微生物发酵产生大量的热。

"体增热"常伴随采食过程而增加，因此又称为消耗饲料产热或食后增热。热增耗的多少与动物采食量和饲料的种类有关，采食量越大，热增耗越多，采食粗料的热增耗比采食精料的热增耗多，如反刍动物采食精料的热增耗占饲料代谢能的25％～40％，采食粗料的热增耗占代谢能的40％～50％。按纯养分计算，蛋白质的体增热最大，约占总代谢能的30％。脂肪最少，占代谢能的5％～10％。碳水化合物居中，占代谢能的10％～15％。

值得注意的是，体增热对于低温环境中动物御寒具有重要作用，但在高温环境中则会增加动物的热负荷，为缓和高温应激，应适当降低粗饲料的给量。

（3）生产代谢产热　主要是指动物生产产品如生长、繁殖、产乳、产蛋、产毛等或劳役同时伴随热量产生。通常指动物的净能在满足维持代谢需要后剩余部分用于生产产品，在动物产品的形成过程中，始终伴随着热量的产生。生产代谢（productive metabolism）产热量取决于产品的种类和数量。役畜工作时所消耗的能量仅有20％转变为机械能，其余80％直接转变为热能。妊娠后期母牛产热量较空怀母牛增加20％～30％，泌乳20 kg的牛，产热量较干乳期妊娠牛增加50％。奶牛每生产1 kg乳，大约需要的能量为2 845 kJ。可见，畜禽生产性能越高，生产代谢产热量就越大。因此，高产畜禽冬季不怕冷，夏天很怕热。

（4）活动产热　是指动物因起卧、站立、步行、自由运动、觅食、饮水、争斗、适应环境变化和其他生理活动等而增加的产热量。消化系统生理活动如咀嚼、吞咽、胃肠蠕动、消化酶的分泌、消化、吸收等所增加的热量均属于活动产热，例如，当热环境发生变化时动物进行热调节如外周血管的收缩、竖毛肌收缩、汗腺分泌和肌肉紧张度的改变等所产生的热量也属于活动产热。又如，除马属动物外，各种动物站立时的能量消耗较躺卧时增加15％。体重450 kg的牛每步行1.6 km，产热量增加1 381 kJ。此外，动物免疫系统因抵抗疾病而增加的产热量也属于活动产热。

体内不同器官和组织的产热量不同，产热最多的组织器官是肌肉，在基础代谢的情况下，肌肉产热量占总产热量1/3以上。其次为肝脏，约占12％。其余为心脏、肾脏、神经系统和皮肤等。肌肉产热量最多，并不是肌肉代谢旺盛，而是肌肉在身体内的数量最多，如果以单位重量计，以肾脏、心脏、胰脏、肝脏和唾液腺产热较多，肌肉最少。

在总产热量中，基础代谢产热是保障基本生命活动所必须。生产代谢产热始终伴随着生产产品和做功而产生。在维持代谢产热中，有些对动物生产毫无意义，如适应环境、应激反应等产热。因此，通过改善环境，减少维持代谢产热以及为生产产热散失创造条件，是提高饲料转化率和饲料报酬的根本措施。

3. 散热

动物体在生命活动过程中所产生的热量只有以相应的速度向外散失，才能维持体温恒定。动物散热的主要部位是皮肤，其次是呼吸道、消化道、排泄器官等。

（1）辐射散热　在外界环境温度低于畜体皮肤温度时，皮肤以长波红外线的形式放射大量的热量，称为辐射散热。皮肤辐射的热量被周围的低温物体所接受，物体温度越低，吸收辐射热的能力越强。干燥空气吸收辐射热的能力低，潮湿空气吸收辐射热的能力很强。畜禽的饲养密度大，机体的蜷缩，阳光照射或畜禽具有良好保温隔热的皮毛或皮下脂肪时，热辐射发散量都会受影响而减少。

畜体皮肤以长波热辐射的方式向周围环境散失热量，同时也吸收周围环境发射的辐射热，机体发射的辐射热与吸收的辐射热之差为净辐射散热。

(2)传导散热　两个温度不同的物体相接触，热量总是从高温物体传向低温物体，两种物体通过分子间的碰撞，将温度较高的分子能量传递给温度较低的分子，即热能从高温处向低温处的转移。动物传导散热也是一样的，散热量的多少取决于与其接触物体的温度，当动物体表温度高于与其接触物体的表面温度时，动物散失热量，传导散热量为正值，为散热；当动物体表温度低于与其接触物体的表面温度时，动物获得热量，传导散热量为负值，也就是获得热量。散热量的多少也与接触物体的导热系数有关，如水的导热性较空气大。在炎热的夏季，对猪和牛进行冷水浴，可以增加传导散热。散热量的多少还与接触面积有关，接触面积越大，传导散热量越多。动物与空气接触时，由于空气的传导系数小，传导散热少，所以传导散热不是动物的主要散热方式。

(3)对流散热　空气温度低于畜体表面温度时，通过空气流而带走体表热量的过程，称为对流散热。对流散热量取决于散热面的面积大小和散热面温度与空气温度之差，还与气流速度大小成正比。对流散热是空气运动的结果，空气将热量自一处移至另一处。它不仅发生于畜禽的体表，也可发生于畜禽的呼吸道表面。它可在气流作用下产生，称为强制对流，也可以因空气受热、密度发生变化而引起，称为自由对流。

(4)蒸发散热　动物体表或呼吸道黏膜表面的水分从液态变为气态时吸收动物体热量，我们将这个过程称为蒸发散热。当皮肤温度为 34℃ 时，动物体表每蒸发 1 g 水约散失 2.43 kJ 的热量。只要皮肤有水分蒸发，就伴随着热量的散失。动物体表蒸发散热的部位主要为皮肤表面和呼吸道。

①皮肤蒸发　皮肤蒸发的方式有两种：一种是隐汗蒸发，即皮肤组织水分通过上皮向外渗透，水分在皮肤表面蒸发。因为渗透蒸发不见有水滴，常称为"隐汗蒸发"。当血流量加快，皮肤血管扩张，渗透作用也随之加强，蒸发的水分也增多。在一般天气条件下，人每天的隐汗蒸发量为 600～800 mL，为呼吸蒸发的二倍。另一种为显汗蒸发，即通过汗腺分泌，使汗液在皮肤表面蒸发。出汗多时，常见皮肤表面有水滴残留，故又称为"显汗蒸发"。出汗散热能力与汗腺发达程度和被毛状态有关，马属动物汗腺较发达，牛次之，绵羊有汗腺，但较小且为突发性汗腺，猪无活动汗腺，鸡、兔、狗等均无汗腺。对于大多数动物，由于被毛的阻滞作用，即使动物处于高温高湿汗腺分泌汗液多，但是汗液也很难在皮肤表面蒸发，蒸发对动物散热作用不大。

②呼吸道蒸发　呼吸道黏膜湿润、温度高、水汽压大，空气的水汽压一般相对较低，当水汽压较低的空气进入呼吸道时，呼吸道黏膜的水分子很容易逸出并进行空气中，从而发生蒸发作用。吸入呼吸道的空气的温度通常低于体温，因经呼吸道的传导、对流的散热作用而使空气温度升高，饱和压水气压亦随之提高，从而能容纳更多的水汽。呼吸道蒸发的主要部位是上呼吸道。

呼吸道蒸发散热是通过肺泡表面水分蒸发和吸入冷空气变热而进行的。当气温较低时，动物呼吸次数减少而深度增大。当气温升高时，动物呼吸变得短而急促。

所谓热性喘息就是指在高温环境中，动物出现的增加呼吸频率，减少呼吸深度的现象。热性喘息常见于汗腺不发达或缺乏汗腺的动物如猪、鸡、狗。值得注意的是，热性喘息在排出大量的水蒸气的同时，将体内大量 CO_2 排出体外，导致呼吸性碱中毒。

在无风和蒸发面一定的情况下，蒸发散热量取决于环境相对湿度(特别是贴近皮肤的一层空气相对湿度)，空气相对湿度越小，蒸发散热量越大。相对湿度为 100%，蒸发散热量为零，但在任何情况下不会为负值，呼吸道蒸发散热量一般为正值。

辐射散热、传导散热和对流散热合称为"非蒸发散热"或"可感散热"，或"显热散热"。非蒸发散热量的大小主要受环境温度的影响，非蒸发散热的结果是导致空气温度变化。蒸发散热亦称"潜热散热"，主要包括皮肤蒸发散热和呼吸道蒸发散热，蒸发散热量主要受空气湿度的影响，不导致空气温度变化。此外，通过胃肠道加热饲料和饮水可消耗部分体热，同时粪、尿排泄也带走少量热，但这种散热不属于正常的生理热调节范围。

四、畜禽机体的热平衡与调节

热平衡是指动物机体产热速度等于散热速度，处理产热量等于散热量的动态平衡状态。因此，维持畜禽的热平衡对于畜禽的生产和健康具有重要意义。热平衡也是动物保持体温相对稳定的能力。在生物进化中，动物的进化位置越高，体温调节机能也越完善，动物的体温就越相对稳定。

为使体温达到相对稳定状态，畜禽通过调节产热和散热使机体的热量处于动态平衡状态，在不同环境温度条件下需要畜禽采用调节方式不同。

1. 物理调节

在炎热或寒冷的环境中，动物通过调节散热的多少来维持体温正常，这种调节方式称为物理调节，又称为"散热调节"，主要通过以下两种方式进行调节。

(1)血液循环的变化　在炎热环境中，首先动物皮肤中的血管扩张血液流向皮肤，把机体的热量带到体表，皮肤温度升高，增加了皮温与环境温度之差，从而增加非蒸发散热量。同时，由于皮肤血管扩张，血液循环总量增加，血液水分渗透到皮肤中，又提高了蒸发散热。在低温环境中，皮肤血管收缩血流量减少，皮温下降，缩小了皮温和环境温度之差，非蒸发与蒸发散热量都显著减少。其次，动物通过增加或减少呼吸和汗腺活动，以调节蒸发散热量。这是通过动物外周血流量的改变进行散热调节。

(2)畜禽体态的改变　通过机体姿势的变化来改变体表散热面积，调节散热量。在高温环境中机体充分舒展、个体分散，体表面积较大，散热量也较多。在低温环境中，畜禽机体蜷缩使体表面积缩小，个体聚集，将散热量降低。畜禽机体在热或冷的环境中伸展或蜷缩的现象是体热调节的明显表现。

2. 化学调节

在炎热或寒冷的环境中，散热调节并不能维持体温正常时，动物通过调节产热的多少来维持体温正常，这种调节方式称为化学调节，这种调节方式必须减少或增加体内营养物质的氧化，以改变机体的产热。

(1)采食量的改变　在热应激作用下畜禽表现为采食量减少，或只喝水不采食，以减少机体热量的产生，继而生产力下降。而当在严寒环境中，表现为食欲大增，采食量增加，采食的次数也增多，以增加机体产热量，抵御严寒。

(2)活动量的改变　在高温环境中动物表现为嗜眠懒动，喜趴卧，活动量减少，肌肉松弛，运动不协调。在寒冷环境中表现为肌肉紧张度提高，颤抖，活动量增加。这是动物通过行为的改变，来进行产热量的调节。

(3)机体内分泌的调节　热应激或冷应激的刺激下，动物为了维持体热平衡，内分泌的变化也促进产热调节的改变。动物在高温环境中甲状腺分泌减少，以减少机体产热量。当动物受到寒冷作用时，甲状腺分泌增加，增加机体的代谢强度，来增加产热量。

五、畜禽的等热区、舒适区和临界温度

1. 等热区、舒适区和临界温度等的概念

(1)等热区　恒温动物主要依靠物理调节维持体温正常的环境温度范围，这个环境温度范围称为等热区。在这个温度范围内畜禽不需要进化学调节，其代谢强度和产热量都处于最低水平，这意味着环境温度在等热区范围内畜禽的饲养成本最低。

(2)临界温度　是等热区的下限温度，即在低温环境中物理调节已不能维持体温正常，恒温动物开始利用化学调节来维持体温正常时的环境温度，这时的环境温度称为临界温度。低于这个温度时，畜禽机体散热量多于产热量，减少散热的调节不能维持体温正常，必须提高化学调节机能和增加代谢强度，来维持畜禽体温正常。环境温度与畜禽体热调节的关系如图 1-11 所示。

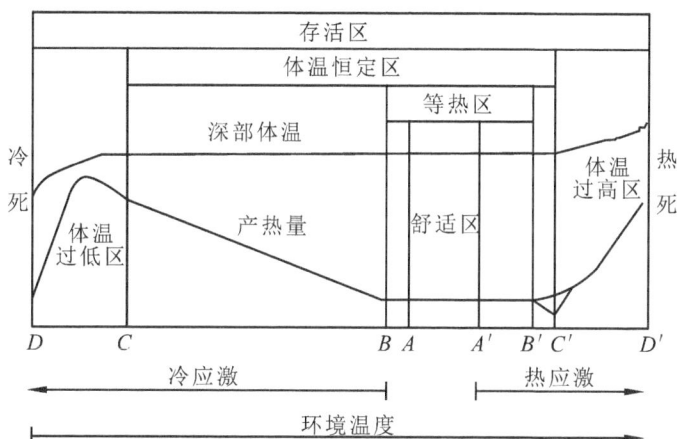

图 1-11　环境温度与畜禽体热调节的关系

B 为临界温度；B' 为过高温度；C 为体温开始下降的温度；C' 为体温开始上升的温度。

(3)过高温度　等热区的上限温度，称为过高温度。环境温度高于这个温度，机体散热受阻，物理调节已不能维持畜禽热平衡，于是化学调节机能发挥作用，机体代谢率降低，产热量减少。但在这时代谢率的降低只是很短暂的，甚至连短暂的降低也不出现。代谢率违反体热平衡的要求而上升，原因是：第一，辐射、传导、对流的散热效能大大降低，甚至从外界吸收热量。蒸发散热的增强，但不能把非蒸发方式减少散发的热量全部散发出去，因而出现体内热量蓄积，畜禽体温上升。第二，在体温上升的情况下，由于"范一荷甫效应"的作用，代谢率反而上升，温度每高 10℃，化学反应增强 1～2 倍，亦即体温每升高 1℃，代谢率可提高 10%～20%。代谢率的上升加快了体内热量的积累，使体温继续上升，形成了恶性循环，严重时可导致死亡。

(4)舒适区　在等热区的区间有一舒适区，在舒适区内畜禽机体代谢产热刚好等于散热，不需要进行物理调节就能维持体温正常，畜禽在舒适区的环境温度范围内最为舒适。

环境温度高于舒适区的上限时，畜禽开始受热应激影响，表现为活动量减少，食欲下降，呼吸加快和出汗等。当环境温度低于舒适区的下限时，畜禽开始受冷应激影响，表现为采食量增加、活动增加、被毛逆竖和肢体蜷缩、集群聚堆等。生产中较为可行的温度范围如表 1-12 所示。

表 1-12　生产中较为可行的温度范围

家　畜		体重(kg)	生产中较为可行的温度范围(℃)	最适温度(℃)
猪	妊娠母猪		11～15	
	分娩母猪		15～20	
	带仔母猪		15～17	17
	初生仔猪		27～32	
	哺乳仔猪	4～23	20～24	29
	后备猪	23～57	17～20	
	肥　猪	55～100	15～17	
牛	乳用母牛		5～12	10～15
	乳用犊牛		10～24	17
	肉　牛		5～21	10～15
	小阉牛		5～21	10～15
马	成年马		7～24	13
	马　驹		24～27	
羊	母绵羊		7～24	13
	初生羔羊		24～27	
	哺乳羔羊		5～21	10～15
鸡	蛋用母鸡		10～24	13～20
	肉用仔鸡		21～27	24

(5)生产环境界限温度　一般饲养管理条件下很难将环境温度控制在等热区范围内。但可以控制在比等热区稍宽一些的环境温度范围内，即在一般饲养管理条件下对畜禽的生活与生产不致产生明显不良影响的环境温度范围，称为生产环境界限温度，对畜禽的代谢与热调节影响相对小，这在生产技术上可以操作的，而且符合经济要求。

畜禽临界温度的高低，取决于产热的多少和散热的难易，所以凡能影响畜禽产热和散热的一切内外因素，都可以影响到畜禽的等热区，即临界温度和过高温度。

2. 影响等热区和临界温度的主要因素

(1)畜禽种类　由于不同种类畜禽自身特点的不同，其等热区各不相同，就是同一品种的畜禽，因生活的环境不同，其等热区也不相同，纬度高地区的等热区宽，临界温度低，低纬度地区则相反。但总的趋势是单位体重表面积较小的畜禽，均较耐低温而不耐热，其等热区较宽，临界温度较低。

(2)年龄和体重　临界温度随年龄和体重的增大而下降，等热区随年龄和体重的增大而增宽。由于新生幼小的畜禽体温调节机能差，要求环境温度适合自体需要，其等热区窄，临界温度高。如初生仔猪的临界温度为 33℃，随着日龄和体重的增加，体温调节机能的完善，体重达到 6～8 kg 时，临界温度下降到 25℃。

(3)隔热状态　被毛浓密或皮下脂肪发达的畜禽，保温性能好，等热区较宽，临界温度较低。例如，饲以维持日粮的绵羊，被毛长 1～2 mm(刚剪毛时)的临界温度为 32℃，被毛长 18 mm 临界温度为 20℃，被毛长 120 mm 临界温度为 −4℃。

(4)饲养水平 畜禽采食饲料产生体增热的多少，影响体温调节。饲养水平越高，体增热越多，临界温度越低。例如，被毛正常的阉牛，维持饲养时临界温度为 7℃，饥饿时升高到 18℃。刚剪毛的绵羊喂饲高营养水平日粮，其临界温度为 25.5℃，喂饲维持日粮水平的日粮，其临界温度为 32℃。

(5)生产水平 生产力水平高的畜禽，其生产强度大，生产代谢产热量也多，比较耐寒冷，怕高温，临界温度较低。

(6)管理制度 管理较好畜禽临界温度低，如果生产条件差，其临界温度变高。群养畜禽相互拥挤，减少了体热的散失，临界温度较低。而单独饲养的畜禽，体热散失就较多，临界温度较高。此外，较厚的垫草或保温良好的地面，都可使临界温度下降。

(7)对气候的适应性 由于长期生活的环境改变了畜禽的热平衡调节机制，由于长期生活在高温环境中，体内的甲状腺分泌减少，代谢率低，耐高温，临界温度高。相反由于长期处于低温环境的畜禽，等热区较宽，临界温度较低。

(8)其他气象条件 除了气温外，其他气象因素也影响畜禽的等热区和临界温度，如在无风、无太阳辐射、湿度适宜的条件下测定的临界温度，与有风、有太阳辐射、潮湿的条件下测定的临界温度相差数倍。因此，风速大或湿度大，畜体的散热量增加，可使临界温度上升。

在畜牧生产中畜禽的等热区和临界温度具有重要的意义。在畜禽的等热区内动物机体基础代谢最低，饲料利用率、生产性能和抗病力均较高，养殖成本最低，畜牧生产利润较大。养殖者应明确各类畜禽的等热区和临界温度，对于不同种类或同品种不同生产阶段的畜禽，确定其等热区和临界温度，是制定饲养管理方案和提供合适的环境条件，来提高生产性能与降低养殖成本。

六、气温与畜禽健康和生产的关系

当环境气温超过畜禽等热区时对机体的生理功能和生产性能都有不良影响，其影响程度取决于热应激与冷应激的幅度和持续时间。温度越高或越低，持续时间越长，则畜禽受到应激的影响越大。

1. 气温对畜禽热调节的影响

(1)高温对畜禽热调节的影响 当环境温度升高时畜禽非蒸发散热量增加。随着气温越来越高，非蒸发散热逐渐减少，而以蒸发散热代之。当气温等于皮温时，非蒸发散热完全失效，全部代谢产热需由蒸发发散。如果气温高于皮温，机体还以辐射、传导和对流的方式自环境得热，这时蒸发作用需要排除体内产生的热量和自环境中得到的热量，才能维持体温正常。只有汗腺机能高度发达的人和其他灵长类，才有这种能力，一般畜禽很难维持体温的恒定。在高温条件下，畜禽一方面增加散热，另一方面还需要减少产热。当热调节失效时，则热平衡破坏，引起体温的升高。

(2)低温对畜禽热调节的影响 当环境温度下降时，畜禽肢体蜷缩，群集，以减少散热面积，非蒸发和蒸发散热量都显著减少。当气温下降到临界温度以下，表现为肌肉紧张度提高，颤抖，活动量和采食量增大。畜禽突遇寒冷刺激时，肾上腺、去甲肾上腺皮素分泌加强，促进糖原和脂肪组织的分解，以提高机体产热量。长时间的低温刺激，还可引起甲状腺素分泌的增加。

2. 气温对畜禽的不良影响

（1）高温环境的不良影响　畜禽在高温环境中通过增加散热和减少产热量来维持体温的正常，以适应高温环境。但这种适应能力是有一定限度的。在外界温度过高或高温作用时间过长时，畜禽体温调节的机能就会降低，机体热平衡被打乱，引起各个系统和组织器官生理机能的障碍。

①体温　在高温条件下非蒸发散热不起作用，机体只靠蒸发散热来调节体温，体温调节机能障碍、机体蓄热，导致体温升高。通常可根据高温环境中体温升高的幅度，评定畜禽耐热性的指标。

②呼吸系统和循环系统　在高温环境中动物表现为热应激，为提高蒸发散热，畜禽呼吸频率增加，进而出现热性喘息，畜禽张口伸舌流涎。由于从体表和呼吸道蒸发了大量水分，血液浓缩。流向皮肤的血液增加，流向内脏的血液减少，内脏器官供血不足，心跳加快而每跳输出量减少，心脏负担加重。

③消化系统　高温环境导致动物大量出汗，氯离子储备量减少，再加上大量的饮水使胃酸稀释，导致胃液酸度降低，胃肠蠕动减弱，内脏器官供血不足，引起消化系统机能下降，进一步引起饲料利用率、增重率降低等。

④泌尿系统和神经系统　畜禽处在高温环境中，机体为了散热，血液流向皮肤，将大量水分送向体表，由体表和呼吸道排出。流向内脏的血液减少，内脏器官供血不足，脑垂体受高温刺激，抗利尿激素分泌增加，肾脏对水重吸收能力加强，尿液浓缩，甚至在尿中出现蛋白、红细胞等现象。由于血液循环重新分配，运动中枢神经系统受影响，畜禽机体运动不协调，准确性差，反应速度下降。

（2）低温环境的不良影响　畜禽抗低温的抗寒能力非常强，在低温条件下可以保持机体维持正常代谢，体温稳定，只要有充分的饲料供应及自由活动，无任何不良反应。但当环境温度过低，或低温时间过长，机体也会出现不良后果。

①导致体温下降　当环境温度降到临界温度以下，机体会增加产热量，表现为肌肉紧张、颤抖，活动量和采食量增大。若是长时间的过低温，超过畜禽热调节的能力，将会引起体温下降，机体的各种代谢率下降，产热量进一步下降，形成恶性循环，同时呼吸变慢，心跳减弱，对各种刺激的反应能力降低，神经的传导发生障碍，还伴有血压下降，嗜睡等，严重的会因神经中枢麻痹而冻死。

②引起冻伤　在畜禽可以忍受的低温环境中，低温对机体最容易造成的伤害是冻伤，冻伤易发生畜禽体表被毛稀少部位如猪尾部、耳尖、母牛的乳房等和四肢末端等部位。

冻伤的发生与畜禽局部组织的血液循环和生产状况等有关，还与低温程度和作用时间的长短有关外，以及与湿度、风速等天气状况有关。

③引起感冒性疾病发生　在冬季低温环境中畜禽经常会发生感冒、关节炎、风湿症等疾病，低温对感冒起着条件性促进作用。突然遭遇严寒、风雨或不慎失足落入冰水中以及药浴方法不当等，也会引起感冒性和感冒性疾患如支气管炎、肺炎。

④饲料利用率下降　在严寒的冬季畜禽提高了采食量，但寒冷使胃肠蠕动变快，饲料在消化道中停留的时间短，导致消化率下降。低温又会引起内分泌功能加强，代谢率提高，消耗饲料产热增多，造成饲料的浪费。

因此，无论是炎热的夏天还是寒冷的冬天，都要注意气象因素的变化，相应调控畜禽舍温热环境，以减少饲料浪费。

3. 气温对畜禽生产力的影响

(1)气温对繁殖力的影响　影响畜禽繁殖机能的因素众多，高温是其中较为重要的一个。高温使机体血液分布发生改变，导致生殖系统供血减少，对生殖机能产生不良影响。

①高温影响公畜配种能力　一般情况下公畜有较强热调节能力，可以适应自然环境温度的变化，保证配种能力相对稳定。但持续高温环境，超过公畜的热调节能力，导致阴囊的温度升高，当睾丸温度上升至36℃以上时，生殖上皮细胞变性，曲细精管和附睾中的精子都会受损，精子活力下降，各种动物精液的品质和浓度均受影响。大家畜中高温对牛的影响特别明显。高温还会抑制畜禽的性欲。高温影响过后7～9周才能使精液品质恢复正常水平。因此，盛夏之后的配种效果常常很差。

②高温导致母畜繁殖力下降　高温对母畜的影响是多个方面，可导致母畜采食量下降，生殖系统血液供给减少，影响受精卵和胚胎的存活率。受精卵在输卵管内对高温很敏感，且在附植前容易受高温刺激而死亡，受胎率下降，甚至引起死胎、流产。高温能使母畜的发情受到抑制，表现为发情症状不明显、发情持续期缩短或不发情。主要表现在配种前后和妊娠后的1/3的一段时间里。较长时间高温还会影响母禽的性成熟及开产日龄延迟。

③高温对仔畜的影响　妊娠期高温影响母畜采食量，母体血液供给不足，母源性营养水平差。胎儿营养不良，初生仔畜的体型变小，新生畜生活力衰退，出生率降低，死亡率升高。气温过高或过低还会影响种蛋的孵化率和保存时间。

(2)气温对生长肥育的影响　当环境温度处于畜禽的等热区之内，机体的生长肥育速度最快，维持需要最少，生产成本最低。气温是影响畜禽生长肥育速度的最重要因素，主要是影响能量转化率的改变。当畜禽处于不良环境中，其生产率均下降。任何情况下维持能量需要的增加都将使用于生产的能量减少。

寒冷环境中畜禽进食量增加，但维持能量需要的增加进食能量增加的速度更快，而用于生产畜产品的饲料相对减少，使得养殖成本增加。再者由于低温时胃肠道非消化活动增强，饲料通过胃肠道的速度加快，停留时间缩短，日粮消化率的降低，使饲料利用率下降，进一步表现为生产性能下降。

炎热环境中由于畜禽进食量减少，使得用于生产畜产品的饲料大幅度减少，直接导致机体的生产力也大幅度下降。虽然高温使得饲料通过消化道的速度将减慢，但由于机体供给内脏的血液减少，消化机能也大幅度下降，消化率提高很难提高，而这种提高还因进食量减少而大大抵消。因此，高温是影响生长肥育的重要因素。

(3)气温对产蛋与蛋品质的影响　一般的饲养管理条件下，各种家禽产蛋的适宜温度为13～23℃。当环境温度超过上限29℃，或低于下限温度7℃时，对蛋鸡的生产性能影响显著。不同温度下鸡饲料消耗和产蛋量如表1-13所示。

高温的直接作用结果是流向卵泡的血液量减少，卵泡发育减缓，产蛋率下降，蛋形变小，蛋壳变薄、变脆，表面粗糙。气温超过26℃时，蛋重减轻80%的原因是由于高温的直接作用，而仅有20%是由于饲料中的能量不足。高温也引起蛋壳质量下降，主要原因是由于在高温下家禽喘息使二氧化碳过度散失引起碱中毒。同时，高温使流向子宫的血液减

表 1-13　不同温度下鸡饲料消耗和产蛋量

环境温度(℃)	7.2	14.6	23.9	29.4	35.0
日采食量(干物质)(g)	101.5	93.3	88.4	83.3	76.1
日食入代谢能(kJ)	1301	1197	1138	1075	98.3
产蛋率(%)	76.2	86.3	84.1	82.1	79.2
平均蛋重(g)	64.9	59.3	59.6	60.1	58.5
鸡日产蛋重(g)	49.4	51.0	50.6	49.5	46.2

少，使钙的供应量下降，从而也影响壳的形成。当气温持续在 29℃ 以上时，鸡的产蛋率下降，蛋重降低，蛋壳变薄，进食量减少，生产性能下降。蛋重对温度的反应比产蛋率敏感，如气温从 21℃ 升高到 29℃ 时，对产蛋率无明显影响，但蛋重已显著下降。温度过低也使产蛋量下降，但蛋壳质量不受影响。当环境温度低于 8℃，产蛋量下降，饲料消耗增加，饲料利用率下降。

(4)气温对产奶量和奶成分的影响　由于牛的临界温度低，特别是高产奶牛的临界温度可低达 −12℃，低温对牛的产奶量影响很小。而高温对奶牛的产奶量则有较大的影响。

在高温季节，牛的产奶量显著下降，特别是耐低温的荷兰牛的下降幅度和速度都比耐高温的娟姗牛大。高产奶牛产奶量和采食量的下降幅度比低产奶牛要大。温度对产奶量的影响机理与温度对生长的影响相同，主要由于进食量减少，饲料利用率降低，从而导致产奶量下降。

奶的成分也受温度的影响。当气温升高，乳脂率会下降，气温从 10℃ 上升至 29.4℃，乳脂率平均下降 0.3%。如果温度继续上升，产奶量将急剧下降，乳脂率却又异常地上升。在不同季节里，乳脂率也发生变化，夏季最低，冬季最高。

七、畜禽舍类型与舍温的关系

畜禽舍类型不同，舍内的温热环境也不同。畜禽舍小环境是指由畜禽舍外围护结构及人畜活动而形成的舍内空气的物理状况，主要指畜禽舍空气的温度、湿度、光照、气流、空气质量等状况。畜禽舍类型决定舍内环境温度，畜禽舍外围护结构是指由畜禽舍外墙、门、窗、屋顶和地面构成的畜禽舍外壳。按畜禽舍外围护结构封闭的程度，可将畜禽舍分为封闭式畜禽舍、开放式或半开放式畜禽舍、棚舍三大类型。不同类型的畜禽舍，其舍内环境特点也不同。

1. 封闭式畜禽舍

由屋顶、外墙、门窗以及地面构成的全封闭状态的畜禽舍内环境，通风换气仅依赖于门、窗和通风设备，这样的畜禽舍具有良好保温隔热能力，便于人工控制舍内环境。根据畜禽舍有无窗户，可以将封闭畜禽舍分为有窗封闭舍和无窗封闭舍。有窗舍四面有墙，纵墙上设窗，跨度可大可小。如果畜禽舍跨度小于 10 m 时，依靠门窗进行自然通风和光照，或使用机械通风控制舍内环境。无窗畜禽舍也称环境控制舍，四面是墙壁，墙上不设置窗，以提高畜禽舍的密封性能，加强舍内的保温隔热性能，但通风、光照、供暖、降温等均需设备调控。无窗式畜禽舍多为复合板组装式，它能创造较适宜的舍内环境，但土建和设备投资较大，成本高耗能多。总之，舍内供暖或降温措施的效果比类型畜禽舍理想。

封闭式畜禽舍环境特点：畜禽舍外围护结构具有较强的隔热能力，可以有效地阻止外部热量的传入和畜禽舍内部热量的散失，舍内环境温便于人工控制与管理。但畜禽舍通风换气差，空气中尘埃、微生物、有害气体如氨、硫化氢等含量高，冬季易潮湿。特别是冬季通风与保温相矛盾，更易发生呼吸道疾病。

2. 开放式或半开放式畜禽舍

开放式畜禽舍是上有屋顶，三面有墙，一面向阳无墙的畜禽舍，也称为"开敞舍"。半开放式畜禽舍是上有屋顶，三面有墙，一面向阳仅有半截墙的畜禽舍。畜禽舍适用于冬季不太冷而夏季又不太热的地区使用。由于畜禽舍一面无墙或有半截墙且跨度小，一般不需人工照明、通风及采暖设备，基建投资小，运转费用低。为了提高舍内环境状况，可在畜禽舍的后墙开窗，夏季加强通风换气，提高畜禽舍防暑降温能力，冬季除将后墙上的窗封闭外，还可以在南面开敞的部分挂草帘或加塑料薄膜等保温设施，以提高防寒保温能力，形成双重气候舍。

这两种形式的畜禽舍多为单列式、小跨度的饲养舍，适用于小型牧场。温暖地区可用作成年畜禽舍，炎热地区可用作产房、幼畜禽舍。

开放式或半开放式畜禽舍环境特点：外围护结构具有一定的防寒防暑能力，冬季可以避免寒流的直接侵袭，防寒能力强于棚舍，通风又不如棚舍。但舍内外空气温度差别不很大，控制温度能力不强，空气湿度与舍外相一致。舍跨度较小，光照充足，有害气体少，空气质量良好。

3. 棚舍

上面有屋顶，四面无墙的畜禽舍，称为棚舍。由立柱承重，不设墙或只设栅栏或矮墙，其结构简单，造价低廉。适用于炎热地区的成年猪、鸡、牛、羊生产，但需做好棚顶的隔热设计。也可用作遮阳棚、物料堆棚。

棚舍环境特点：舍内环境温度与舍外气温相差不大，自然通风和采光良好，无保温能力。舍内的微粒、微生物、有害气体少，空气质量好。但只能起到防风吹、防雨淋、防日晒作用。

选择畜禽舍形式应根据牧场性质和规模、当地气候、机械化程度、投资能力等因地制宜，不可照搬套用其他牧场的设计。

八、垫料与畜体周围温度及舍内环境关系

垫料又叫垫草，为改善舍内环境在畜禽休息、趴卧及活动的畜床上铺垫保温性能良好材料。垫料具有保温、防潮、吸收有害气体、提供舒适的饲养环境、保证家畜的清洁作用，在饲养管理中根据吸氨性、吸湿性、粘粪力这三个指标衡量垫料的综合应用价值，达到增强畜禽的生产性能。

垫料可为家禽提供舒适、丰富的舍内环境，增加它们的咀嚼、探究、游戏行为，减少斗争行为，防止畜禽发生啄毛、相食、争斗等。

1. 使用垫料的作用

(1)保暖　垫料的导热性都比较低。冬季在导热性较高、畜热性较大的地面上铺以垫料，能够减少畜体传导散热。垫料铺垫越厚，保暖效果越好。据测定，当外界气温达-38℃，舍内气温为8℃时，垫料内的温度为21℃。当舍内气温为11℃时，铺垫10 cm稻草，稻草5 cm处温度可达到22.5℃。

(2)防潮　垫料的吸水能力一般为200%，高者可达400%，如稻草吸水能力为324%，麦秸为230％，野草和树叶为200％～300％，锯末为420％，泥炭为600％。干燥的垫料不但可以大量吸收地面水分和尿液，而且可以大量吸收空气中水分。因此，只要合理使用垫料，加强畜禽舍管理，就可保持地面干燥，避免空气潮湿。

（3）吸收有害气体　垫料可以直接吸收空气中有害气体，使有害气体浓度下降。据实验，给乳牛垫草的用量由每天2 kg提高到4 kg，舍内的相对湿度和氨的含量均有下降，牛的产奶量有所上升（表1-14）。

表1-14　铺设垫草对畜禽舍内空气卫生状况及牛产奶量的影响

牛舍号	相对湿度（％）		含氨量（mg/m³）		产奶量（kg/头·d）	
	2 kg垫草	4 kg垫草	2 kg垫草	4 kg垫草	2 kg垫草	4 kg垫草
10	78.7	73.7	22.9	14.7	3.6	4.2
12	77.1	70.6	15.1	11.2	3.6	3.6
13	68.9	67.0	27.6	15.9	5.3	6.0
16	77.4	74.2	87.6	19.2	7.1	7.9

（4）弹性大　畜禽舍的地面一般硬度较大，容易引起孕畜、幼畜和病弱畜禽碰伤和褥疮。在地面铺设垫草，可以增强畜禽柔软舒适感，避免冷、硬地面对畜禽造成的伤害。

（5）保持畜体清洁　由于畜床上铺有垫料，可以避免畜体受到粪尿污染，特别毛皮动物，可以防止毛绒或皮张品质下降，也有利于舍内的清洁卫生。

2. **垫料的种类**

作为畜禽舍的垫料应具备导热性低、吸水力强、柔软、无毒，对皮肤无刺激性等特点，同时还要求垫料有肥料价值，来源充足、成本低、使用方便等优点。常见的垫料种类有：

（1）秸秆类　最常用有玉米秸、稻草、麦秸等。它们的吸水能力很强，除玉米秸外，都较柔软，价格低廉。铡短使用，可以提高其吸水能力。

（2）野草、树叶　它们的吸水能力在200％～300％，质地较柔软，畜禽也常常采饲入食，但野草有时夹杂有毒植物，应予以注意。

（3）锯末　锯末的吸水性很强，大约为420％，而且导热性小、松软。但它的肥料价值较低，而且有时含油脂，充塞于毛层中能污染被毛，刺激皮肤。如果作为马舍与羊舍垫料，锯末常常充塞于蹄内，锯末腐烂分解诱使动物发生蹄病。马属动物偶尔食入锯末，会引起疝痛，故马舍不易使用。

（4）干土　吸水能力强，并能吸收有害气体。有良好的隔热性能，且来源广泛，在养殖畜禽的农村地区普遍使用。此种垫料容易污染畜禽的被毛和皮肤，影响畜体的清洁度，舍内灰尘微粒多，用量大，运送费力。

（5）泥炭　隔热性能好，吸水力高达600％，吸氨能力达1.5％～2.5％，远超过其他材料，而且本身呈酸性，有杀菌作用，但它具有与干土相同的缺点。

3. **垫料的使用方法**

（1）常换法　常换法是指每天或几天，几周清除湿污垫料，并更换新垫料的方法，采用这种方法，舍内比较干净，但用料量较大而且费工。

（2）厚垫法　厚垫法是指每天增铺新料，而不清除原有垫料，越垫越厚，直到春末天暖或养殖结束时一次清除。优点为：垫草内有微生物长期进行着生物发热过程，所以温度较高，据测定可达 30℃以上。当垫草厚度达 27cm 时，每平方米面积每小时可释放 96 kJ 热量，有利于畜禽防寒越冬。同时，垫草在发热的过程中，可产生维生素。饲养在厚垫草上的小鸡，每 100 g 肝脏中含维生素 B_{12} 20.5 mg。饲养在常换垫草上，仅为 12.4 mg。缺点是垫料内有害气体含量高，如处理不当易造成危害。此外，垫料内有利于寄生虫和微生物滋生繁殖，导致畜禽感染疾病。

4. 垫料用量

每头家畜每天垫草大致用量：牛为 2～3 kg；马为 1.5～2 kg；猪为 1～1.5 kg；犊牛为 1.5～2.5 kg；羊舍每平方米铺垫草为 0.5～1 kg。

注意，尽管垫料具有来源方便，价格低廉，在保持动物清洁，促进动物健康等方面具有优势，但体积大运输不方便，限制了垫料在规模化畜牧场的广泛应用。

九、畜禽的饲养密度与舍内环境的关系

饲养密度是指舍内畜禽密集的程度，即每个畜禽所占有的平均地面面积或笼底面积。一般用每头家畜占用的面积来表示，单位为：m^2/头或 m^2/只。家禽每平方米面积内饲养的只数来表示，单位为：头/m^2 或只/m^2，就是单位面积内饲养的畜禽多少只。

饲养密度不但影响畜禽舍内温度、湿度，而且影响畜禽舍内灰尘、微生物、有害气体和噪声等环境质量。此外，还对畜禽的行为产生重要影响。适宜的饲养密度就会给畜禽创造一种良好的外界环境，使畜禽健康地生长、发育，充分发挥生产潜力。

1. 畜禽饲养密度的卫生学意义

(1)饲养密度直接影响畜禽舍内的卫生状况　在同一栋畜禽舍内，饲养密度大，畜禽总散热量就多，舍内温度高，饲养密度小则相反。所以，为了防寒和防暑，在条件适宜的情况下，冬季可适当提高饲养密度，夏季则应适当降低。饲养密度大时，畜体及呼吸道排除水汽多，使舍内湿度升高，密度小则相反。此外，饲养密度越大，灰尘、微生物、有害气体产生量就越多，噪声也频繁而强烈，密度小则相反。

(2)饲养密度影响畜禽的行为　由于饲养密度决定畜禽活动面积大小，从而决定了畜禽发生接触和争斗发生机会多少。饲养密度过大，畜禽生存压力增加，争斗机会增多。

(3)饲养密度影响畜禽的生产性能　同一畜禽舍内，饲养密度过大，或者在饲养密度相同条件下群体过大，都会产生应激，降低弱小个体的采食量，影响群体的生产性能。

2. 影响畜禽饲养密度的因素

不同种类的畜禽，由于其生物学特性不同，其饲养密度也不相同。即使同种畜禽，其品种、类型和生产方式不同，饲养密度也不相同，如种公猪和繁殖母猪饲养密度小，肥育猪饲养密度大。饲养方式对饲养密度也有重要影响，笼养蛋鸡的饲养密度大，平养肉鸡饲养密度小。动物年龄对饲养密度也有影响，幼畜饲养密度大，成年畜禽饲养密度小。妊娠期畜禽饲养密度要比生长肥育期畜禽饲养密度小。体格大的畜禽饲养密度小，体格小的畜禽饲养密度大。寒冷条件下畜禽饲养密度大，炎热条件下畜禽饲养密度小。总之，畜禽的饲养密度决定于生产实践的具体情况。

任务 3　畜禽舍湿度控制

一、畜禽舍潮湿的控制

冬季畜禽舍潮湿很难控制，必须进行综合分析，从多方面入手解决畜禽养殖环境潮湿

的问题。

1. 将畜牧场场址选在地势高燥的地方，建造畜禽舍的墙基和地面要设防潮层，外围护结构防潮保温隔热性能良好，并设置通风设施。建成的畜禽舍应彻底干燥后再起用，加强保温并防止舍温降至露点以下。

2. 尽量减少舍内作业用水。及时清理粪便，减少水汽蒸发。合理使用和管理饮水器和水槽等，保证给水正常，防止供水设备损坏浪费水。

3. 保证畜禽舍内适宜的通风，及时排出多余的水汽。

4. 使用垫料，防止舍内潮湿。

5. 合理设计排水系统，良好的排水系统是控制畜禽舍潮湿至关重要的因素。

二、畜舍排水设计

我国南北跨度大，排水系统设计的地区化差异也很大。寒冷地区多采用传统式排水系统，炎热地区多采用水冲粪便式排水系统。

1. 设计结构合理的传统式排水系统

当粪便与垫草混合或粪尿分离，呈半干状态时，舍内畜禽粪便进行机械清除。清粪机械包括地上轨道车、单轨吊、牵引刮板、铲车等，或用人力清除。粪便等固形物借助人力推车或机械运载工具运至粪污堆放场地。

尿液及产生污水通常由舍内的污水排出系统流出，最终流入粪水池贮存。污水排出系统由畜床、排尿沟、降口、地下排出管及粪水池组成，一般常称为传统式排水系统。

(1)建造适宜结构的畜床　畜床是家畜采食、饮水及趴卧和休息的地方。为使尿液、污水等液体顺利排走，畜床向排尿沟方向必须有一定的坡度，保证畜床无液体积留，一般牛舍为1%～1.5%，猪舍为3%～4%。

(2)设置排水通畅的排尿沟(图1-12)　排尿沟是接纳由畜床流出来的粪尿和污水，并将粪尿和污水排入降口。排尿沟设在畜床一侧。对头式畜舍，排尿沟位于除粪道一侧；对于尾式畜舍，尿沟位于中央通道的两侧。猪舍的排尿沟多设于中央。排尿沟一般用水泥砌成，内面光滑不透水，尿沟底部应平整，并向降口方向有1%～1.5%坡度。排尿沟不宜太深，否则容易使家畜发生外伤和肢蹄病，牛舍不超过20 cm，马舍12 cm，猪舍10 cm。对于排尿沟的宽度，牛舍为30～40 cm，猪舍为13～15 cm，马舍为20 cm。排尿沟的形状分为方形和半圆形。前者适用于乳牛舍，后者适用于马舍。两种形状的排尿沟对于犊牛舍与猪舍则均可。根据家畜种类的不同，应选择适当排尿沟的形式。

(3)设置降口(图1-13)　排尿沟与地下排出管的衔接部分。根据排尿沟的长度，每隔一定距离设置1个降口，并且通常位于畜舍的中段。其尺寸为30 cm×30 cm或20 cm×20 cm，为了

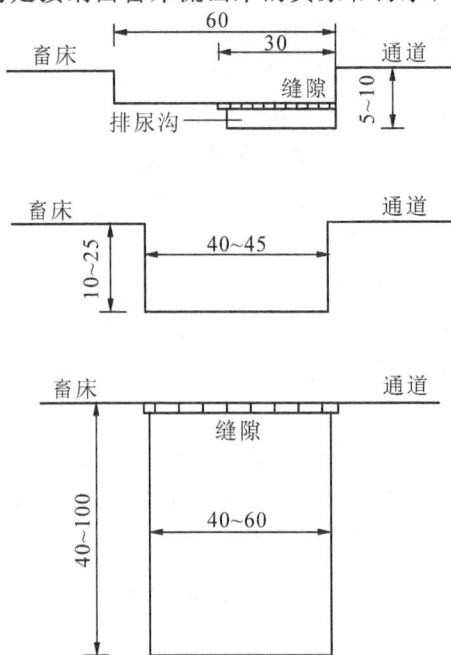

图1-12　各种不同形式的排尿沟示意图(cm)

防止粪草落入堵塞，上面应设有铁箅子，铁箅子应与尿沟等高。在降口内排出管口以下形成一个向下延伸的部分，即沉淀池。畜舍中产生的污水，特别是粪尿中常混有固形物，随水冲入降口，如果不设沉淀池，则易堵塞地下排出管。要定期清理沉淀池中的沉淀物。

为了防止粪水池中的臭气经地下排出管逆流进入舍内，在降口内应设水封。水封是用一块木板斜向插入沉淀池内。流入降口的粪水顺水封流下进入沉淀池临时沉淀，上清液由排出管流出。因排出管口以下的沉淀池内始终有水，水封起到了阻挡臭气的作用。

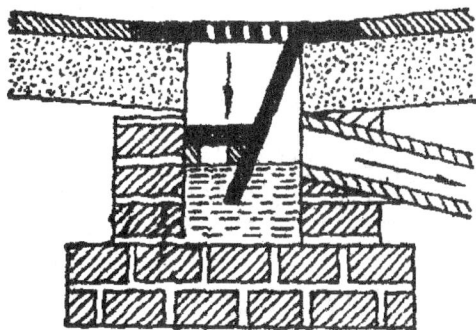

图 1-13　降口

(4)设置通畅的地下排出管(图 1-14)　与排尿沟呈垂直方向，将降口流下来的尿液及污水导入舍外粪水池中。向粪水池应有 3‰～5‰ 的坡度。在寒冷地区，排出管的舍外部分应采取防冻措施，或设在冻土层下部，以免管中液体结冰而堵塞。如果地下排出管自畜舍外墙至粪水池的距离大于 5 m 时，应舍墙外设置地下排出管的检查井，以便在管道堵塞时进行疏通。

(5)设置粪水池(图 1-15)　粪水池应不透水，污水通过地下排出管由沉淀池排至舍外粪水池中，定期用罐车清除池中污水和沉淀物。或者由地下排出管至检查井，再通过地下排出管，排入全场的粪水池。粪水池设在舍外地势较低处，且在运动场相反的一侧，距离舍外墙 5 m 以上。粪水池的容积和数量可根据舍家畜种类、头数、舍饲期长短及粪水存放时间来定。污水池如长期贮存，则要求较大的容积。故一般按贮积 20～30 d，容积 20～30 ㎡ 来修建。粪水池一定要离开饮水井 100 m 以外。

图 1-14　地下排出管

图 1-15　粪水池

2. 设置水冲粪便式排水系统

这种排水系统主要由漏缝地板、粪尿沟和畜舍外的粪水池等部分组成。

(1)漏缝地板(图 1-16)　在地板上留出很多缝隙，粪尿落到地板上，液体部分从缝隙流入地板下的粪沟，固体部分被家畜从缝隙踩踏下去，少量残粪人工用水略加冲洗清理。

漏缝地板分为半漏缝地板和全部漏缝地板两种形式，用于制作漏缝地板的建筑材料有水泥、木板、金属、玻璃钢、塑料、陶瓷等。混凝土构件较为经济耐用、便于清洗消毒。塑料漏缝地板比金属制作的漏缝地板抗腐蚀，且易清洗。而木制漏缝地板不卫生而且易破损，使用年限较短。金属漏缝地板易遭腐蚀、生锈。水泥制的漏缝地板经久耐用，便于清洗消毒，比较合适，目前被广泛采用。

水泥漏缝地板常用于成年的猪舍和牛舍，一般由若干栅条组成一整体，每根栅条为倒置的梯形断面，内部的上下各有一根加强钢筋。栅条尺寸为顶宽 100～125 mm，高 100～150 mm，底宽比顶宽小 25 mm。

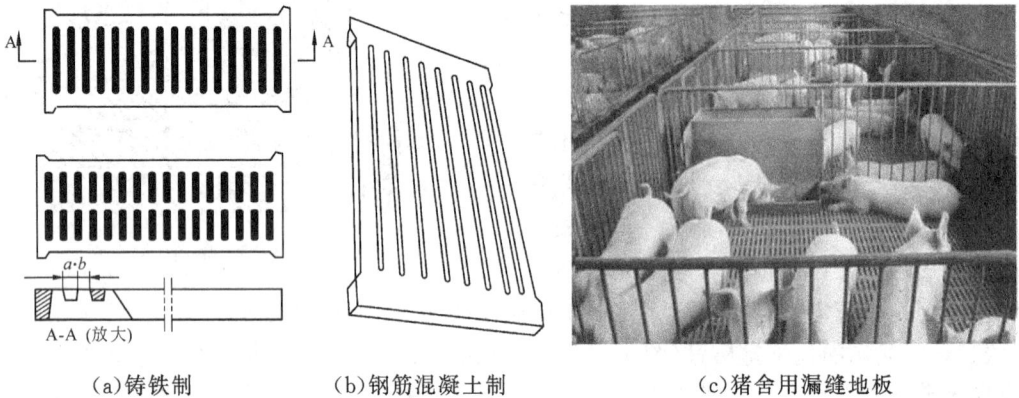

（a）铸铁制　　　　　（b）钢筋混凝土制　　　　　（c）猪舍用漏缝地板

图 1-16　漏缝地板

塑料漏缝地板体轻价廉，常用于产仔母猪舍和仔猪舍，但易引起家畜的滑跌。漏缝地板可用各种材料制成。在美国，木制漏缝地板占 50%，水泥制的占 32%，金属制的地板占 18%。

漏缝地板的缝隙（表 1-15），因畜禽种类而异，即使是同一种畜禽，因体重不同，缝隙也不一样。总的要求是粪便易于踩下。

表 1-15　主要畜禽漏缝地板规格

畜禽种类		地板缝隙宽（mm）	板条宽（mm）
鸡	蛋鸡	20	35
	种鸡	25	40
猪	哺乳仔猪	10	40
	育成猪	12	40～70
	中猪	20	70～100
	育肥猪	25	70～100
	种猪	25	70～100
羊	羔羊	15～25	80～120
	育肥羊	20～25	100～120
	母羊	25	100～120
牛	10 d 至 4 月龄	25～30	50
	5～8 月龄	35～40	80～100
	9 月龄以上	40～45	100～150

（2）粪尿沟　位于漏缝地板地下方，接纳由漏缝地板落下的粪尿，随时或定时用水冲除粪尿。其宽度视漏缝地面的宽度而定，其深度为 0.7～0.8 m，倾向粪水池的坡度为 0.5%～1.0%。粪尿沟的一端设有翻斗水箱，放满水自动翻转倒水，将粪尿沟内粪便冲出舍外。也可在粪尿沟一端的底部设挡水坎，使沟内总保持有一定深度的水（15 m 左右），

漏下的粪便被浸泡变稀，随着落下的粪便增多，粪便被挤入畜舍一端的粪井。牛、猪均可用漏缝地板，粪尿沟的中粪尿可用刮粪板和水冲清理。自流式水冲清粪示意图如图 1-17 所示。

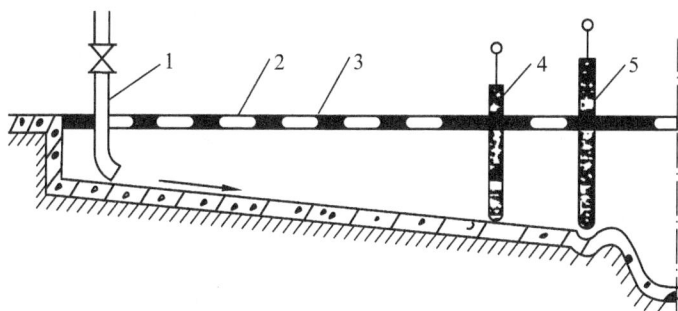

图 1-17　自流式水冲清粪示意图
1. 冲洗水管；2. 粪沟；3. 缝隙地板；4. 挡板闸门；5. 防风闸门

（3）粪水池　粪水池分地下式，半地下式及地上式三种形式。粪水池必须防止渗漏，以免污染地下水源。池内的污水须由污水泵和专用槽车清理。

使用漏缝地板水冲、水泡的清粪方式，耗水、耗电，舍内潮湿，污水和稀粪处时理工艺和设备复杂，应慎重采用。猪舍漏缝地板也可采用刮板清除粪沟中的粪便，这样不仅减少了用水量，而且能降低猪舍的潮湿程度，但拖刮粪板的钢丝绳使用期限很短，且耗电较多。设计时请谨慎考虑使用清粪肥方式。

【必备知识】

一、自然环境湿度

表示空气水汽含量或潮湿程度的物理量，称为"空气湿度"简称"气湿"。水汽在大气中含量很少，其变化范围为 $0\sim4\%$，水汽绝大部分集中在低层，大气中的水汽来源于下垫面，包括水面、潮湿物体表面、植物叶面的蒸发。大气中水汽含量的变化是天气变化的主要角色，云、雾、雨、雪、霜、露等都是水汽的各种形态。水汽能强烈地吸收地表发出的长波辐射，也能放出长波辐射，水汽的蒸发和凝结又能吸收和放出潜热，这都直接影响到地面和空气的温度，影响到大气的运动和变化。空气湿度通常用下列几个指标表示。

（1）水汽压　由空气含有的水汽所产生的压强，称为水汽压。空气中水汽含量越多，水汽压也越大。水汽压的单位用"帕"来表示。

（2）饱和水汽压空气中的水汽压不能无限制地增加。一定温度下，一定体积空气中能容纳水汽的量增加到一个最大值，超过这个最大值，多余的水汽就会凝结为液体或固体。这个最大值时的水汽压称为"饱和水汽压"。该值随温度的升高而增大。

（3）绝对湿度　指单位体积的空气中所含的水汽质量，用 g/m^3 表示。它直接表示空气中水汽的绝对含量。

（4）相对湿度　指空气中实际水汽压与同温度下饱和水汽压之比，以百分率的形式来表示。

（5）饱和差　指一定的温度下饱和水汽压与同温度下的实际水汽压之差。饱和差越大，表示空气越干燥，饱和差越小，则表示空气越混浊潮湿。

(6)露点　空气中水汽含量不变，且气压一定时，因气温下降，使空气达到饱和，这时的温度称为"露点"。空气中水汽含量越多，则露点越高，否则反之。

空气湿度有周期性的日变化和年变化。绝对湿度的年变化与气温的年变化一致。最高值出现在蒸发强的 7 月、8 月，最低值出现在蒸发弱的 1 月、2 月。绝对湿度日变化有所不同，一种类型是在大陆的秋季或冬季，气流交换较弱的情况下。绝对湿度的最高值出现于温度最高时或稍后，即 14～15 时绝对湿度最大，而日出前最小。另一种类型是在夏季，绝对湿度的日变化有两个最高值与最低值。晴天地面受热最强时，日出前后绝对湿度最小，以后逐渐增大，到 8～9 时达到最大值，此后绝对湿度逐渐下降。至 14～15 时由于空气上下强烈交换和土壤上层变干，达到最小，以后又上升，到 20～21 时又出现最大值，以后又降低，直至次日清晨日出前后又达到最小。

我国的相对湿度的年变化受季风的影响，夏季有来自海洋的潮湿空气，冬季有来自大陆的干燥空气，所以最高值出现在夏季，最低值出现在冬季。相对湿度的日变化主要决定于气温，气温升高时然蒸发加快，使水汽压增大一些，但因饱和水汽压增大得更多，结果相对湿度反而减小。温度降低时则相反，相对湿度增大。因此，相对湿度的日变化有一个最高值，出现在清晨，有一个最低值，出现在午后。

二、畜禽舍内的湿度

1. 畜禽舍内水汽的来源

畜禽舍内中空气湿度因舍的封闭程度不同而异，一般情况下都高于舍外的空气湿度。尤其是密闭式畜禽舍，空气中水汽含量常比大气中高出很多。舍内水汽的来源：

(1)畜禽呼吸及体表蒸发的水汽约占 75%。

(2)潮湿的地板、垫料和墙壁所蒸发的水分占 20%～25%，如果地面潮湿的面积很大或者有一定量的积水，也可以直接导致畜禽舍潮湿。

(3)舍外进入的大气含有 10%～15% 的水汽。

2. 畜禽舍内水汽的分布

因为畜体和地面等的不断有水汽蒸发，较轻暖的水汽又很快上升，而聚集在畜禽舍上部。如果畜禽封闭较好，畜禽舍的上部和下部的湿度均较高。当舍内温度降到露点时，空气中的水汽会在墙壁、地面等物体上凝结，并渗入进去，使建筑物、用具及畜体表面变潮。温度升高后，潮湿的物体表面又会蒸发水汽使舍内湿度上升，而畜禽舍潮湿就会影响舍内保温效果。

三、气湿对畜禽的影响

1. 气湿对热调节的影响

气湿对畜禽的影响主要是通过空气温度起作用，环境温度适宜时，气湿度基本畜体没有影响，或影响很小。但高温或低温条件下气湿对畜禽的热调节有着重要的影响。

(1)气湿与机体蒸发散热的关系　高温条件下畜禽机体以蒸发散热为主进行热调节，并尽量增加散热以维持体温正常。而蒸发散热量和机体蒸发面的水汽压成正比，与空气水汽压成反比。空气湿度越大，机体蒸发面水汽压与空气水汽压之差就越小，机体蒸发散热越困难，引起积热。可见，高温环境中高湿使畜禽有机体散热受到阻碍。相反，空气干燥，畜体蒸发面水汽压与空气水汽压之差就越大，机体蒸发散热量多，因此，高温低湿环境相对利于机体的热调节。

（2）气湿与机体非蒸发散热的关系 低温条件下畜禽以减少散热量为主进行热调节，主要散热方式为辐射、传导和对流等，并尽量减少热量散失以保持体温正常。但是潮湿空气能快速吸收机体的长波辐射热，加快机体的散热。同时，高湿环境使畜禽的被毛和皮肤含水量高导热系数变小，又加快了体表的散热量，即低温高湿环境中机体的非蒸发散热量显著增加，使动物机体感觉更冷。

总之，在环境温度过高或过低的不良条件下，高湿抑制畜禽机体的热调节，破坏了动物的体热代谢。这是气湿的重要卫生学意义。

（3）气湿与热平衡的关系 环境温度适宜时，湿度变化对畜禽的体温热调节基本没有影响。低温环境中为了维持热平衡，空气湿度越大，机体的代谢率就越大。高温环境中空气湿度越大，越抑制机体蒸发散热，机体维持热平衡越困难。

2. 气湿对畜禽的危害

气湿会影响舍内环境卫生质量，如果湿度过低会在舍内的微粒过多，易引起呼吸道及皮肤疾病。湿度过高又会使病原体易于繁殖，同时畜禽舍和舍内机械设备的使用年限也会减少。

（1）高湿对畜禽的危害 高湿环境为病原微生物和寄生虫的繁殖、感染和传播创造了条件，使畜禽传染病和寄生虫病的发病率升高，并利于其流行。在高温高湿条件下，猪瘟、猪丹毒和鸡球虫病等最易发生流行。高湿也是疥癣生活的必要条件，因此，畜禽亦易患疥、癣及湿疹等皮肤病。高湿有利于秃毛癣菌丝的发育，使其在畜群中发生和蔓延。高湿还有利于空气中布氏杆菌、鼻疽放线杆菌、大肠杆菌、溶血性链球菌和无囊膜病毒的存活。高温高湿尤其利于霉菌的繁殖，造成饲料、垫草的霉烂，极易造成霉玉米，使赤霉病及曲霉菌病大量发生。在梅雨季节，畜禽舍内高温高湿使幼畜禽的肺炎、白痢和球虫病暴发蔓延或流行。

低温高湿，畜禽易患各种呼吸道疾病，如感冒、支气管炎、肺炎等，以及肌肉、关节的风湿性疾病和神经痛等。

温度适宜或偏高的环境中，高湿有助于空气中灰尘下降，使空气较为干净，对防止和控制呼吸道疾病有利。

（2）低湿对畜禽的危害 畜禽在高温低湿的环境中易造成皮肤、蹄甲和局部黏膜的干裂，引起致病微生物的感染。此外，干燥的环境利于白色葡萄球菌、金黄色葡萄球菌、鸡白痢沙门氏杆菌以及具有脂蛋白囊膜病毒的生存繁殖，造成疾病的传播曼延。环境太干燥家禽羽毛生长不良和猪皮肤脱屑，还易发生啄癖。

在过于高燥环境中尘埃和微生物含量显著提高，易引发皮肤病、呼吸道疾病，并有利于其他疾病的传播。

3. 气湿对畜禽生产力的影响

（1）对畜禽繁殖的影响 当环境温度适宜或低温时，气湿的高低对畜禽基本没有影响。只有在高温环境中加大空气湿度，不利于动物生殖活动。如在夏季7—8月平均气温超过35℃时，牛的繁殖率与相对湿度呈密切的负相关。当气温下降到35℃以下，湿度对牛繁殖率的影响逐渐减小。

（2）对生长和肥育的影响 在适宜温度条件下，气湿对动物生长发育和肥育无明显影响，如在温度比较适宜的条件下，相对湿度分别为45％、70％或95％时，对体重50～80 kg

猪的日增重和饲料利用率的影响差异不显著。在温度适宜的环境中，气湿高低对犊牛的生产性能也无明显影响。在高温环境中气湿升高，动物生长和肥育速度下降。如气温超过上限临界温度时，气湿从50%增至80%，猪的日增重和饲料利用率显著降低。在低温环境中，气湿增加动物生长和肥育速度下降。例如，在环境温度低于7℃的条件下饲养犊牛，湿度从75%升高到95%，日增重和饲料利用率显著下降。一般认为在气温14～23℃，湿度50%～80%的环境条件下猪的肥育效果最好。

（3）对产乳量和乳组成的影响 在低温和适宜温度条件下，气湿变化对奶牛的产乳量、乳的组成、饲料利用率等都没有影响。但当环境温度高于24℃，随着气湿的的逐渐升高，各种奶牛如荷斯坦牛、娟姗牛和瑞士黄牛的饲料利用率、产乳量和乳脂率都下降。当气温达到30℃时，空气湿度从50%增至75%，奶牛产乳量下降7%，乳蛋白、乳脂率等固形物的含量均下降。

（4）对产蛋的影响 在适宜温度和低温条件下，空气湿度对产蛋量无显著影响。然而，在高温环境中，气湿高对蛋鸡产蛋有很大影响。实验研究表明，产蛋鸡的上限临界温度随湿度的升高而下降，例如湿度为75%，产蛋鸡耐受的最高温度为28℃；当湿度为50%时，产蛋鸡耐受的最高温度为31℃；湿度为30%时，产蛋鸡耐受的最高温度为33℃。在低温的冬季，湿度在85%以上对产蛋也有不良影响。

四、畜禽的适宜湿度

根据空气湿度对畜禽生理机能的作用规律，50%～70%的湿度是比较适宜的。但是冬季在畜禽舍里要保持这样的湿度水平比较困难，因此规定各种畜禽舍湿度的最高限度：成年牛舍、育成牛舍为85%；犊牛舍、分娩舍、公牛舍为75%；马厩为80%；成年猪舍、后备猪舍为65%～75%；肥猪舍、混合猪舍为75%～80%：绵羊圈为80%；产羔间为75%；鸡舍为70%。

任务4 畜禽舍气流控制

一、确定畜禽舍的通风换气量

1. 根据二氧化碳计算通风换气量

因为二氧化碳是畜禽舍污浊程度的指标，根据它计算舍内通风换气量，可以有效控制有害气体和灰尘的量，保持良好的舍内环境。且二氧化碳主要是由畜禽呼出，计算方便。计算公式如下：

$$L = \frac{mK}{C_1 - C_2}$$

式中：L——通风换气量（m^3/h）；

K——每头家畜、家禽的二氧化碳产量（$L/h \cdot$ 头）；

m——舍内家畜、家禽的头数；

C_1——舍内空气中二氧化碳允许的含量（$1.5 \ L/m^3$）；

C_2——舍外大气中二氧化碳含量（$0.3 \ L/m^3$）。

在冬季舍内潮湿，只能排出过多的二氧化碳，不能将排出舍内大量的水汽。因此，这种计算方法只适合干燥温暖的地区。在寒冷地区舍内潮湿的情况下，只有用水汽计算通风换气量才较为合理。

2. 根据水汽计算通风换气量

畜禽舍内机体不断呼出水汽，体表也不断蒸发水汽，同时潮湿的物体表面也蒸发水汽。如果外围护结构完整，水汽不能排出，将会导致舍内潮湿，需要进行通风换气系统排出多余的水汽，因此，根据舍内水汽产生的量来计算通风换气的量。计算公式如下：

$$L = \frac{Q}{q_1 - q_2}$$

式中：L——应排除舍内产生的水汽的换气量(m^3/h)；

Q——家畜、家禽在舍内产生的水汽量及由潮湿物体表面蒸发的水汽量(g/h)；

q_1——舍内空气湿度保持适宜范围时所含的水汽量(g/m^3)；

q_2——舍外大气中所含水汽量(g/m^3)。由潮湿物体表面蒸发的水汽，通常按家畜产生水汽总量的 10%（猪舍按 25%）计算。

依据舍内水汽产生的量计算通风换气量，只适用寒冷舍内潮湿的冬季，在炎热的夏季不能驱散过多热量。

3. 根据热量计算通风换气量

在夏季环境温度高，畜禽不断散发大量的热，为了防止高温的不良影响，就要给畜禽舍进行通风，这时就要根据舍内产生的热量计算通风量。计算公式如下：

$$Q = \Delta t (L \times 1.3 + \sum KF) + W$$

式中：Q——家畜、家禽产生的可感热(kJ/h)；

Δt——舍内外空气温差(℃)；

L——通风换气量(m^3/h)；

1.3——空气的热容量(kJ/m^3℃)；

$\sum KF$——通过外围护结构散失的总热量(kJ/h℃)；

k——外围护结构的总传热系数($kJ/m^2 h$℃)；

F——畜禽舍外围护结构的面积(m^2)；

$\sum$——各外围护结构失热量相加符号；

W——由地面及其他潮湿物体表面蒸发水分所消耗的热能，按家畜总产热的 10%（猪按 25%）计算。

此公式加以变化可求出通风换气量，即：

$$L = \frac{Q - \sum KF \times \Delta t - W}{1.3 \times \Delta t}$$

依据热量计算通风换气量，只适用于夏季或舍内温度较高时，在冬季舍内潮湿、低温就不适用了。

4. 根据通风换气参数确定通风换气量

根据实验结果，计算制定畜禽舍的通风换气参数，为畜禽舍通风系统设计提供科学的依据（表 1-16～表 1-18）。

夏季通风量为畜禽舍最大通风量，冬季通风量为畜禽舍最小通风量。畜禽舍在采用自然通风系统时，尤其是寒冷地区应以最小通风量为冬季通风量。采用机械通风时，必须根据最大通风量，即夏季通风换气量确定总的风机风量。

表 1-16　各类猪舍的换气参数(每头)

类　别	周　龄	体重(kg)	换气量(m³/min)		
			冬　季		夏　季
			最　低	正　常	
哺乳母猪	0~6	1~9	0.6	2.2	5.9
肥　猪	6~9	9~18	0.04	0.3	1.0
	9~13	18~45	0.04	0.3	1.3
	13~18	45~68	0.07	0.4	2.0
	18~23	68~95	0.09	0.5	2.8
繁殖母猪 种公猪	20~23	100~115	0.06	0.6	3.4
	32~52	115~135	0.08	0.7	6.0
	52	135~230	0.11	0.8	7.0

表 1-17　牛舍、羊舍、马舍换气参数(m³/min)

家畜种类	单位体重(kg)	冬　季	夏　季
肉用母牛	454 kg	2.8	5.7
阉牛(舍内漏缝地板)	454 kg	2.1~2.3	14.2
乳用母牛	454 kg	2.8	5.7
绵羊	只	0.6~0.7	1.1~1.4
肥育羔羊	只	0.3	0.65
马	454	1.7	4.5

表 1-18　鸡舍的通风量参数(m³/min·只)

季　节	成年鸡	青年鸡	育雏鸡
夏	0.27	0.22	0.11
春	0.18	0.14	0.07
秋	0.18	0.14	0.07
冬	0.08	0.06	0.02

确定通风量后，再计算畜禽舍的换气次数。畜禽舍换气次数是指在 1 h 内换入新鲜空气的体积与畜禽舍容积之比。一般畜禽舍冬季换气每小时应保持 2~4 次，除炎热季节外，一般不应多于 5 次，否则会降低舍内气温。

二、确定通风换气方式

1. 畜禽舍自然通风设计

不需要机械设备，而借自然界的风压或热压，产生空气流动，通过畜禽舍外围护结构的空隙所形成的空气交换。

(1)确定畜禽舍自然通风的形式

①风压通风[图 1-18(a)]　畜禽舍迎风面墙壁气压大于大气压为正压。背风面墙壁气

压将小于大气压为负压，气流从迎风面墙壁进入舍内，与舍内空气混合形成气流，由背风面墙壁的开口流出，即形成风压通风。可以将舍内污浊空气排出，以改善舍内环境。

风压通风的效果取决于风速、风和墙壁的夹角、进风口和排风口的面积。这是北方地区在温暖季节里广泛采用的通风方式。

②热压通风［图 1-18(b)］　舍内下部污浊的空气被畜体或热源加热，变轻上升，热空气在畜禽舍顶部区域聚积形成的气压高于舍外的气压，如果天棚或屋顶有排气口，热空气就会在气压作用下流出舍外。与此同时，由于舍下部空气变热上升，导致舍下部气压低于舍外气压，外界的空气通过各种方式不断进入舍内，形成热压换气。

热压通风量效果取决于舍内外温差、进风口和排风口的面积、进风口和排风口中心的垂直距离。此通风方式适合于寒冷季节的畜禽通风。

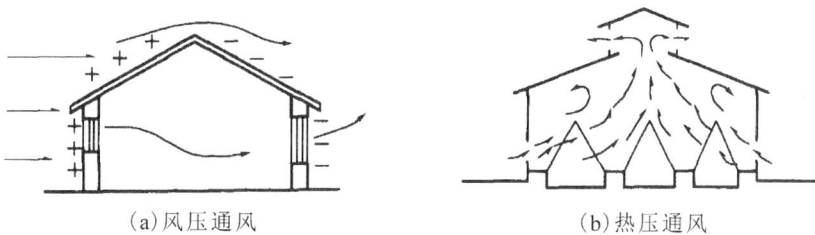

(a)风压通风　　　　　　　　　(b)热压通风

图 1-18　畜禽舍无管道自然通风示意图

(2)自然通风设计　自然通风类型分有管道式和无管道式两种。

①风压通风一般采用无管道通风形式，利用畜禽的门窗进行通风。检验采光窗夏季通风量能否满足要求。

②热压通风一般采用有管道通风系统，在畜禽舍建造时设置进气管和排气管，通过进气管引进新鲜空气，排气管排出污浊气体，以达到舍内的通风换气。有管道通风系统设计方案如下：

a. 确定所需通风量

$$L = 3\ 600FV$$

b. 确定进气口总面积(也可设计屋顶通风管及天窗或通风屋脊)

$$F = L \div 3\ 600V$$

式中：F——排风口总面积(m^2)；

　　　L——通风换气量，即由舍内要排出的混浊空气量(m^3/h)；

　　　V——排气管中的风速(m/s)，可用风速计直接测定。按畜禽舍内饲养畜禽的种类、数量等计算各季节的所需通风换气量(L)。

c. 确定排气口的面积　由于畜禽舍门窗缝隙及开关时可以进气，因此，进气口面积为排气口总面积的 70% 左右。

d. 采用机械辅助通风　当自然通风已经不能满足畜禽舍通风换气的要求时，就需要使用通风机械，进行机械辅助通风，一般风机安装在畜禽舍内的排气口上即可。

e. 冬季通风换气设计　在南窗上部设置似风斗的外开下悬窗作排风口，每窗设 1 个或隔窗设 1 个，酌情控制启闭和开启角度，以调节通风量，其面积不必再行计算。对设置天窗或屋顶排风管的大跨度畜禽舍(跨度 7～8 m)，屋顶风管要高出屋顶 1 m 以上，下端伸入舍内不少于 0.6 m。对设有天棚的畜禽舍屋顶风管下端由天棚开始，两个屋顶风管间距 8~12 m，屋顶风管最好设置在舍内粪尿沟上方。管内调节阀，调节阀设在屋脊下，以可防止水汽在管壁凝结。为防倒风或雨雪，风管上口应设风帽(图 1-19)。在严寒地区，为防止风管内凝水或结冰，屋顶风管外宜加保温层，或屋顶风管下口设接水盘。风管面积可根据该栋畜禽舍冬季的通风量确定。

只在背风侧纵墙上部设置进气口，屋顶风管宜靠对侧纵墙近些，以保证通风均匀。两纵墙都设进气口时，迎风墙上的进气口应有挡风装置，以免受风压影响，并须在进气口里侧装设导向控制板，以控制进气量和进气方向。进气口外侧应设防护网，以防鸟兽钻入。进气口形状以扁形为宜。当进气口的总面积一定时，其数量宜多些，以便于均匀通风。

2. 畜禽舍机械通风设计

(1)风机的选择　可供选择的风机有轴流式风机和离心式风机两种。畜禽舍通风换气常采用轴流式风机。离心式风机一般用来给舍内送风。

①轴流式风机[图 1-20(a)]　轴流式风机的特点是叶片旋转方向可以逆转，通风时所形成的压力，一般比离心式风机低，但通风气量却比离心式风机大得多。故轴流式风机既可用于送风，也可用于排风。

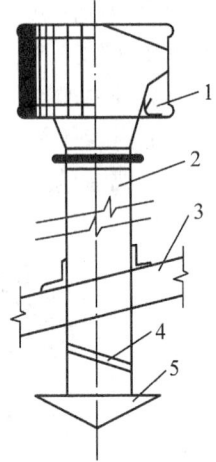

图 1-19　筒形风帽

1. 风帽；2. 风管；3. 屋面；
4. 调节阀；5. 滴水盘

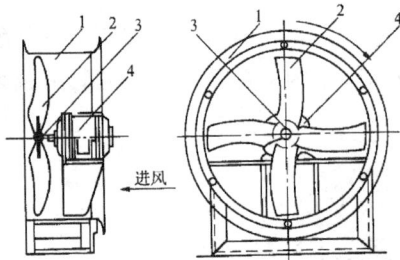

(a)轴流式风机

1. 外壳；2. 叶片；3. 电动机转轴；4. 电动机

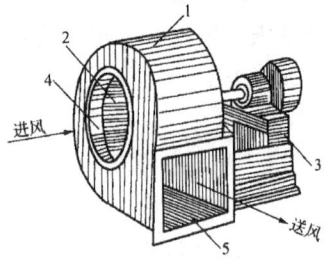

(b)离心式风机

1. 蜗牛形外壳；2. 工作轮；
3. 机座；4. 进风口；5. 出风口

图 1-20　风机

②离心式风机[图 1-20(b)]　这种风机的风压较高，常用于具有复杂的管网的通风。气流是靠叶片转动时所形成的离心驱动力产生的。故空气进入风机时和叶片轴平行，离开风机时变成垂直方向。

(2)畜禽舍机械通风形式确定

①负压通风设计(图 1-21)　利用风机将封闭畜禽舍内的污浊空气排出，舍内气体压力相对小于舍外。而新鲜空气通过进气口流入舍内。畜禽舍采用负压通风时，设备简单、投资少、管理费用低。

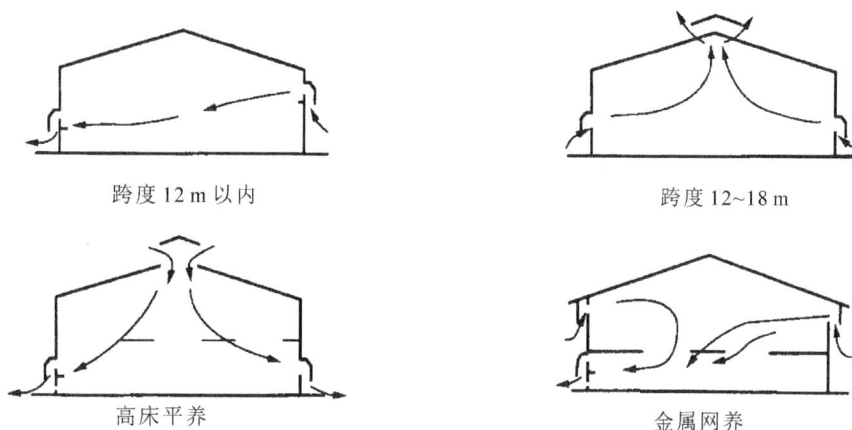

跨度 12 m 以内   跨度 12~18 m

高床平养   金属网养

图 1-21 负压通风的示意图

根据风机安装的位置，负压通风又可分为：屋顶排风式，侧壁排风式，墙下部排风。

②正压通风设计(图 1-22) 利用风机向封闭畜禽舍送风，从而使舍内空气压力大于舍外，舍内污浊气体经排气管(口)排出舍外。这种通风方式可对进入的空气进行预处理，保证畜禽舍内适宜的温湿度和清洁的空气环境，在严寒、炎热地区均可适用。但通风系统比较复杂、投资和管理费用大。

根据风机安装位置，正压通风可分为侧壁送风和屋顶送风。

两侧壁送风形式   屋顶送风形式   侧壁送风形式

图 1-22 正压通风示意图

③联合通风 利用风机同时进行畜禽舍的送风和排风。在大型封闭畜禽舍，尤其是在无窗封闭畜禽舍，只靠机械排风或机械送风，不能有效控制空气质量，需采用联合式机械通风。联合式机械通风系统的风机安装形式主要有：进气口设在墙壁较低处，并装设送风风机，将舍外的新鲜空气送到畜禽舍下部，即畜禽活动区。排气口设在畜禽舍上部，由排风机将聚集在畜禽舍上部的污浊空气排出。利于畜禽舍通风降温，适用于温暖和较热地区。

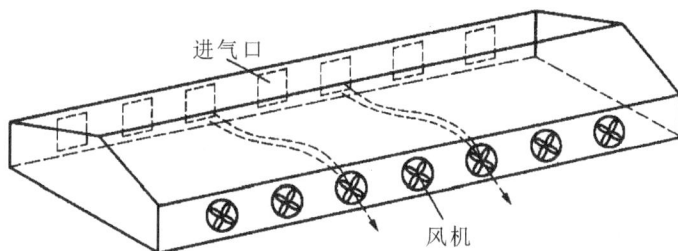

进气口

风机

图 1-23 横向通风示意图

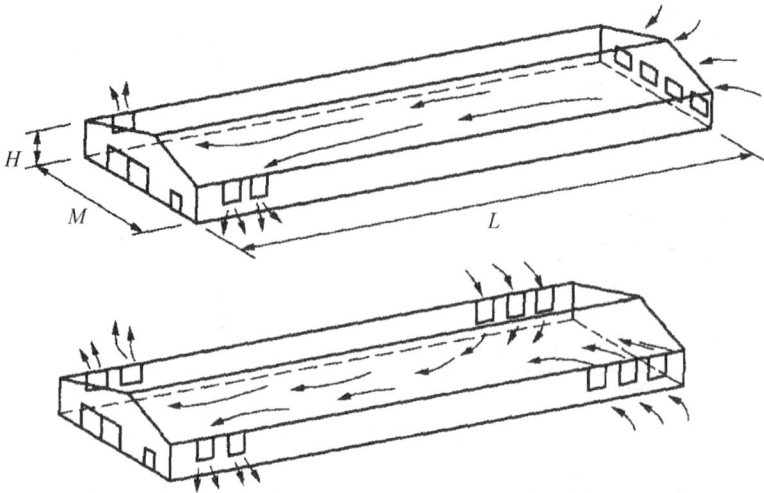

图 1-24　纵向通风示意图

根据气流在畜禽舍流动的方向，舍内机械通风形式分为两种，一种是横向通风，另一种是纵向通风。

a. 横向通风(图 1-23)　风机安装在一侧纵墙上，进气口设置在另一侧侧纵墙上，气流沿畜禽舍横轴方向流动。横向通风适用于小跨度畜禽舍，通风距离过长，易导致舍内气温不均。

b. 纵向通风(图 1-24)　是指将风机安装在畜禽舍的一侧山墙或纵墙一端，进气口设置在另一侧山墙或纵墙一端，气流沿畜禽舍纵轴(长轴)而流动，称为纵向通风。纵向通风常用离心式风机，产生风压大，适用于纵向长距离送风或排风。纵向通风适用于大跨度畜禽舍和具有多列笼具的畜禽舍。

(3)机械通风设计　为了保证通风均匀和便于布置风机及进气口，跨度为 8～12 m 时，一侧排风而由对侧进风。跨度大于 12 m 时，宜采用两侧排风顶部进风或顶部排风两侧进风的形式。

①确定风机型号　常用轴流式风机，特殊情况下用离心式风机。风机总功率等于实际通风量，计算实际通风量是畜禽舍最大通风换气量加上 10% 的封口阻耗。常用风机型号为 4～7 号风机(依据叶轮直径而定)。例如，4 号风机风量为 42 m^3/min，6 号风机风量为 117 m^3/min。

②确定风机数量

风机台数＝风机总功率(实际通风量)/每台风机功率

风机设于纵墙上时，按纵墙长度(值班室、饲料间不计)，每 7～9 m 设一台。

③风机安装与管理

a. 风机直径大于风管壁直径，并仍适当距离，风管直径大于风机叶片直径。

b. 风机不能安装在风管中央，应靠近舍内侧，舍外侧墙上要装有防尘罩与安全罩。

c. 风机要定期保养，冬季防止冻结。

④注意事项

a. 门窗与风机不能太近，防止短路。

b. 风速要稳定，不要忽强忽弱，不能形成通风死角。

c. 冬季与夏季畜禽舍内通风换气要有差异。

d. 风机型号与通风量要求相匹配。

e. 进气口和排气口距离适当，防止通风短路。

f. 选择风机时要求噪声小，有防腐、防尘等保险装置。

【必备知识】

一、自然环境中的气流

空气的流动形成了"气流"。气流的生成比较复杂，主要是受到各种天气、温度、湿度、空气温度递减率、地表温差、气压等因素影响，日照越充足、空气越干燥，两个相邻地区空气温度的差异越大，形成的气压差也越大。空气就会由气压高的地区空气向气压低的地区流动。空气的水平移动称为风，通常用"风速"和"风向"来表示。

1. 风速

风速是指单位时间内，空气水平移动的距离，一般用 m/s 表示。

2. 风向

风向是指风吹来的方向，常以 8 个或 16 个方位来表示，即东(E)，南(S)，西(W)北(N)，东南(SE)，西南(SW)，东北(NE)，西北(NW)。

(1)风向的变化规律　在自然环境中风向是经常变化的，不同地区在不同时期内，各种风向出现次数的多少也各不相同。经过人们长期的观察发现风向出现与变化是有一定规律可循的，同一地区在同一时期内，即各种风向出现次数的多少是有趋向性的，将一定时间内某地各种风向出现的频率绘制在方位坐标图上，可反映这地区的风向变化规律，那么这个图就能表示某地区的风向规律，称之为风向频率图，又称风向玫瑰图(图1-25)。

风向频率图即将某一地区、某一时期内(全月、全季、全年或几十年)全部风向次数的百分比，按罗盘方位绘出的几何图形。它的作法是在 8 条或 16 条中心交叉的直线上，按罗盘方位，把一定时期内各种风向的次数用比例尺以绝对数或百分率画在直线上，然后把各点用直线连接起来。这样得出的几何图形，就是风向频率图。

图 1-25　风向玫瑰图

(2)风向的作用与意义　从风向频率图中可直观地表示年、季、月等的各个风向出现频率，线段最长者即为当地主导风向。能够为选择牧场场址、规划建筑和和畜禽舍设计等方面提供重要的参考资料。

二、气流对畜禽的影响

1. 气流对热调节的影响

气流影响畜体散热的程度主要因气流速度、温度和湿度的不同而不同。

(1)气流对蒸发散热的影响　在环境温度适宜或低温时，且机体产热量不变，由于增大气流会加强对流散热，降低皮肤温度和水汽压，使皮肤的蒸发减少。

畜禽在高温环境中，由于气流增大，增加对流散热，使机体在高温环境中达到最大蒸发量，因此机体的临界温度也随之提高。例如，如牛在气流 0.22 m/s 的环境中，气温 26.7℃时已达到最大蒸发量，而在 4.47 m/s 的气流中，35℃时才达到最大蒸发量，生理上所能忍受的高温，因气流的增大而提高。

(2)气流对非蒸发散热的影响　气流速度越大，机体非蒸发散热就越多。机体散热还与气流的温度有关，散热效果随气流的温度上升而下降。当气流温度等于皮肤温度时，则对流热作用消失。如果气流高于皮肤温度，机体还自对流得热。在低温环境中，低温而潮湿的气流，能显著提高散热量，使畜禽感觉到更冷，有可能引起冻伤、冻死。

(3)气流对产热量的影响　畜禽在低温环境里，如果因气流增大而增加机体产热量，则畜禽的蒸发散热量也随之增大。例如，牛在气温 12.8℃以下，气流增大，蒸发量增加。在 12.8℃以上，气流增大，蒸发量减少。

在环境温度适宜时，增大气流对产热量没有影响。在高温环境中，增大气流有助于延缓产热量增加。在低温环境中，增大气流则显著增加产热量。根据实验，气温在 18.3℃以上，气流大小不影响欧洲牛的产热量。但在 0℃时，即使气流自 0.2 m/s 增至 0.7 m/s，亦能使阉牛产热量增加 6%。在 -7.8～-6.7℃的低温环境中，气流自 0.2 m/s 增至 4.5 m/s，黑白花奶牛产热量增加 20%～35%，但体温仍保持正常。

2. 气流对畜禽生产力的影响

(1)对生长和肥育的影响　在低温环境中加大气流，动物生长发育和肥育速度下降，例如，仔猪在低于临界温度的环境中，气流由无风增加到 0.5 m/s，生长率和饲料利用率下降 15% 和 25%。在适宜温度环境中，加气流速度，动物采食量有所增加，生长肥育速度不变，例如，气温为 25℃环境中，气流从 0.5 m/s 增加到 1.0 m/s，仔猪日增重不变，饲料消耗增多。在高温环境中，增加气流速度，可提高动物生长和肥育速度，例如，在气温为 32.4℃，相对湿度为 40% 的环境中，当气流从 0.3 m/s 增加到 1.6 m/s 时，肉牛平均日增重从 0.64 g 增加到 1.06 g。气温达 30℃以上时，气流由 0.28 m/s 增至 1.56 m/s，可提高阉牛的日增重，例如，气温 21.1～35.0℃时，气流自 0.1 m/s 增至 2.5 m/s，可使小鸡的日增重提高 38%。

(2)产蛋性能　在低温环境中，增加气流速度，蛋鸡产蛋率下降。在高温环境中，加大气流，可提高产蛋量。例如，在气温为 32.7℃，湿度为 47～62%，气流由 1.1 m/s 提高到 1.6 m/s，来航鸡的产蛋率可提高 1.3%～18.5%。在气温为 30℃环境中，从无风增大到 0.8 m/s，鹌鹑产蛋率从 81.9% 增至 87.2%。在适宜温度环境中，气流 1 m/s 以下的气流对产蛋量无明显影响。

(3)产奶量　在适宜温度条件下，气流对奶牛产奶量无显著影响，如气温在 26.7℃以下，相对湿度为 65%，气流在 2～4.5 m/s，对欧洲牛及印度牛的产乳量、饲料消耗和体重都没有影响。但在高温环境中，增大气流，可提高奶牛产奶量。例如，与适宜温度相比较，在 29.4℃高温环境中，当气流为 0.2 m/s 时，产乳量下降 10%，但当气流增大到 2.2～4.5 m/s，奶牛产乳量可恢复到原来水平。在 35℃高温环境，气流自 0.2 m/s 增大到 2.2～4 m/s，黑白花奶牛的产乳量增加 25.4%，娟姗牛的产乳量增加 27%，瑞士褐牛的产乳量增加 8.4%。

3. 气流对畜禽健康的危害

在畜禽舍中，切忌产生贼风，民谚中有"不怕狂风一片，只怕贼风一线"的说法。贼风是指一股低温、高湿而且速度较大的气流。它的害处是使机体局部受冷，因为机体处在一种比较温暖的环境中，而这一局部突然的冷刺激不能产生相应的反应和进行调节，就会引起关节炎、肌肉炎、神经炎、冻伤、感冒以致肺炎、瘫痪等多种疾病。根据试验研究表明，当气温为4～19℃时，不受贼风之害的猪同经常受到贼风侵袭的猪相比，增重快6%，采食量少25%，可见贼风危害之严重。为了防止畜禽舍产生贼风，在入冬前检查屋顶、天棚、门窗等外围护结构，如有缝隙、窟窿等损坏，及时修补，以防产生贼风。同时避免在畜床部位设置漏风地板，注意进气口的位置，防止冷风直接吹袭畜体。

三、畜禽舍内适宜的气流

由于畜禽舍内外的温度高低和气流的大小不同，使畜禽舍内外的空气通过门、窗、通气口和一切缝隙进行自然交换，即空气的内外流动。在畜禽舍内因畜禽的散热和蒸发，使温暖而潮湿的空气上升，周围较冷的空气来补充而形成舍内的对流。但舍内空气流动的速度和方向，主要决定于舍内外的通风换气，机械通风尤其如此。舍内围栏的材料和结构、笼具的配置等对气流的速度和方向有一定影响。例如用砖、混凝土建造的畜栏及其他设备，就引起栏内气流呆滞，形成死角，但对防止因飞沫导致的呼吸道疾病的传播较为有利。

一般来说，冬季畜禽机体周围的气流速度以0.1～0.2 m/s为宜，最高不超过0.25 m/s。但封闭不良的畜禽舍，就会可达0.5 m/s以上。在密封较好的畜禽舍，气流速度不难控制在0.2 m/s以下，如果气流速度在0.01～0.05 m/s，说明畜禽舍通风不佳。如果气流速度在0.01 m/s以下，畜禽舍空气停滞，必须进行通风换气。畜舍冬季的通风换气存在着防寒保温与保持舍内空气卫生质量之间的矛盾，要处理好这一矛盾，需通过确定合理的通风换气量和正确地组织气流来实现。

四、畜禽舍通风换气的意义

1. 畜禽舍通风换气的目的

任何季节舍内都需要通风换气，通风换气是畜禽舍环境控制的一个重要手段。在夏季加强通风，可促进畜体的蒸发散热和对流散热，能缓和高温的不良影响，是有效的防暑措施，我们称之为通风。在冬季畜舍密闭的情况下，引进舍外新鲜空气，排除舍内污浊空气，能防止舍内潮湿，保证畜舍空气清新，是改善畜舍小气候不可缺少的重要手段，我们称之为换气。二者是有区别的。

2. 畜禽舍通风换气的原则

为保证畜禽舍内环境相对稳定，不因通风换气导致舍内温度不稳，并将多余的水汽排出，有效控制舍内的有害气体、微粒等。畜禽舍通风换气必须遵循以下几点原则：

①排除过多水汽，使舍内空气的相对湿度在适宜状态。

②要维持适中的气温，不致发生剧烈变化。

③要求舍内气流稳定、均匀，无死角，不形成贼风和不直接吹袭畜体。

④排除舍内有害气体和臭味，减少舍内灰尘和微生物含量。

⑤防止水汽在墙、天棚等表面凝结。

五、气压

气压指包围在地球表面的大气层，以其本身的质量对地球表面产生一定的压力，这种压力称为气压。气压的大小决定于空气密度和地势的高低。由于空气的密度和大气层的厚度随地势升高而降低，一般每上升 10.5 m，气压下降 133.32 Pa。

标准大气压是指通常将纬度 45°的海平面上，温度为 0℃时的大气压力作为标准气压，1 个标准气压具有 $1.01×10^5$ Pa 的压力，相当于 $1cm^2$ 表面上承受 1 033.32 g 的质量。

气压的变化亦受地面温度改变的影响。当地面温度增高时，引起附近的空气膨胀，密度减少，因而气压下降。在一昼夜中气压变动范围为 66.66～266.64 Pa，这种变化是在气温的变化下产生的。同一地区气压的年变化不显著，变动范围为 2 666.44～3 999.66 Pa。

一般情况下气压变化虽然可以引起天气变化，但对家畜没有直接影响。只有海拔升高达到 3 000 m 以上，气压显著变小时，才对畜禽的健康和生产力产生明显的影响。原因在于随着海拔升高，空气的每一种气体成分都逐渐降低，主要是氧的含量绝对量减少，就会造成畜禽因组织细胞缺氧和气压的机械作用，产生一系列的病理症状，所谓高山病。

(1)低气压对畜禽的危害　只有当海拔达到 3 000 m 以上高度，才开始表现出来高山病的症状，达到 5 000 m 左右就非常明了显。其具体症状表现如下：

①神经系统　大脑皮层对缺氧特别敏感，空气缺氧时大脑皮层细胞工作能力降低，引起保护性抑制，畜禽出现全身软弱无力，发生运动机能障碍，失去对周围环境的定向能力，嗜眠、乏力等。

②呼吸系统　缺氧会引起代偿性反应，畜禽呼吸次数增多，发生喘息。

③循环系统　心脏机能亢进，脉搏显著增加，再加上缺氧，物质代谢发生障碍，一些氧化不彻底的物质(如组织胺、吲哚等)在体内蓄积，因而引起血管扩张，毛细血管渗透性增强，鼻腔或呼吸道黏膜破裂出血。

④消化系统　表现为食欲减退，消化不良，胃肠道方面，常因气压降低而引起肠道内气体膨胀，发生腹痛。

当海拔升高至 8 500 m 时，气压下降到 $3.2×10^4$ Pa，与氧结合的血红蛋白降低到 45%，生命发生危险，因此，这个高度可看作气压的"极限高度"，家畜一般不易生存。高海拔不仅仅是缺氧，还有二氧化碳分压降变低、紫外线强度过大、温度较低等，对畜禽也产生一定影响。

(2)畜禽对低气压的适应　如果畜禽逐步向高山及高原地区迁移，给予一定时期从高气压向低气压的过渡和适应过程，很多畜禽就不发生高山病。主要是通过提高肺活量、增加血液循环总量、加强心脏功能等，以适应高原低气压环境。

需要注意，不是所有畜禽都能适应高原的环境，向高原引种时要认真观察，选择合适引用的畜禽，以免引起较大的经济损失。

【扩展知识】

一、畜禽环境

1. 畜禽环境概念

畜禽环境是指畜禽周围空间中对其生存具有直接或间接影响的各种因素的总和。它包括除遗传因素以外的影响畜禽生活、生产和健康的所有因素。环境又可分为内环境和外环境。内环境是指动物体内的各种因素，即各组织、器官进行物质和能量代谢的环境；而外环境则是动物体外部与动物有直接或间接关系的外界环境。狭义的环境是指外环境，也就是本门课程所主要讲述的。

2. 环境的分类

(1)自然环境和社会环境　根据人类对环境的影响程度，将环境分为自然环境和社会环境。自然环境是指自然界中存在的与畜禽有直接或间接关系的外界因素，包括气候因素（光、温度、湿度等）、土壤因素（地形、地貌、土壤组成）及生物因素（自然界中原有的动物、植物、微生物）。自然环境在畜牧业中已受到人类的干预，已不同于原始环境。社会环境则指对畜牧业生产有影响的人类活动的总和，包括人口的状况、分布、信仰、习俗习惯，国家的法规、政策，畜牧场的设计、管理及畜产品的加工、运输等。

(2)生物环境和非生物环境　根据环境中是否含有生物因素，可以把环境分为生物环境和非生物环境。生物环境是指一切与畜禽有直接或间接关系的生物因子，主要包括动物、植物、微生物等。生物环境中的所有因素，对畜禽的生存和生产性能都会产生不同程度的影响。如植物进行光合作用，合成有机物并储存能量，为畜禽提供食物和氧气，同时，植物又可以调节气候条件，为畜禽提供良好的生活、生物环境。而微生物既可以对畜禽产生有利的作用，又有有害的方面。如反刍动物瘤胃中得微生物和单胃动物肠道中的微生物可以帮助动物消化食物，并能合成一部分动物所需的营养，而病原微生物则能引起疾病。环境中的动物也会对畜禽产生影响，环境中的原生动物可以引起畜禽的寄生虫病；而其他动物可以是畜禽的竞争者，又可以是畜禽的促进者。如草场一定时，牛和羊就会成为竞争者。而随畜禽养殖量的增加，诸如动物内脏及其他副产品又可以为水产动物提供饲料，从而促进水产养殖业的发展。

非生物环境是指自然环境中的物理和化学因素，是畜禽的无机环境，包括光、热、气、水、土、矿物质等。非生物环境可分以分为三类：一是太阳辐射，它是一切生命的基础。二是气候因素，包括气温、气湿、气流和气压等气象因子，它们的变化或多或少地对畜禽产生影响。三是一些小分子，如气体因子和土壤的中得氧、二氧化碳、水及其他矿质元素如钾、钠、钙、磷、氮、硫等。所有这些都是畜禽赖以生存的物质基础。总的来说，生物圈中的所有因素，都是畜禽生存的根本基础，畜禽的生存离不开这些因素。

(3)畜禽与环境之间的关系　畜禽所处的环境是不断变化的，当环境变化在畜禽适应的范围之内时，畜禽可以通过自身的调节而保持适应，因而能够保持正常的生理机能和生产性能。如果环境因子的变化超出了适宜范围，机体就会动用防御能力，以克服环境变化的不良影响，使机体保持体内的平衡。动物对环境刺激的反应有两种形式：一种是特异性反应，即动物对环境刺激的反应因环境因子种类的不同而异；另一种是非特异性反应，即动物对环境刺激的反应不因环境因子的不同而变化。动物对环境变化作出的这些反应，是动物对环境适应或不适应（包括应激）的表现，环境与畜禽的关系是适应和应激并存的。

二、各种畜禽对舍环境的要求

不同种类动物的适宜温度和生产温度的范围不同。适宜温度是指对畜禽生活和生产有利的环境温度。在适宜温度范围内，动物的生产性能最高，饲料能量和物质的转化率也最高。但是，要将畜禽舍环境控制在适宜温度范围内，需要较多的设备和基建投资，经济上往往是不行的。因此，在适宜温度条件下，虽然动物生产力高，但经济效益并不高。而生产环境温度是指在生产中尚不至于导致畜禽生产力明显下降以及健康状况受到明显影响的温度。在一般的条件下，生产环境温度通过科学的畜禽舍设计及设备和管理措施是可以达到的。因而，畜禽所需的生产环境温度应该是畜牧业生产中环境控制依据的参数。

三、温热环境的综合评定

1. 气象因素的评价指标

自然条件下，温热环境诸因素对畜禽健康和生产力的作用是综合的。各因素之间，或者是相辅相成，或者是相互制约。当某一因素发生变化时，为了保持畜禽的健康和生产力，就必须调整其他因素。例如，当气温过高时加强通风、降温或降低相对湿度，必要时三者可同时进行。

在气温、气湿和气流三个主要因素中，任何一个因素的作用，都受其他两个因素的影响。在评定热环境因素对畜禽的影响时，就应该把各因素综合起来，用能够同时代表两个或两个以上热环境因素共同作用的指标来进行。

(1)有效温度　有效温度亦称"实感温度"或"体感温度"，是综合反映气温、气湿和气流对畜禽体热调节影响的指标。它是在人工控制的环境条件下，以人的主观感觉为基础制定的。例如，当风速为0、相对湿度为100%、温度为17.8℃时的热感觉，与风速为1 m/s相对湿度为80%、温度为23.5℃时的热感觉相同。

$$ET_牛 = 干球温度 \times 0.35 + 湿球温度 \times 0.65$$
$$ET_猪 = 干球温度 \times 0.65 + 湿球温度 \times 0.35$$
$$ET_鸡 = 干球温度 \times 0.75 + 湿球温度 \times 0.25$$

(2)温湿度指标　温湿指标是用气温和气湿相结合来评估炎热程度的一种指标。这个指标最初是美国气象局推荐用于估测人类在夏季各种天气条件下感到不舒适的一种指标，后来才普遍用于畜禽，特别是牛。其计算公式为：

$$THI = 0.4(T_d + T_w) + 15$$

或
$$THI = T_d - (0.55 - 0.55RH)(T_d - 58)$$

或
$$THI = 0.55T_d + 0.2T_{dp} + 17.5$$

式中：THI——温湿度指标；

　　　T_d——干球温度(℉)；

　　　T_w——湿球温度(℉)；

　　　T_{dp}——露点(℉)；

　　　RH——相对湿度(%)。式中相对湿度以小数计算。

例如，气温 T_d 为85℉，相对湿度 RH 为45%，则温湿度指标为：
$$THI = 85 - (0.55 - 0.55 \times 0.45) \times (85 - 58) = 76.8$$

THI 的数字越大表示热应激越严重。据美国实验，当 THI 为70时，有10%的人感到不舒服。到75时，有50%的人感到不舒服。到79时，则所有的人都感到不舒服。到86时，华盛顿国家机关停止办公。一般欧洲牛 THI 在69以上时已开始受热应激的影响(表1-17)，THI 在76以下时，奶牛经过一段时间的适应，产奶量可逐渐恢复正常。可用下面的公式估计牛产奶量的下降数量。

$$MDec = -1.07 - 0.78NL + 0.011 \times (NL) \times (THI)$$

式中：$MDec$——产奶量下降数量(kg/头·d)；

　　　NL——正常的产奶量(kg/头·d)。

(3)风冷却指标　风冷却指标是将气温和风速相结合，以估计天气寒冷程度的一种指标。风冷却力的计算公式为：

$$H=[(100V)1/2+10.45-V](33-Ta)\times4.18$$

式中：H——风冷却力（kJ/m² · h，散热量）；

　　　V——风速（m/s）；

　　　Ta——气温（℃）；

　　　33——无风时的皮温（℃）。

例如，气温为 -15℃，风速 6.7 m/s，则：

$$H=[(100\times6.71)\times1/2+10.45-6.71])[33-(-15)]\times4.18=5948.14\ \text{KJ/m}^2/\text{h}$$

风冷却力与无风时的冷却温度的关系为：$T=33-H/91.96$。

例如，在 -15℃，风速为 6.71 m/s 时的散热量为 5948.14 KJ/m² · h，相当于无风时的冷却温度 T 为：

$$T=33-5948.14/91.96=-31.6℃$$

欧洲牛的冷却温度在 -6.8℃（19℉）以下为冷应激区。

2. 气象因素对畜禽的综合影响

在气象诸因素中，气温是核心的因素，因为它对当时空气物理环境条件起决定性作用。所以，在阐述某种气象因素的作用时，都要以当时的气温为前提，没有这一前提，就不能说明该因素的作用。在评定某一热环境因素对畜禽生产和健康的影响时，必须全面考虑其他因素的作用。

高温、高湿、无风（湿热的空气环境）　在畜禽舍较密闭和通风不良的夏季，以及运输畜禽的车厢和船舱等小气候环境表现为高温、高湿和无风。在这种环境中，机体散热受阻，易出现热射病，也适于寄生虫的繁殖。

低温、高湿、有风（湿冷的风）　如雨后的放牧地和畜禽舍保温不良、通风不合理时，易出现低温、高湿、大风，这时机体散热显著增加，机体感到过冷，常引发生感冒或风湿性疾患，并由于被迫提高产热使饲料消耗增大。

低温、高湿、无风（湿冷的空气环境）这种气候常发生于畜禽舍保温或通风不良时。此时空气呆滞而潮湿污浊，机体处于湿冷的环境，散失热量大，热代谢失调，常引起感冒或幼畜的非细菌性腹泻。

低温、低湿、有风（干冷的风）　在这种环境下，机体主要受风的影响较大。干冷的风吹向畜体皮肤毛层的缓冲空气层，使皮温显著降低，其后果与湿冷的空气环境所引起的状况相似。特别对老、弱、病、幼等抵抗力较差的畜禽，由于低温的强烈刺激，破坏了机体的热平衡，使体况更加恶化，甚至引起疾病和死亡。

高温、低湿、有风（干热的风）　这种气候主要发生在内陆的夏季，畜禽机体的水分蒸发量加大，促进了热的散发，也减慢了体内热的产生，当气温接近体温时，机体散热完全由水分蒸发来进行。

项目 2　畜禽舍内环境质量控制

任务 1　畜禽舍内有害气体控制

畜禽舍环境中的有害气体对畜禽的影响是无法回避的，即使有害气体浓度很低，也会使畜禽体质变弱，生产力下降。因此，控制畜禽舍中有害气体的含量，防止舍内空气质量恶化，对保持畜禽健康和生产力有重要意义。

一、对畜牧场进行全面规划合理布局

在畜牧场场址选择和建场过程中，要进行全面规划考虑自然环境和社会条件，避免工厂废弃物对畜牧场环境的污染。

二、及时清理畜禽舍内的粪尿污物

畜禽粪尿必须立即清除，防止在舍内积存和腐败分解。无论采用何种清粪方式，都应尽快清理，防止粪污的滞留。经常清扫粪便是避免舍内产生有害气体的重要手段。

三、保持舍内干燥

潮湿的舍内结构和其他物体表面可以吸附大量的氨气和硫化氢，进行通风也不能排出舍外。当舍温上升或潮湿物体表面逐渐干燥时，氨和硫化氢会挥发出来。因此，冬季要加强畜禽舍的保温和防潮管理，避免因舍温下降导致水汽在墙壁、天棚等处凝结，造成有害气体积留舍内而不能排除。

四、合理通风换气

在密闭畜禽舍环境中，只有组织合理的通风换气，及时进行通风换气，排出污浊空气，引进新鲜空气，将有害气体的浓度控制在卫生标准以下，这是改善舍内空气质量，控制畜禽舍内环境的重要措施。

五、合理设计畜禽舍内的排水系统

畜禽产生的粪尿及污水，迅速通过排水系统流向舍外的粪水池。使畜床及通道等处没有液体积留，保持舍内地面相对干燥，这是防止舍内潮湿和有害气体的重要措施。

六、使用垫料或吸收剂，可吸收一定量的有害气体

各种垫料吸收有害气体的能力不同，麦秸、稻草、树叶较好些，黄土的效果也不错，北方农村广泛使用。肉鸡育雏时可用如磷酸、磷酸钙和硅酸等吸附剂。

【必备知识】

一、大气的成分

地球上大气主要成分是氮（78.08%）、氧（20.94%）、氩（0.93%）、二氧化碳0.033%），较少的一氧化二氮等含量大体上比较固定气体成分，此外还有少量惰性气体氖、氦、氪、氙等，水汽、一氧化碳、二氧化硫和臭氧等变化较大的气体，以及微量的氨、甲烷、氧化氮、臭氧等。还有尘埃、花粉、孢子、微生物等固体和液体气溶胶粒子。

空气的不定成分完全因地区而异。例如，在工厂区附近的空气里就会因生产项目而含有某种气体。另外，空气里的灰尘是多或少的悬浮杂质，因天气而变化。

二、畜禽舍内的有害气体

畜禽舍内的气体组成与大气成分有很大差异，特别当畜禽舍封闭时受家畜呼吸、生产过程及有机物分解等因素的影响，不断有氨、硫化氢、二氧化碳、甲烷和其他一些异臭气体产生，空气环境恶化较快，污染物不易扩散和被大气稀释，在舍内存留时间较长。这些气体对人、畜均有直接毒害或因不良气味刺激人的感官而影响工作效率，所以统称为有害气体。其中最常见和危害较大的是氨、硫化氢和二氧化碳。

1. 氨气（NH_3）常温下呈气态，无色刺激性气味，极易溶于水，极易挥发，相对分子

质量为 17.03，相对密度为 0.596 g/cm³，比空气轻易上升。氨的溶解度在 0℃时，1 L 水可溶解 907 g 氨。由于氨有很高的溶解度，易于吸附于畜禽的各种黏膜中，引起黏膜充血、水肿、分泌物增多，随着呼吸进入呼吸道，可引起咽喉水肿、支气管炎、肺水肿等。通过肺泡进入血液，与血红蛋白结合而生成高铁血红蛋白，使血红蛋白丧失运氧功能，导致机体组织器官缺氧。如果畜禽吸入的氨较少，氨可通过肝脏变成尿素排出体外。但在低浓度氨的长期作用下，机体的抵抗力也会明显降低。高浓度的氨可直接引起接触部位的化学灼伤，引起支气管炎、肺炎、肺出血，甚至呼吸中枢神经麻痹而死亡。

畜禽舍内的氨主要是各种含氮有机物如粪尿、垫料、饲料残渣等腐败分解产生，其含量与舍内结构、畜床排水状况、通风效果及饲养管理等关系密切，主要产生于畜禽所能接触到的范围内，危害较大。

我国农业行业标准(NY/T 33—1999)对畜禽舍内空气环境质量标准的规定，氨气的含量最高浓度分别为：雏禽舍 10 mg/m³，成禽舍 15 mg/m³，猪舍 25 mg/m³，牛舍 20 mg/m³。氨对人影响较大，浓度为 19 mg/m³ 就可引起咳嗽，26.6 mg/m³ 引起流泪、鼻塞，34.2～49.4 mg/m³ 会呼吸困难、睁不开眼和涎水显增多。我国劳动卫生要求，人工作环境中氨的含量最高不得超过 40 mg/m³。

2. 硫化氢(H_2S)为无色有臭鸡蛋气味的气体，易溶于水，也挥发，相对分子质量为 34.08，密度为 1.19 g/cm³，比空气重易下沉。饲养环境中的硫化氢对畜禽的黏膜有一定刺激，通过畜禽呼吸进入呼吸道黏膜及肺泡，引起呼吸道炎症及肺水肿。经肺泡进入血液的硫化氢，有时可被氧化成无毒的硫酸盐被排出体外，而游离于血液中的未被氧化的硫化氢能与氧化型细胞色素酶中的三价铁结合，使酶失去活性，影响细胞氧化过程，表现为全身性中毒。硫化氢进入眼睛的黏膜，可引起眼炎，畜禽表现为角膜混浊、流泪、畏光。高浓度的硫化氢引起呼吸中枢神经麻痹，畜禽呼吸困难，最终因窒息而死亡。在低浓度也可以引起畜禽植物性神经紊乱，引发多发性神经炎。畜禽舍中硫化氢浓度不高，但长期存在就会导致抗病力下降、体质衰弱、体重减轻等问题出现，常常出现肠胃炎等消化道疾病。

畜禽舍内粪便和散落的饲料中含硫有机物的分解产生的硫化氢，畜禽采食富含硫的蛋白质饲料，当发生消化机能紊乱时，可由肠道排出大量硫化氢。舍内的硫化氢来自地或地面附近，接近地面的地方浓度较高。据研究报道，管理良好的畜禽舍，硫化氢含量极少，管理体制不善或者通风不良时，含量可达危害程度。在封闭式鸡舍里，破损鸡蛋较多而不及时清除时，空气中硫化氢浓度显著增高。

我国农业行业标准(NY/T 33—1999)对畜禽舍内空气环境质量标准的规定，硫化氢的含量最高浓度分别：雏禽舍 2 mg/m³，成禽舍 10 mg/m³，猪舍 10 mg/m³，牛舍 8 mg/m³。我国人的劳动卫生方面规定：人工作环境中的硫化氢不得超过 6.6 mg/m³。在畜牧生产中既要注意畜禽的健康和生产力，更要保证工作人员的健康。

3. 二氧化碳(CO_2)为由于二氧化碳为无色、无臭、无毒、略带酸味的气体，相对分子质量 44.01，密度为 1.524 g/cm³，微溶于水。大气中的二氧化碳来自于燃料的燃烧、火山爆发、生物的生命活动等，自然环境中二氧化碳的含量平均为 0.033%，并继续上升的声势，但对畜禽并无直接的卫生意义。

畜禽舍空气中的二氧化碳主要来自畜禽呼吸。例如，一头体重为 600 kg 日产奶 30 kg 的奶牛呼出二氧化碳 200 L/h。1 头体重 100 kg 的育肥猪呼出 43 L/h 二氧化碳。如果一栋猪舍内养殖平均体重为 100 kg 的育肥猪 1 000 头，则呼出二氧化碳的量为 43 000 L/h，一昼夜呼出二氧化碳的量为 1 032 000 L/h。平均体重为 1.6 kg 的产蛋鸡 1 000 只，可呼出二氧化碳的量为 1 700 L/h。可见舍内的二氧化碳产生量是很庞大的，如果畜禽舍封闭，舍内二氧化碳远远超过大气中二氧化碳的含量。即便舍内通风设备运行良好，舍内二氧化碳含量往往也会比大气高出 50% 以上。如畜禽舍卫生管理不当，通风设备不良，或饲养密度过高，二氧化碳的积存量可超过大气数倍至数十倍或更多。而且二氧化碳在畜禽舍分布很不均匀，一般多积留在畜禽活动区域、饲槽附近等地面附近部间。

空气中二氧化碳浓度的安全阈值较高。舍内二氧化碳浓度高就反映出氧被消耗，氧的含量下降，动物出现慢性缺氧，导致体质衰弱，生产力下降，易感染各种慢性传染病。据报道，牛在二氧化碳浓度为 4% 时血液中发生二氧化碳积累，二氧化碳 10% 时出严重气喘，二氧化碳 25% 时试验牛窒息死亡。猪在二氧化碳浓度 2% 时无明显痛苦，二氧化碳为 4% 时呼吸紧迫，二氧化碳为 10% 时昏迷。雏鸡在二氧化碳浓度 4% 时无明显反应，5.8% 时呈轻微痛苦状，6.6%～8.2% 时呼吸次数增加，8.6%～11.8% 时痛苦显著，15.2% 时昏迷，17.4% 时则使小鸡窒息死亡。但畜禽舍内的二氧化碳一般达不到严重危害的程度。只有大型封闭式的畜禽舍通风设备不能正常运行时，才可能发生二氧化碳中毒。

二氧化碳的卫生学意义主要在于：它的含量表明了畜禽舍通风状况和空气的污浊程度。当二氧化碳含量增加时，其他有害气体含量也可能增高。因此，二氧化碳可作为监测空气污染程度的可靠指标。

我国农业行业标准（NY/T 33—1999）对畜禽舍内空气环境质量标准的规定，畜禽舍中二氧化碳的最高浓度应不超过 0.15%。

任务 2　畜禽舍空气中微粒调控

一、畜牧场场地选择要合理

新建畜牧场时，要选择远离产生微粒较多的工厂企业，如水泥厂、磷肥厂等地方。

二、合理规划布局畜牧场

畜禽舍位置应远离产生微粒较多的饲料加工或配制间等地方，同时畜禽舍要设置防尘设施。

三、加强日常养殖环境管理

在日常饲养管理工作中，清扫地面、分发饲料、翻动或更换垫草时，尽量减少微粒产生。易产生微粒的操作应趁畜禽不在舍内时进行，禁止在舍内刷拭畜体、干扫地面等。

四、选择适当的饲料类型和饲喂方法

一般来说，粉料易产生灰尘，而颗粒料产生灰尘较少。干料产生灰尘较多，而湿拌料不易产生灰尘。

五、加强畜禽舍通风换气

这是减少空气中微粒的重要措施。当舍内微粒较多就应启动通风设备进行通风，或打开门窗排除空气中的微粒。对于空气质量要求高的畜禽舍，应安装空气过滤设备。

六、进行绿化

绿化可以减少畜禽舍周围空气灰尘的数量，减少裸露地面，加大绿化面积，种草种树。降低舍外微粒的产生和进入舍内。

七、保持畜禽舍内湿度适宜

在高温干燥的季节里应经常向地面洒水，防止产生更多的灰尘微粒。

八、防疫要求较高的畜禽养殖场，可以进行舍内空气微粒监测

通过监测随时掌握舍内微粒的数量，以便及时采取措施有效控制舍内微粒数目。

【必备知识】

微粒是指以固体或液体微小颗粒形式存在于空气中的分散胶体。微粒广泛存在于空气环境中，其所含数量的多少和组成的不同，决定于当地的地面条件、土壤特性、植被状况、季节。

一、畜禽舍内微粒的来源

一部分微粒是舍外进入舍内的；另一部分微粒是舍内日常饲养管理工作中产生，如分发饲料、清扫地面、使用垫料、通风除粪、刷拭畜体、饲料加工等都会产生微粒。另外，畜禽活动、争斗、鸣叫、咳嗽、打喷嚏等，都会产生微粒。

二、微粒的分类

1. 按成分分类　将其分为无机微粒和有机微粒两种。无机微粒多是被风从地面刮起或生产活动引起的土壤粒子，或在生产和生活中各种燃料在燃烧过程中产生的颗粒。有机微粒来源于植物的微粒有饲料屑、细纤维、花粉、孢子等，来源于动物微粒有动物皮屑、细毛、飞沫等。畜禽舍内的有机微粒含量较多，可达60%以上。

2. 按粒径大小分类　可分为尘、烟、雾三种。尘是指粒径大于 $1 \mu m$ 的固体粒子，其中粒径 $>10 \mu m$ 的粒子，由于本身的重力作用能迅速降到地面，称降尘。而粒径在 $1 \sim 10 \mu m$ 的粒子，能在空气中长期飘浮，称飘尘。粒径小于 $1 \mu m$ 的固体粒子则称为烟。粒径小于 $10 \mu m$ 和液体粒子称为雾。

三、微粒的危害

由于微粒成分及是否携带致病因子的不同，其危害程度也不同。

(1)当微粒携带着某种流行性疾病时，就会导致该疾病的发生与蔓延，这常常是疾病流行的重要因素，具有很大危险性的。

(2)微粒入畜禽呼吸道，危害程度与进入呼吸道的深度有关。微粒较大的降尘只能到达鼻咽部，对鼻咽黏膜发生刺激作用，引起畜禽咳嗽、喷嚏等症状。飘尘可进入支气管和肺泡，引起畜禽支气管和肺部炎症，肺泡组织坏死，导致肺功能衰退等。其中一部分微粒沉积下，引起尘埃沉积病。另一部分随淋巴循环到淋巴或进入血液循环系统，到达其他器官，大量微粒还能阻塞淋巴管，或随淋巴液到达淋巴结，表现为淋巴结尘埃沉着及结缔组织纤维性增生等。

(3)大量微粒落在眼结膜上，还会引起结膜炎。有些微粒还能吸附氨、硫化氢以及细菌、病毒等，在舍内氨气含量较高情况下，就会引起氨盲和其他眼部疾病。

(4)微粒落到皮肤上，与皮脂腺、汗腺的分泌物、细毛、皮屑及微生物混合在一起对皮肤产生刺激作用，引起发痒、发炎，同时使皮脂腺、汗腺管道堵塞，皮脂、汗液分泌受阻，致使皮肤干燥、龟裂，热调节机能受到破坏，从而降低了对传染病的抵抗力及热应激能力，还会引起皮肤病的发生。

(5)空气中某些过敏源附着在微粒上或植物的花粉散落，就会引起人和畜禽过敏反应。

（6）畜禽舍中微粒会影响畜产品的质量，如奶牛舍存在大量微粒就会严重影响乳的质量。

任务3　畜禽舍空气中微生物调控

一、选好场址并注意防护

在选择场址时，应注意避开医院、兽医院、屠宰厂、皮毛加工厂等各种污染。畜牧场要有完善的防护设施，畜牧场与外界要有明显的隔离，场内各分区之间也要严格分隔。

二、注意畜禽舍的防潮

干燥的环境条件不利于微生物的生长和繁殖。

三、减少舍内灰尘

尽量减少畜禽舍空气中灰尘的含量，以使舍内病原微生物失去附着物，微生物而在空气中难以存在和生存。

四、建立健全的防疫制度，防止疾病发生

（1）新建的畜禽舍，应进行全面、彻底、严格的消毒，方可使畜禽进入。

（2）引入的畜禽须隔离和检疫，确保安全后，方能并入本场畜群。

（3）畜牧场及畜禽舍各出入口必须设置消毒池和消毒槽，对进出畜牧场和畜禽舍的车辆和人员进行严格消毒。工作人员进入生产区前应换上工作服、鞋，经消毒后，方可进入生产区。

（4）严防场外动物进入场区，外来人员、车辆不能进入生产区，以减少病原微生物侵入畜牧场的机会。

五、改进生产工艺

生产中尽量采用"全进全出"制，以彻底切断疾病的传播途径。

六、及时清理

及时清除粪便和污浊垫料，搞好畜禽舍环境卫生。

七、定期消毒

定期进行畜禽舍全面消毒，必要时需带畜进行空气消毒。

八、做好畜牧场的绿化工作，减少地面产生的灰尘

【必备知识】

一、微生物的来源

畜禽舍的微生物与舍内环境条件关系密切，一般情况下空气中的微生物都是附着微粒上，微生物数量与微粒有直接关系，当舍内的微粒增多时，微生物的数量也随着增多。当畜禽舍通风不良、潮湿、卫生条件差时，微生物大量滋生蔓延污染环境。特别是当舍内畜禽发生某种疾病时，被病原微生物污染的微粒会感染健康畜禽，引起疾病的流行与漫延。

二、微生物的传播及危害

1. 以液体为载体的飞沫传播

有病的畜禽咳嗽、打喷嚏、鸣叫等等行为活动，喷出大量飞沫液滴，这些飞沫液滴粒径≥10 μm 的因重力而沉降。粒径<10 μm 的飞沫，飘浮过程中水分迅速蒸发并形成飞沫核，核径为 1~2 μm，长期飘浮于空气中，可扩散到畜禽舍各部位，使畜禽易发生感染。

飞沫小核由唾液的黏液素、蛋白质和盐类组成，使附着其中微生物得到保护，不易受干燥及其他因素影响，飞沫小核可侵入畜禽支气管深处达到肺泡而诱发感染。通过飞沫传播的疾病主要是呼吸道传染病，如肺结核、猪气喘病、流行性感冒等，有些消化道疾病也通过这个途径传播。

2. 以固体为载体的灰尘传播

当舍内有畜禽发病时，患病动物的排泄物飞沫、皮屑、粪尿等污染了饮水、垫料、饲料等，附着病原微生物的排泄物及污染物干燥后形成微粒，飞扬于空气中，当易感动物吸入后，就可能发病。一般能通过尘埃传播的病原微生物对外界环境条件的抵抗力较强，常见的畜禽病有：鸡马立克病、霉菌孢子、结核菌、链球菌、芽孢杆菌毒等。

注意，畜禽舍中飞沫传染在流行病学上比尘埃传染病更为重要。在实践中，往往可以看到有固定畜床的病畜，能迅速使邻近畜禽感染发病，并通过飞沫使全舍畜禽受到感染。

任务 4　畜禽舍噪声的控制

一、选择场址要避免外界干扰

畜牧场不应建在飞机场、机械加工厂和主要交通干线的附近等易产生噪声的地方。

二、合理地规划畜牧场

汽车、拖拉机等不能靠近畜禽舍，还可利用地形做隔声屏障降低噪声。

三、畜牧场内应选择性能优良，噪场小的机械设备

装置机械时，应注意消声隔音。

四、畜牧场及畜禽舍周围应大量植树，以降低外来的噪声

有资料表明，30 m 宽的林带可降低噪声 16%～18%，40 m 宽发育良好的乔木、灌木林带可将噪声降低 27%，绿色植物减弱噪声的机理是声波被树叶向各个方向不规则反射消弱了，噪声波造成树叶微振而使声音消耗。

五、在日常工作操作过程，应防止产生噪声的操作

六、加强畜禽管理，防止畜禽自身产生噪声

【必备知识】

一、噪声的概念

一般认为凡是使人讨厌的烦躁的不需要的声音，都叫噪声。因此，噪声不单独取决于声音的物理性质，而且与人类的生活状态有关。例如，听音乐会时，除演员和乐队外，其他都是噪声，但当睡觉时，再悦耳的音乐也是噪声。

二、畜牧场内噪声的来源

1. 外界传入的噪声

飞机、火车、汽车运行以及雷鸣等产生的噪声。普通汽车的噪声约为 80 dB，载重汽车在 90 dB 以上，速度同噪声有很大关系，车速提高一倍，噪声增强 6～8 dB。飞机从头上低空飞过时噪声为 100～120 dB。

2. 畜牧场内机械运转产生的噪声

铡草机、饲料粉碎机、风机、真空泵、除粪机、喂料机工作时的轰鸣声以及饲养管理工具的碰撞声。据测定，舍内风机的噪声强度，在最近处可达 84 dB，真空泵和挤奶机的噪声为 75～90 dB，除粪机噪声为 63～70 dB。

3. 畜禽自身产生的噪声

动物运动以及鸣叫产生的噪声。在相对安静时，动物产生的最低噪声为 48.5～63.9 dB，饲喂、挤奶、收蛋、开动风机时，各方面的噪声汇集在一起，可达 70～94.8 dB。

二、噪声的危害

1. 对产奶的影响

据报道，110～115 dB 的噪声会使奶牛产奶量下降 30％以上，同时发生流产和早产现象。实验表明，经常处于噪声下的奶牛，适应了噪声环境，产奶量不会下降，但突然而来的噪声可使奶牛一次挤奶量减少，正在挤奶的牛受到突如其来的噪声的影响，会停止泌乳。

2. 对产蛋的影响

严重的噪声刺激，可导致蛋鸡产蛋量下降，软蛋率和破蛋率增加。

3. 对生长肥育的影响

噪声对动物生长发育会产生不利的影响，如噪声由 75 dB 增至 100 dB，绵羊的平均日增重量和饲料利用率都会降低。

4. 对生理机能的影响

噪声可使动物血压升高，脉搏加快，也可引起动物烦躁不安，神经紧张。严重的噪声刺激，可以引起动物产生应激反应，导致动物死亡。噪声会对动物神经内分泌系统产生影响，使垂体促甲状腺素和肾上腺素分泌量增加，促性腺激素分泌量减少，血糖含量增加，免疫力下降。据研究，猪舍内噪声经常高于 65 dB 时，仔猪血液中白血球和胆固醇含量会分别上升 25％和 30％。

5. 对畜禽行为的影响

噪声会使畜禽发生惊恐反应，受惊动物行为表现为，奔跑，不动，小而急剧的头部活动，最后像睡着一样。猫和兔在突然噪声下会发生惊厥，咬死幼仔。猪遇突然噪声会受惊，狂奔，发生撞伤、跌伤和碰伤，牛也有类似情况。实验发现，马、牛、羊、猪对于噪声都能很快适应，因而不再有行为上的反应。

四、噪声的测试

测定噪声的仪器有声级计、频谱分析仪等。频谱分析仪能分别测定各倍频带的声压级，便于对环境噪声进行较深入的分析。在现场测量中，仪器的位置应根据具体条件而定，原则上应离声源有较大的距离，以免读数不稳定，并应考虑墙面、地面等反射的影响，一般以相当于观察对象耳部的位置为宜。

五、噪声的标准

据报道，轻音乐可使鸡安静，减少因突然的声响或人员走动所引起的惊吓飞奔现象。也有人发现低强度轻音乐有助于提高乳牛的产乳量，但这方面的试验尚少，有待于进一步证实。畜禽所能忍受噪声极限是多少？目前尚无材料。但家畜能够忍受的最高噪声，往往已生产造成不良影响。因此，畜舍内外的噪声应根据畜禽种类和年龄等作相应的规定，幼畜、雏鸡和蛋鸡要求较高，成年家畜可适当放宽。

国际标准组织规定，每天人在 90 dB 噪声中可以停留 8 h，声级每提高 3 dB，停留时间应减半。许多国家认为 90 dB 是噪声的极限，实际上，在 90 dB 的环境中工作的人，仍有16%以上发生噪声性耳聋。我国1979年颁布的《工业企业噪声卫生标准》试行草案规定，工业企业的生产车间和作业场所噪声标准为75 dB。不同的工作和生活场所，要求也不同，如会议室、影剧院的噪声标准为30～34 dB，一般场所为30～50 dB，办公室、商场、餐厅为46～54 dB，工矿企业车间以85 dB为限。这些要求都是限定在工作8 h内，如果延长时间或缩短时间，要求有所不同，白天和夜间的要求亦不同。这个标准也可以作为畜牧兽医生产的行业参考。

【扩展知识】

一、氨是畜禽中危害较为严重的气体

氨是无机化合物，常温下为气体，无色有刺激性恶臭的气味，易溶于水，氨溶于水时，氨分子跟水分子通过氢键结合成一水合氨（$NH_3 \cdot H_2O$），一水合氨能小部分电离成铵离子和氢氧根离子，所以氨水显弱碱性，能使酚酞溶液变红色。与酸作用生成铵盐。常温下加压可液化，临界温度132.9℃，临界压力11.38 MPa，常压下冷却到−33.35℃时液化。液氨挥发性很强，气化时吸热很大，在−77.75℃时凝固成无色结晶。溶于水放热。自燃点630℃，在空气中遇火能爆炸。常温、常压下在空气中的爆炸极限为16%～28%（体积）。

氨是重要的化工产品，氮肥工业、有机合成工业及制造硝酸、铵盐和纯碱都离不开它。氨气容易液化为液氨，液氨气化时吸收大量的热，因此还可以用作制冷剂。

氨对皮肤有腐蚀和刺激作用。它可以吸收皮肤组织中的水分，使组织蛋白变性，并使组织脂肪皂化，破坏细胞膜结构。氨的溶解度极高，所以主要对动物或人体的上呼吸道有刺激和腐蚀作用，减弱人体对疾病的抵抗力。浓度过高时除腐蚀作用外，还可通过三叉神经末梢的反射作用而引起心脏停搏和呼吸停止。氨通常以气体形式吸入人体，进入肺泡内的氨少部分被二氧化碳所中和，余下被吸收至血液，少量的氨可随汗液、尿或呼吸排出体外。

虽然氨在人体内不断产生，但肝脏有强大能力将氨转变为无毒的尿素，维持人血中氨在极低浓度。体内氨的来源，一是氨基酸脱氨基作用，是体内氨的主要来源，胺类氧化分解也可产生氨；二是肠道吸收，肠道内细菌对未被消化的蛋白质和未被吸收的氨基酸作用（称腐败作用）产生氨。血液中尿素扩散入肠管后在肠道细菌尿素酶作用下水解产生氨。NH_3比NH_4^+容易穿过细胞膜而被吸收，在碱性环境中，NH_4^+转变为NH_3，所以肠管pH偏碱性时，氨的吸收增加。肠道每日产氨约有4g，腐败作用增强时，氨的产生更多；三是肾脏产生，谷氨酰胺在肾远曲小管上皮细胞谷氨酰胺酶的催化下，水解生成谷氨酸和NH_3，NH_3分泌到肾小管腔与尿中H^+结合生成NH_4^+由尿排出。碱性尿液不利NH_3的分泌，NH_3被吸收入血，成为血氨的另一个来源。故肝硬化腹水者不宜使用碱性利尿药以防血氨升高。

正常情况下血氨浓度维持在较低水平。肝脏几乎是体内唯一能合成尿素的器官，当肝功能严重损伤时，尿素合成障碍，血氨浓度升高，称为高氨血症。一般认为，氨进入脑组织可与α-酮戊二酸结合生成谷氨酸，氨与谷氨酸再进一步结合生成谷氨酰胺。因此，脑中氨的增加，可消耗脑组织中α-酮戊二酸，导致三羧酸循环速度减弱，ATP生成减少，引起大脑功能障碍，严重时可产生昏迷，即氨中毒（肝性脑病）。

氨是毒性物质，血氨增多对脑神经组织损害最明显。皮肤接触可引起严重疼痛和烧伤，并能发生咖啡样着色。被腐蚀部位呈胶状并发软，可发生深度组织破坏。高浓度蒸气

对眼睛有强刺激性,可引起疼痛和烧伤,导致明显的炎症并可能发生水肿、上皮组织破坏、角膜混浊和虹膜发炎。轻度病例一般会缓解,严重病例可能会长期持续,并发生持续性水肿、瘢痕、永久性混浊、眼睛膨出、白内障、眼睑和眼球粘连及失明等并发症。多次或持续接触氨会导致结膜炎。

二、硫化氢是畜禽中毒性较强的有害气体

硫化氢为无机化合物,正常情况下是一种无色、易燃的酸性气体,浓度低时带恶臭,气味如臭蛋。浓度高时反而没有气味(因为高浓度的硫化氢可以麻痹嗅觉神经)。硫化氢的水溶液是一种弱酸,当它受热时,硫化氢又从水里逸出。吸入少量高浓度硫化氢可于短时间内致命。低浓度的硫化氢对眼、呼吸系统及中枢神经都有影响。

硫化氢是强烈的神经毒素,对黏膜有强烈刺激作用。短期内吸入高浓度的硫化氢后出现眼痛、眼内异物感、畏光、视觉模糊、流涕、咽喉部灼烧感、咳嗽、胸闷、头痛、头晕、乏力、意识模糊等。重者可出现脑水肿、肺水肿,极高浓度($1\ 000\ mg/m^3$以上)时可在数秒内突然昏迷,发生闪电型死亡。高浓度接触眼结膜发生水肿和角膜溃疡。长期低浓度接触,可引起神经衰弱综合症和植物神经功能紊乱。

三、噪声对人畜的危害

声响是物体振动时在弹性介质(气体、液体或固体)中传播的波。当其频率和压力恰在人或家畜听觉器官感受范围内时称为声音。声音是否是噪声,除依据强度和频率物理性状外,还受感受对象状态因素的影响。强度和频率较高的声音,不一定是噪声,这不仅限于杂乱无章的声音,也包括歌声、音乐等。对家畜亦是如此。

噪声能导致听力损伤,在噪声环境中可使听觉发生暂时性减退,听觉敏感度降低。当离开有强噪声的环境而回到安静环境时,听觉敏感度不久就会恢复,这种现象称为"听力疲劳",这是听觉的功能性变化。

四、畜禽舍的空气质量控制新技术

1. 畜禽舍内的空间电场

多条高压电极线分布在畜禽舍内,通电时使整个畜禽舍成为一个大电场,这种电场内的静电力可吸附空气中的颗粒,通电的电极还可以电离附近的空气,产生臭氧、过氧化氢等,这些物质可杀死微生物,同时还能使微生物转变为疫苗,形成一个自动免疫系统。因此,这是一种全面改善畜禽舍空气质量的技术。在畜舍的进气口处、畜禽舍内、排气口处等都可应用。

空间电场是自动防疫新型技术,已成功应用于大型鸡场,显著提高了鸡场的空气质量,极大地降低了蛋鸡的发病率,试验期内死淘率只有0.2%。因此,有条件的地方可在技术人员的支持下,选用这一成熟技术。

2. 生物质挡尘墙

生物质过滤器和生物质挡尘墙的构成简单,中、小牧场也完全有条件采用这一技术,净化从畜禽舍排出的空气,提高整个场区的环境质量。鸡场的生物质挡尘墙(图1-26)距风机4.8 m,由铁丝网和秸秆做成,厚0.5 m,高3 m,宽17 m。鸡舍跨度

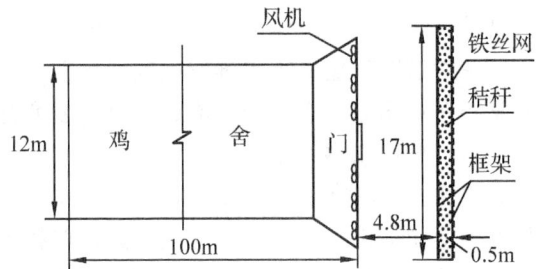

图1-26 鸡场的生物质挡尘墙示意图

是 100 m，宽度是 12 m，采取纵向通风，风机装在鸡舍长轴的一端，因此，挡尘墙的宽度比鸡舍宽度略大。挡尘墙的铁丝网就是鸡场废弃的铁丝网（地板网），做成厚 0.5 m，高 3 m，宽 17 m 的框架后，向其中填装粉碎的秸秆就可以了，注意秸秆不要压和得太紧，留出一定的孔隙使空气通过；做成的挡尘墙要结实坚固，能耐受风机喷出的最大气流，不能一吹就倒。

项目 3　畜禽舍卫生管理

任务 1　畜禽舍内卫生管理

一、建立畜禽舍卫生管理方案

畜禽舍必须建立完善的卫生管理制度，饲养人员要非常清楚每天必须完成的卫生清洁工作的任务与内容。并实行奖罚制度，对于舍内环境卫生好的饲养人员要给予奖励，而舍内环境卫生差的饲养人员给予处罚。

饲养人员必须有两套专门服装，并要经常消毒清洗，做到一天一更换，不准穿出舍外，专供舍内使用。技术服务人员必须穿戴清洗消毒好的防疫服。

二、畜禽舍卫生管理

1. 畜禽舍地面及畜床清扫时，必须避免尘土飞扬。

2. 为防止交叉感染，要随时隔离病弱畜禽。死亡畜禽必须及时焚烧或深埋，深埋时要先用消毒药物进行消毒处理。

3. 保持畜禽舍内天棚、墙壁、门、窗、畜栏或笼等结构设施的清洁。每个月要彻底清扫两次以上，舍内蜘蛛网、粪便、羽毛、尘土等清扫干净。

4. 每天要清理粪尿沟等排水系统，保持其清洁。并定期清除降口内的沉淀污物。

5. 保持灯具的清洁。

6. 舍内除存放新料和工具外，不许有任何杂物，特别是上批畜禽用过的饲料包装等。

7. 每天要刷洗两次饮水器。每周清理一次水箱、水线。

8. 每天要刷、擦饲料筒或饲槽一次，并经常刷洗饲养设备和用具。在每次给食前清除前次残留在槽内的料，冲刷干净。

9. 畜禽舍应及时清除粪污和清扫圈舍、冲洗排污沟，每天上、下午各 1 次。

10. 保持进出畜禽舍消毒的常态化，出入口要设脚踏消毒槽或脚踏消毒垫，每天按时更换消毒液，每次出入舍必须进行严格消毒。

11. 畜禽必须定期消毒，每周使用化学消毒剂对舍内进行 1～2 次常规喷雾消毒。如果发生疫情时，要求每日消毒。

12. 定期进行杀虫、灭鼠。

13. 注意舍内温度、湿度、空气质量的调控，夏季做好降温通风工作，冬季做好防寒保暖和除湿换气工作。

14. 当畜禽全部出栏，一个生产周期结束时，对舍内进行彻底清扫与清洗，对所有的设施设备去除污渍；舍内结构也要冲洗地，去除污渍；不能清洗的也去除灰尘，加以保养维护，然后进行舍内结构修补与设施、设备的维修，最后进行彻底的舍内消毒。

【必备知识】

一、畜禽舍内的污物

现代畜牧业生产的规模化、集约化及自动化养殖模式使畜禽一直生活在舍内，每天产生的大量废弃物主要包括粪、尿、污水、废弃的草料、沉渣、排出的有害气体及有病畜禽或尸体等。随着畜禽养殖量的增加，畜禽的粪尿排泄量也不断增加。粪便中常混有一些饲料残渣，含有大量的有机物质。如不及时清除，舍内环境将污秽不堪，畜禽生活在这样的环境中健康与生产性能会受到严重危害。

畜禽舍是动物采食、饮水、交配、产蛋和夜间栖息的主要活动场所，可以保护它们，以及减少或避免寒、暑、风、雪、雨、露等不利气候因素的影响。但舍内每天产生大量粪便和污水，其中含有大量的微生物如细菌、霉菌、寄生虫卵、原虫等。舍内还有蜘蛛网、饲料粉尘、羽毛、尘土等杂物垃圾。养殖者如不注意舍卫生，舍地面的垫料长期不更换，不经常打扫，舍内温度高，湿度大，粪成堆，病原体长期生存，一方面使畜禽体质下降，继发感染各类传染性疾病和寄生虫疾病；另一方面，有害生物如病媒昆虫及致病微生物大量繁殖与孳生，导致传染性疾病和寄生虫病发生流行，造成更大的经济损失。在环境污染物中有些是致敏源，可使人、畜发生过敏。如硫化物可导致哮喘，引起过敏性皮炎。同时防止老鼠及其他动物进入畜禽舍带入疾病。

1. 牛舍污染物及危害

在集约化和规模化牛养殖生产中存在很多问题，如一般一个年产万头肉牛的养牛场，排污量至少 3 万吨，在日常管理工作中往往忽视了牛舍内粪尿沟清理，还有舍内通风及其他卫生管理措施，如饲槽、水槽没有及时清理的残渣及其他污染物存在，这已成为牛养殖生产管理工作中比较突出的问题。牛采食饲料后，饲料在消化道消化过程中（尤其后段肠道），因微生物腐败分解而产生臭气被排出。同时没有被消化吸收的部分饲料在体外被微生物降解，也产生恶臭气体。舍内空间有限，饲养密度过大影响牛生长的发育。

2. 猪舍污染物及危害

在规模化和工厂化养殖生产中，猪舍封闭情况下地面是猪活动、采食、躺卧和排粪尿的地方，粪尿的积存也会造成微生物及致病菌的大量繁殖，同时会产生大量的氨、硫化氢等有害气体，导致猪群免疫力差，增加了猪感染疾病的机会。饲槽和水槽残留的水与料极易腐败，粪尿积存也会造成猪舍内微生物的大量繁殖，卫生差的猪舍必然增加感染各种疾病的机会。猪舍地面卫生对其健康和生产性能有较大影响。

3. 鸡舍污染物及危害

在现代化的鸡生产中每天要产生大量粪便、污水、沉渣、废料、排出的有害气体，还有病鸡及尸体等。特别是地面平养，如果舍内长期潮湿，使机体的抗病力减弱，羽毛污秽，生长发育迟缓，球虫卵囊易于发育。同时常年生活在潮湿的环境中，免疫力也会逐渐降低，食欲减退，产蛋量下降。再如肉用仔鸡饲养过程中，当环境相对湿度达到 90% 时，鸡的饲料转化率、出羽、增重等都有不同程度下降。环境卫生更差的是平养鸡舍，饲槽、水槽又常常成为鸡的栖架，排出的鸡粪污染饲料和饮水等，如果这些粪便中含有病原微生物和寄生虫卵，则极易导致传染病蔓延和寄生虫病爆发流行，从而引起鸡只的批量死亡。还应注意是粪便厌氧分解产物氨、硫化氢以及带有恶臭气味的气体，严重危害鸡的健康和生产性能。

小规模养殖户一般不太注意鸡舍卫生，鸡舍地面的垫料长期不更换，不经常打扫，舍内温度过高，湿度大，鸡粪成堆，病原体和寄生虫卵长期生存，使传染病和寄生虫病容易发生，从而导致发病率和死亡率升高。特别在肉鸡生产中，卫生管理极为重要，及时清除舍内粪便和垫料，保持鸡舍干燥，定期对鸡舍、用具进行消毒，再给予药物预防和治疗，就可以有效地控制疾病的传播。微小物粒常常携病原微生物，威胁或感染鸡群，要经常通风换气，以利于排出的有害气体、水汽及饲料粉尘和微粒。

二、畜禽舍内空气污染

1. 舍内微粒污染

在日常饲养管理过程，如采食、活动、排泄、清扫地面、换垫草、分发饲料、清粪、咳嗽、鸣叫等，都会产生大量的微粒。

空气中固体微粒称为尘埃或灰尘，主要包括尘土、皮屑、饲料和垫草粉粒等。一般情况下，舍内含尘量在 $10^3 \sim 10^6$ 个/m^3，翻动垫草可使灰尘量增大十倍，不同类型、不同卫生状况的畜禽舍其含尘量差异也较大。

2. 舍内微生物污染

畜禽舍内飘浮着大量的尘埃，微生物附着在尘埃上面。由于舍内阳光不强，微生物数量庞大，因此舍内空气微生物含量远比外界大气中高，不同畜禽舍中含微生物的量也因通风换气、畜禽种类、饲养密度等不同而有较大差异，例如肥猪舍的细菌数量 $3 \times 10^5 \sim 5 \times 10^5$ 个/m^3，通风不良时可达 5×10^6 个/m^3，带仔母猪舍可以达到 $4 \times 10^5 \sim 7 \times 10^5$ 个/m^3。

微生物种类不固定，大多为腐生菌，还有球菌霉菌、放线菌、酵母菌等。有疫病流行的地区，空气中还会有病原微生物。病原微生物可附微粒上传播疾病。而且对外界环境条件抵抗力较强，如结核菌、链球菌、绿脓球菌、葡萄球菌、丹毒和破伤风杆菌、炭疽芽孢、气肿疽梭菌等，炭疽也可以通过尘埃传播的。

3. 舍内有害气体污染

在管理卫生差的畜禽舍内，粪尿及其潴留液的 pH 与腐败微生物的活动和有害气体的溶解有关，腐败微生物活动的适宜 pH 为 7.0～8.0，与排泄物的 pH 大致相同，故鲜粪可迅速腐败释放有害气体。舍内的空间环境小，受家畜呼吸、生产过程及有机物分解等因素的影响，空气环境恶化较快，且污染物不易扩散。舍内氨、硫化氢、二氧化碳、甲烷和其他一些异臭的气体对人、畜均有直接毒害。

任务 2　畜体与生产用具卫生管理

一、畜体卫生管理

1. 培训饲养管理人员，使每个人都清楚注意畜体卫生的意义所在。

2. 饲养人员经常观察畜禽群，发现畜体脏污时应及时清理，保持畜体清洁，但畜体刷拭不能在舍内进行。

3. 一般家畜要定期刷拭，但奶牛应每天坚持刷拭，刷拭方法：饲养员先站左侧用毛刷由颈部开始，从前向后，从上到下依次刷拭，中后躯刷完后再刷头部、四肢和尾部，然后再刷右侧，每次 3～5 min。刷拭宜在挤奶前 30 min 进行，否则由于尘土飞扬污染牛奶。刷下的牛毛应收集起来，以免牛舔食，而影响牛的消化。

4. 畜禽的尻部、乳房易受粪便污染，每天应用温水及毛刷进行梳理、清洁。

5. 每天注意检查家畜的蹄部，并保持蹄壁周围及蹄叉清洁无污物。

6. 一般每年进行两次修蹄，蹄子长的不规则要及时修正，防止畸形，应定期检查，保护肢蹄健康。

7. 畜禽每年的春秋两季要进行体表驱虫，绵羊等畜禽进行药浴。

二、生产用具卫生管理

1. 每栋舍的喂饲、除粪等用具专舍专用，不能串用、乱用，一般不允许出舍。

2. 每天饲喂结束后，对饲槽和水槽内的剩余饲料和赃物做一次彻底的清理，以防残留在槽内发霉腐败，被畜禽采食而引起疾病。

3. 保证每天要清洗饲槽和水槽等饲养用具一次以上，高温季节还要用 0.5% 高锰酸钾溶液进行清洗。每周要进行一次彻底清洗和消毒。

4. 定期清洁刮粪机械和运送粪便的小推车，并且要经常消毒。

5. 要经常清洗运送饲料的小推车，且定期消毒。

6. 饲料调制间所用器具要定期清洗消毒。

7. 饲料加工搅拌机械和自动投料设备要定期清理残留的饲料，防止发霉。同时还要加强这些设备的保养与维修。

8. 加强畜禽舍内的生产用具卫生，并注意经常进行保养与维修。

【必备知识】

一、畜禽体表健康与疾病

畜禽体表卫生状况直接影响着机体健康与生产性能的发挥，畜禽体表主要由皮肤和被毛及角、蹄等构成，被毛生长在皮肤之上，是皮肤的衍生物之一，其质量由皮肤健康情况决定。而皮肤是动物身体最大的器官，如猪皮肤占体重的 7%～12%。皮肤是由表皮层和真皮层所组成，皮肤及被毛是否正常和健康，关系着畜禽的健康和生产性能发挥。皮肤及被毛对畜禽的影响主要有：(1)影响生长发育，降低饲料报酬。(2)影响畜禽的经济效益。(3)如果发生皮肤病，则影响机体的免疫力和利用年限。

舍内环境质量差导致皮肤和被毛及角、蹄等污秽不堪诱发各种皮肤病，主要皮肤性疾病有：(1)由细菌引起的皮炎、脓肿等。(2)由真菌引起癣类慢性皮肤病，畜禽和猫、狗等动物及人都易感染。(3)由寄生虫及吸血昆虫引起的疥癣、虱、蚤、蚊和刺蝇病等。(4)由于外伤感染引起的溃疡性皮炎等。

栏舍平整清洁，减少感染机会，地面应平坦、中性，金属围栏和丝网要圆滑，定时清洗消毒，以防止皮肤外伤，减少感染。舍内驱杀吸血昆虫，切断传播媒介：虱、蚤、蚊、蝇等吸血昆虫，以防传播各种疾病。一般养殖场经常应用1%敌百虫喷洒畜身及周围环境，以驱杀各种体外寄生虫，亦可以用伊维菌素皮下注射或拌料喂服，效果都很好。

二、舍内环境对畜禽体表卫生的影响

封闭式畜禽舍的温度主要来自家畜放散的体热，舍内通风换气及散热受阻时，都会使舍内温度偏高。而舍内的湿度决定于畜禽呼吸、皮肤蒸发、排泄等，封闭舍内湿度一般都高于舍外。当舍内温度降到露点时就会异常潮湿。

畜舍内灰尘多是家畜的皮屑、毛屑和草屑、饲料粉尘等有机物。由于饲养管理活动及

家畜本身的活动，会使固体微粒飘浮于空气中，例如清扫、饲喂、铺换垫草、驱赶家畜、刷拭、挤奶以及家畜活动等。据测定，翻动垫草可使舍内空气中灰尘量增加 10 倍。灰尘沉降速度与颗粒大小、气流速度、空气湿度有关。颗粒大、气流速度小、湿度大都利于灰尘沉降，反之则沉降速度减慢，使灰尘长期在空气中飘浮。灰尘本身对畜禽有刺激性和毒性，危害皮肤的生理功能。同时灰尘可以吸附细菌、病毒、水汽、有害气体等，从而加剧了对皮肤和畜产品的不良影响。尘埃降落在体表，可与皮脂腺分泌物、皮屑、微生物等混合，刺激皮肤发痒，继而发炎。尘埃还可堵塞皮脂腺，使皮肤干燥易破损，抵抗力下降，尘埃落入眼睛可引起结膜炎和其他眼病。母猪舍、带仔母猪和哺乳仔猪舍灰尘昼夜平均含量不得大于 1.0 mg/m^3，育肥猪舍不得大于 3.0 mg/m^3，其他猪舍不得高于 1.5 mg/m^3。舍内灰尘远多于舍外，且灰尘携带微生物，易导致畜禽疾病，对机体健康威胁较大。尤其是当畜禽群中有未被发现的带病家畜存在时，后果更加严重。

三、生产用具的污染

畜禽生产过程中进行喂饲、饮水、清扫、除粪等工作中所使用的工具不可避免受到粪便、尘土、皮屑及饲料和垫草粉粒等污染，以及鸣叫、打喷嚏、咳嗽等喷出飞沫的污染。微生物常常会附着在这些颗粒上，如果可存在病原微生物，生产用具受到污染后导致疾病传播。

【扩展知识】

一、畜禽排泄物

随着畜牧生产规模化发展，畜禽养殖呈现集约化发展趋势，养殖场每天产生的粪污量非常庞大。1 头肉牛每天排泄的粪尿量约 19 kg。一个千头规模养牛场日排粪尿达 19 吨。成年奶牛 1 d 产生粪尿可达 40～50 kg。一个千头规模奶牛养殖场每天可形成粪尿 50.0 吨以上。1 头猪日排粪尿 6 kg。千头猪场日排粪尿量达 6 吨。1 只鸡日排粪量为 0.10 kg，一个十万只鸡的养鸡场日排粪便达 10 吨。

畜禽的粪便含有对环境造成污染的有毒有害物质及病原微生物。粪便还会产生大量有毒、有害、带有恶臭的物质，同时还存在细菌、寄生虫卵等，含有氮、磷、钾等有肥效性的物质。畜禽养殖场的污水中含有大量的污染物质，污水生化指标极高。人口密集的城市周围禽畜粪便污染更为突出。据环保部门对大型养殖场排出粪水的检验结果表明，COD 超标 50～70 倍，BOD 超标 70～80 倍，SS 超标 12～20 倍。

二、排泄物的危害

近几年来，随着畜禽舍内环境对动物健康与动物福利的深入研究，发现多数畜禽舍环境条件比较恶劣，空气污染比较严重，导致畜禽健康水平低下、疫病频发、动物福利受损等一系列问题。

在许多畜禽饲养场以药防病，对畜禽舍内高浓度的有害气体却忽视了，认为畜禽舍内的有害气体总是存在的。实际上饲养环境污染的问题，特别是舍内空气污染的问题是可以控制和解决的。首先保持畜舍内卫生质量良好，畜禽排泄的粪尿及时清理，就可以控制舍内有害气体产生。实验研究表明，通过人为管理及时清理畜禽粪尿，可以大降低舍内有害气体 50%～60%。随着畜牧业向规模化方向发展，规模化畜禽养殖的增加，舍内环境污染问题就会更多。而舍内有害气体、灰尘、微粒的大量存在又是导致畜禽各种疾病的直接杀手，所以人们在关注动物健康、安全生产以及福利同时，也要关注畜禽舍内环境卫生，特别是畜禽舍内的空气质量对畜禽的影响更值得高度重视和认真对待，不能忽视畜禽舍内环境对畜禽的健康和高生产性能的重要作用。

三、养殖环境不佳

我国规模养殖的特点是饲养数量多、密度高、运动范围小、环境应激因素多，因而造成畜禽的体质差，为疫病的发生流行与传播提供了有利条件。舍内湿度过高可影响畜禽的新陈代谢，寒冷对畜体的间接影响更大，也是幼小家畜传染性胃肠炎等腹泻性疾病的主要诱因，还能导致呼吸道疾病发生。微粒本身对畜禽健康有直接影响，降落在体表上，形成皮垢，影响皮肤热调节，致使皮肤发炎。大量的微粒落在眼结膜上，会引起结膜炎。尘埃被吸入呼吸道，对鼻腔黏膜发生机械性刺激。更严重的是微粒常常携带病原微生物，传播各种疾病。搞好环境卫生对猪场规模化猪场管理至关重要。目前我国的很多养殖场管理人员都忽视环境卫生，我们必须及时更新管理理念，应及时清除污物，避免尘土飞扬，保持合理的通风换气或定期进行消毒。

四、污染与危害

粪便中残留的蛋白质、脂肪、糖等有机质被土壤微生物分解，其中含氮有机物被硝化细菌氧化为亚硝酸盐和硝酸盐。糖类、脂肪、类脂等含碳有机物，最终被微生物降解为 CO_2 和 H_2O，如果降解不完全和厌氧腐解，则产生恶臭物质等有害物质污染土壤，造成污染和疫病传播。畜禽粪便会产生大量恶臭气体，严重影响了畜禽养殖场周围的空气质量。据测算，在饲养 100 头母猪的猪场内，一年通过蛋白质给猪饲喂 14 t 氮，其中 7.5 t 会随粪便排出而造成污染。畜禽饲料中有 50%～70% 的氨通过粪便排出动物体外，而畜禽粪便管理堆积方式使其处于厌氧环境下，经过厌氧发酵后会释放出氨气、硫化氢、甲基硫醇和三甲基胺等有恶臭味或刺激性的气体，给生活环境造成了严重污染。

随着集约化养殖业的迅速发展，随着含有重金属添加剂（如砷、铜）等的饲料的广泛使用，一部分重金属元素随粪便排出体外，对环境产生污染。此外，粪便中高铜是短期应激因子（碱性高、缺氧、高铜等）之一，可抑制或杀死分解有机物的细菌，减慢粪便的分解速度，同时畜禽粪尿中含有大量的有机物与矿物元素能增加生化需氧量、化学耗氧量。另外，规模养殖中使用的饲料、预混剂和兽药中可能含有抗生素、激素和金属微量元素，会导致畜禽粪便中的重金属、盐分和兽药等有害物质增加，这对农田土壤的健康功能有着严重的影响。

畜禽粪便是重要的病原微生物载体，含有大量的微生物和寄生虫卵，其中不乏人、畜患病的致病微生物和寄生虫。通过患病动物的排泄物和污染物传播疾病。"人畜共患疾病"是指那些由共同病原体引起的人类与脊椎动物之间相互传染的疾病，其传染渠道主要是患病动物的粪尿、分泌物、污染的废水、饲料等。畜禽粪尿中含有大量的寄生虫虫卵和病原微生物，对人类和畜禽有着很大的潜在威胁。全世界约有"人畜共患疾病"250 种，我国有120 多种。

畜禽养殖业污染空气主要通过温室气体排放和粪便分解的恶臭散发等途径。畜禽养殖业产生温室气体的类型主要有 CO_2、CH_4 和 N_2O，占主导地位的温室气体排放途径为粪便管理阶段的温室气体直接排放。

项目 4 畜禽福利改善

任务 1 畜禽应激预防

一、对畜禽进行防应激训化，并贯穿于养殖过程始终

从出生开始对畜禽进行各种应激的适应性训练，使畜禽对环境因素产生的应激反应逐渐降低，从而提高畜禽抗应激能力。

二、改善畜禽饲养管理

提高饲养管理水平，使畜禽保持良好的生产和健康状况，提高抗应激能力。

三、在饲料中添加抗应激制剂

抗应激的添加剂有：维生素类、微量元素类、有机酸类、电解质、某些激素等都可预防应激的发生。

四、选育和培养抗应激的畜禽品种，从本质上提高抗应激能力

五、尽量防止或减少在畜禽养殖过程中应激的产生

1. 为畜禽提供良好的舍内环境，尽量改善不适宜的环境因素如环境温度过低或过高，气流速度太快，气压变化幅度变化大及异常的光、声、辐射的刺激。

2. 为畜禽提供合理的养殖空间，有充足的面积和良好的环境设施。

3. 饲料及饮水要保质保量，严防突然的改变和成分的不均衡。

4. 防止养殖生产环境中有害因素对畜禽产生危害，如空气质量差、饮用水不达标及饲料的发霉变质等。

5. 日常操作管理，如转群、免疫、断喙、剪毛、运输等尽量降低对畜禽不良的刺激。

6. 防止畜禽争斗造成危害。

【必备知识】

一、应激的概念

应激首先是加拿大学者塞里提出，原意紧张、压力、应力。广义地说，应激是指作用于机体的一切超常刺激所引起机体的紧张状态。目前普遍认为，应激是指动物机体对外界或内部环境超常刺激所产生非特异性反应的总和。凡是环境中能够引起畜禽机体应激反应的环境因子称为应激原。应激原的类型与强度不同，引起的应激反应的强度和进程也不同。较弱的应激原易被机体适应，过强的应激原则可导致疾病或死亡。但只要刺激达到一定强度，就会引起应激。

二、应激的机理

应激的本质是生理反应，目的是动用机体的防御系统去克服应激源所造成的不良影响，克服环境中的应激原过度刺激畜禽造成的不良影响，使机体在不太适宜环境中仍能保持平衡。

外界环境因子变化超出畜禽的适宜范围，应激反应失调或缺乏应激反应，畜禽就会动用机体的防御系统，导致动物内环境稳定性被破坏，出现疾病或死亡。因此，应激反应是动物机体在长期进化中形成的一种心理反应。通过应激锻炼，可以提高动物适应能力。所以不能将应激等同于损伤。也不能把它和畜禽健康、生产损失简单等同。在生产上可以利用适度的应激来提高畜禽的适应性、生产力和治疗一些疾病。如通过绝食、禁水等而强制家禽换羽，从而提高产蛋量，延长产蛋期。

应激反应是动物对各种环境刺激所产生的相同反应，但反映的表现却因环境因子的不同而变化。如高温和低温分别作用于动物时，动物的反应不同。高温环境中动物采食减少，饮水增加。低温环境中动物表现正好相反。这两种特异性反应是不同的，但当高温和低温刺激达到一定强度时，动物除出现上述特异性反应外，还出现一些相同的反应，如肾上腺分泌性提高，胸腺、淋巴组织萎缩等，这些反应是不同刺激所产生的共同具有的反应，即非特异性反应。

畜禽通过应激反应，增强了对环境因子的耐受限度，扩大了生存空间，对机体是有利的。如畜禽在应激情况下甲状腺分泌增强，从而使体内的代谢增强，提高了应付紧急情况的能力。但畜禽在尚未获得适应，或因环境刺激过强、持续时间过长而使获得适应丧失的情况下，其生产性能往往下降，这是畜禽为提高对不良环境的抵御能力而造成的，虽然对生产不利，但是为了保障生命所必需的。

三、应激的监测

畜禽对应激源的敏感程度与其年龄、品种、性别、营养状况、饲养条件、生产水平有关，也与应激源种类、强度、作用时间长短等有关。应激的监测主要是用来测定畜禽的应激敏感性，主要有以下指标和方法。

1. 内分泌激素检验

以肾上腺所分泌的肾上腺皮质激素变化、血浆促肾上腺皮质激素变化、胰高血糖素变化等作为应激指标。大量试验表明：热应激会使血清三碘甲状腺素水平先升后降。正常情况下机体内的血糖处于稳定的动态平衡中。长期高血糖或低血糖都会导致畜禽衰竭死亡。热应激下蛋鸡体内血糖有升高、降低和不变化等不同报道。Hill 在研究发现，在应激反应中家畜的中枢神经系统最终引起 HPA 轴和交感－肾上腺轴的激活，使糖皮质激素（如皮质醇）分泌增加，促进蛋白质的分解代谢，造成尿素氮生成增多，同时多方面合成和提高血糖浓度。

2. 血液监测

以异嗜性白细胞与淋巴细胞比值变化、血浆中钾与钠的比例、血液酶等作为应激指标。血清肌酸磷酸酶活性是反映动物机体在应激状态下的敏感指标。CPK 是一种器官特异性酶，其功能是催化磷酸腺苷中的高能磷酸转移到肌酸分子上，生成磷酸肌酸而储存能量。正常情况下 CPK 由于细胞的屏障作用不易逸出，仅由于细胞的不断更新而少量释放入血。但动物机体处在热应激时由于肌肉能量供应不足，肌肉营养不良，细胞受损，细胞膜的通透性升高，导致肌肉中的 CPK 逸出，使血浆 CPK 浓度成倍增加。CPK 的升高可作为动物热应激的一个重要指标。热应激还可使血液中丙氨酸转氨酶、天门冬氨酸转氨酶显著升高。研究发现，鸡的心肌中 AST 活性最高，其次是肝脏和骨骼肌，急性热应激造成肉鸡血清 AST 升高，说明这些器官可能受损。热应激会造成血液电解质和酸碱平衡的失调。Deyhim 研究，在热应激下畜禽会出现喘息，呼吸次数增加，血中 CO_2 排出过多，pH 升高。为了保持平衡，通过肾排出血液中 Na^+、K^+ 等离子来降低血液 pH，引起血液中 Na^+、K^+ 水平下降，导致血浆渗透压降低，肾上腺皮质分泌醛固酮增加。

四、应激对畜禽产生的影响

应激与畜禽产生关系极为密切，对畜禽健康和产生性能既能产生有利的影响，也能形成非常有害的影响，主要取决于环境刺激的强度、时间和机体的状态。

1. 应激对畜禽生长和增重的影响

一般来说，畜禽发生应激反应后，增重变慢甚至出现负值，料肉比增大，生产力水平降低。在较为严重的应激状态下，畜禽的生长发育速度急速下降或停止。

2. 应激对畜禽繁殖力的影响

在应激情况下，可使动物的性成熟延迟和繁殖力降低。应激使母体黄体数减少，并且子宫重量和对外源性雌激素的反应降低，子宫代谢和激素环境均被扰乱。应激因子可以导致促卵泡激素、促黄体激素的分泌减少，能影响卵的形成、成熟和排卵，也会减少卵巢激素的形成，并使输卵管膨大部蛋白质分泌减少或停止，还可以使子宫对钙的利用受阻，故在应激状态下鸡常下软壳蛋、小蛋或停产，并且产蛋率下降。热应激可使公牛、公羊和公猪的精液品质下降。

3. 应激对家畜泌乳的影响

应激过程中促性腺激素的分泌减少，抑制了性腺激素的生成，从而导致动物乳腺的发育或再生受阻，从而导致家畜的泌乳能力下降。高温应激可使奶牛的产奶量大幅度下降。牛在挤奶时如果受到各种干扰，如挤奶员态度粗暴、环境突变等都可成为应激因子而抑制排乳，使牛奶量下降。

4. 应激对畜产品品质的影响

应激会影响肉的品质，如果运输及屠宰前的较强应激能够导致屠宰后的肉呈苍白、松软、有渗出液的 PSE 肉，或产生切面干燥、肉质较硬、肉色深暗的 DFD 肉。

5. 应激对畜禽健康的影响

应激可使畜禽内分泌失调，严重的应激可使动物免疫力和抵抗力降低，导致发病率和死亡率增加。应激作为非特异性的致病因素，与多种疾病的发生有关。有的是应激直接造成的，如消化性溃疡、肿瘤、猝死、运输综合征等。有的是应激破坏了动物体内的平衡，而降低其抗病能力，是动物处于亚健康状态，有利于病原微生物的侵入，而使动物易患各种传染病。

五、动物应激的预防

目前，在畜牧生产中人们常用调整畜禽的饲养密度、改变日粮配方等方法来防止应激的发生。

1. 选育抗应激品种

动物对应激的敏感性与遗传有关，利用育种的方法选育抗应激动物，淘汰应激敏感动物，逐步建立抗应激动物种群，是解决畜禽应激根本措施。

2. 改善环境条件

从环境卫生的角度改善环境条件，以减少、减轻或消除环境应激的不良影响是预防应激的最重要手段。如畜牧场的合理规划和畜禽舍的良好设计，及避免环境骤变，防冷、热、噪声、强光等，并防止各种污染，保证饲料、饮水质量，进行抗应激锻炼，合理的饲养密度，良好运输方式等。这些措施有效地预防应激的发生。

3. 合理利用抗应激药物

为了预防应激的发生，可通过饮水、饲料或其他途径给予抗应激药物。这些药物一般分为三类，包括应激预防剂、促适应剂、应激缓解剂。常用的药物有：大剂量维生素 C（每千克体重 100mg 以上）能很好地缓解应激，氯丙嗪（每千克体重 1.7mg）肌注，琥珀酸盐每千克体重 50mg，拌饲料喂，微量元素如锌、硒等亦有效，微生物制剂如杆菌肽等，中草药也可减少应激的发生。

任务 2　畜禽行为管理与福利

一、在遵循畜禽行为规律和特点的基础上，改进养殖生产的饲养管理方式

给畜禽提供适合的设施设备，满足畜禽最基本行为活动需求。

1. 改进饲养方式，尽量不限制动物的行为、活动。

2. 改善养殖条件，增大活动空间与面积，提供适合的环境，如畜床有垫草，地面清洁防滑等，使畜禽有良好的活动环境。

3. 提供充足的饲槽和水槽空间，能够充分满足畜禽自由采食和饮水的需求。

4. 增加环境丰富度，为家畜提供一些道具，如橡皮管、蹭痒木桩、栖木及泥土类（沙子、泥炭、锯末等）供猪操作（图 1-27），以减少恶癖发生。

图 1-27　畜禽舍的栖木与玩具

二、加强养殖环境的调控

为畜禽提供适宜的光照、温度、湿度、通风等温热环境，并将影响畜禽的有害气体、微粒、微生物、噪声等环境有害因子降到最低。

三、畜禽对养殖环境的适应要逐渐过渡，不可突然改变

四、提高养殖人员的素质

通过培训使饲养管理人员了解动物学知识，提高生产管理的操作技能，满足动物的康乐，建立亲和的人畜关系。

五、严格控制生长促进剂的使用

禁止使用药物、生产促进剂等片面提高畜禽的生产性能，而导致营养负平衡，损害畜禽的康乐。

六、开展清洁的、可持续性发展的、生态的畜牧生产

七、尽量避免或减轻畜禽的痛苦与伤害

在注射疫苗、钉耳标、阉割等必要的生产操作，注重卫生消毒，避开大血管，选技术

熟练人员执行。对于遗传上无啄癖的规模化养殖禽类如鹌鹑、火鸡在营养和光线管理适当时很安定，可以考虑不进行断喙。

八、加强畜禽卫生保健工作，免于疾病的痛苦，减少投药与治疗

九、尽量避免畜禽生理和心理上不适

畜禽养殖要采用人性化的管理操作方式进行运输与屠宰，以提高畜禽产品的品质。

十、动物福利对畜牧场环境是严格的要求

近年来，国际社会上越来越多关注动物福利问题。欧盟的《动物福利》法规已于 2013 年 1 月 1 日起全面实施，我国在动物方面也开展了大量工作，并出台了有关的条例和规定。中国关于动物福利在养殖环境方面的要求如表 1-19 所示。

表 1-19　中国关于动物福利在养殖环境方面的要求

动物种类	畜　床	饲养密度	空气质量
猪	休息区使用垫料；产床上铺设垫子	育肥猪（＜60 kg）：0.8～1.2 m²/头；育肥猪（＞60 kg）：≥1.4 m²/头；种公猪：一头一间舍，≥6.4 m²/间，有运动场	断奶前：氨气浓度＜15 mg/m³，硫化氢浓度＜8 mg/m³，粉尘＜1.2 mg/m³，细菌总数＜4 万 CFU/m³ 断奶后：氨气浓度＜20 mg/m³，硫化氢浓度＜10 mg/m³，粉尘＜1.5 mg/m³，细菌总数＜6 万 CFU/m³
奶牛	牛床上有一定厚度的垫料	每头牛占牛舍面积 5.5～7.5 m²；牛数与牛床数之比≥1:（0.7～0.85）每头牛占有面积为 15～20 m² 运动场；每头泌乳奶牛占有挤奶厅面积 1.6～1.7 m²	氨气浓度≤25 mg/m³
蛋鸡	在鸡舍内添加栖木、产蛋巢、沙浴箱等设施。鼓励放弃笼养	笼养：3～4 只/m²	

【必备知识】

一、畜禽的适应

在一定的环境中畜禽与环境不断进行着物质和能量的交换，各种各样环境因素对畜禽够成一定的影响。在复杂多变的环境中，生物从分子到细胞、组织甚至整个机体对内部和外部环境刺激产生的有利于缓解生理紧张状态的反应，称为适应。适应有利于生物内环境的稳定，内环境稳定是动物生存和发展的前提，因此，适应使生物有机体与外部环境保持协调统一，使生物在变化环境中正常地生存和繁衍。

1. 适应包含多层意思

畜禽的外部环境是极其复杂而且多变的，这种环境变化会影响到机体内部。畜禽机体通过调节生理机能、改变生物学性状以及遗传基础变化等对外部环境因素作出相应的反应，使机体内环境保持稳定状态，从而整个机体得以正常运转。动物对环境的适应能力是广泛的。对于许多环境因子如地形、地貌、气候、土壤、水质、水量及饲料等的变化，动物都能通过体内的调节，产生一些反应，逐步达到适应。但是，动物的适应能力又是有限的。当环境因素在一定限度内变化时，动物可以通过自身的调节保持正常生理状态，因而能够正常地生存，保持良好的生长发育和生产性能。如果环境因素的变化幅度过大或持续时间过长，体内所产生的反应不足以弥补动物在新环境中所受到的损害，则生长、发育、生产性能就会受到影响，严重时会出现疾病甚至死亡。可见，动物对不良环境条件能否适应，决定于两个方面：一是环境条件变化的强度和持续的时间，二是动物适应能力的强弱。

2. 适应的种类

(1) 表型(生物学)适应　表型是生物外部表现的形状，包括形态、结构、生产性能、繁殖性能及其他生理机能。表型适应就是在外部环境发生变化时生物表象性状发生的有利于生存的反应，表现为行为、生物化学、生理机能、组织与解剖及形态等方面，如炎热条件下的牛体型变小等。表型适应是基因型改变与环境变化共同作用的结果。表型适应一般是动物个体在生命过程中对外界刺激所产生的反应，这些反应可以是短暂的(数小时、数天或数个月)，也可以是维持数年甚至终身。但是动物的基因没有改变，这些反应只能存在于个体的生命过程中，而不能遗传给后代。

(2) 遗传(基因)适应　在复杂多变的环境中动物的所有生物系统，无论是细胞、器官、生物个体或群体，都有系统的适应机构。借助这些机构，动物得以在变化的环境中得以生存。遗传适应是动物在自然选择或人工选择作用下获得的有利于生存的某种变化，其实质是动物在特定环境的长期定向选择作用下产生的有利于生存的基因的改变，使动物种群的遗传物质产生有利于生存的变化，这种变化有利于动物在特定的环境中维持机体内环境的相对稳定。

(3) 适应的表现

① 行为适应　动物行为具有两个基本功能：一是动物在变化的环境中生存的手段，二是动物适应环境变化的工具。动物行为的两种功能与适应密切相关。成年动物的行为由两部分组成：

一种是动物先天性的行为，即动物的本能。动物先天性的行为主要有母性行为、性行为、哺乳行为等，其特点是与生俱来，不需后天学习就能表现物种特性，动物的本能可以遗传，似乎与适应关系不大，但从进化角度来看，具有先天性行为的物种对环境中相对不变的刺激产生的适应。

另一种是动物的后天性行为，动物的后天性行为是在特定环境或刺激反复作用下，由大脑皮质参与并经学习和记忆而形成的条件反射，如动物经训练而形成的定点排泄，动物的探究行为，动物仿效行为，动物对不良刺激的躲避行为等。因此，行为适应是动物对环境刺激做出的生理性反应，如果动物没有这种反应，就会被自然选择淘汰。例如，在炎热的夏季，动物尽量减少活动，采食时间缩短，饮水增加。此外，各种动物在炎热环境中都尽量舒展四肢，以扩大散热面积。寒冷时，动物主动寻求靠近热源的地方栖息，或自动集聚睡卧，或蜷缩身体成球形，以御寒冷。大多数动物在高温环境中，通过减少采食活动来减少产热，如猪在炎热环境中嗜睡，以减少产热，适应炎热环境。动物在炎热环境中增加饮水量、提高散热量也是适应环境的行为。

②生理适应　生理适应是在最重要的表型适应。动物的生理适应表现在神经、内分泌、循环、呼吸、消化及代谢等各种生理机能上，通过这些生理机能的调节，适应外界环境的变化。如高温时心跳加快，大量血液涌向皮肤，排汗增多，出现热性喘息等。寒冷时食欲旺盛，代谢增强，出现寒冷等。

外界环境刺激如能持续一段时间，在外界连续不断的反复刺激下，动物体内产生一系列反应，这些反应积累并被固定下来，形成新的生理常态。这种新的生理常态就是动物受到刺激之前所不具有的，这正是动物对外界刺激进行生理适应的结果。

③形态适应　所谓形态适应是指动物机体在外界环境的影响下，体形和结构发生了某些有利于生存的变化。动物在新环境中发生形态变化，是动物产生新的生理机能的必然结果，因而机体在新环境中形态变化更有利于动物在新环境中生存，形态适应主要变现在以下几个方面。

a. 毛色、肤色的适应　动物皮肤中的色素和温度与湿度有关，生长在不同地里纬度的同种动物，原有的颜色并不改变，但随着纬度的升高，毛色的变浅。但现代动物的毛色，是人工选择的结果，并不单纯是温度和湿度的作用。

b. 体格、体形的适应　同种恒温动物，在北方寒冷地区体格较大，在南方温暖地区体格较小。

c. 体被的适应　动物的被毛分两种：一种是坚硬的粗毛，另一种是柔软的绒毛。绒毛的含量与温度呈反比，粗毛的含量与温度呈正比。在低温地区动物被毛中绒毛含量高，有利于动物防寒。如将同一窝小猪分别养在温暖和寒冷的环境中，几个月后，前者躯体比较清秀，腿较高，被毛粗、短。后者躯体较粗壮，腿矮，被毛较细密而且出现绒毛。

d. 消化系统的适应　动物消化系统的特点与动物的食性密切相关。如肉食动物的肠管与体长之比小于草食动物，因为肉食动物的食物富有营养，可消化程度高，所有肠相对较短；而草食动物的食物营养差，可消化程度低，所以肠相对较长。

④基因型适应　当环境变化时，动物中繁殖能力和抗逆性强的个体生存，而表现差的个体死亡。这样，在特定环境中有利于生存的基因逐渐积累，不利于动物生存的基因逐渐消失。因此，自然选择和人工选择的定向作用就改变了群体的遗传基础，使生物产生了基因型适应。

行为适应、生理适应、形态适应属于表型适应，基因型适应属于遗传适应。一般来讲。行为适应和生理适应出现较快，但维持时间相对较短，在外界刺激停止之后，可以在短时间内部分或全部消失。形态适应出现较慢，往往需要几个月或一年以上，而且一旦形成，可以维持较长时间甚至终生不变。基因型适应出现得很慢，往往需要几年甚至数十年，一旦出现，基因型适应可以通过世代交替在种族内延续。

3. 提高畜禽适应力的主要措施

畜禽的适应性最终集中表现在健康状况、生活力、体格和生产性能上。也就是说，适应性良好的畜禽应当是发病率和死亡率不超过正常水平，各种生理机能无异常。体格达到品种标准，体型外貌正常，生产性能良好。为提高畜禽适应性的主要技术措施有以下几点：

(1)动物训化　训化就是指动物在同一环境条件的反复刺激下，体内各种功能不断进行调节，经过无数次反复，调节活动所产生的反应逐渐被固定下来并转变称为正常生理机能的一部分，因而动物对这种刺激产生了耐受力，在同种强度的同类刺激下反应显著减弱或不在产生反应，即达到了适应。各种外界因素如气候、季节、营养的变化，都可以成为外界刺激，使畜禽得到锻炼。在生产实践中运用锻炼的手段来提高畜禽的适应能力时，需要注意几个问题：一是锻炼要有针对性，即紧密结合当地的自然环境特点与生产要求。在寒冷环境中经受锻炼的畜禽，耐寒力显著增强，但耐热力下降。相反，在炎热环境中经受锻炼的畜禽，耐热力显著增强，但不耐寒。这就是说，畜禽经过锻炼后，提高了对于某种因素的适应能力，有可能对另一种或另一些因素的适应能力有所下降。因此，事先必须确定适合当地生产需要的锻炼目标，选准锻炼项目，确定适宜的锻炼方法。二是畜禽适应能力的提高有一定限度，这是因畜禽生理调节功能具有一定局限性所决定的，不能设想通过锻炼使畜禽对环境的适应能力会很快就上升到很高的程度。三是畜禽通过锻炼而得到提高的适应能力，只是表型适应，不可能遗传下去。

（2）品种选育　　在畜禽品种中，不同品种适应环境的能力往往差异很大。有目的和有计划地引进一个或几个品种同当地品种进行杂交，可以使畜禽机体某一方面的适应能力提高很多。例如，哥伦比亚绵羊在美国佛罗里达州的表现不是很好，但用哥伦比亚公羊和佛罗里达土种绵羊杂交所生的后代，不仅提高了对佛罗里达州环境的适应能力，而且其生产性能超过了双亲。

（3）杂交改良　　杂交改良是对一个品种引进外缘血，使基因重新组合，向着人们所希望的方向发展甚至育成一个新品种。值得注意的是，当前存在于各个地域的当地品种，都是经过长期自然选择和人工选择而形成的，对于当地环境具有最强的适应能力。在对于它们的某些性状进行改良时，必须保留其对当地环境的适应能力。级进杂交往往会使后代的适应能力有所下降，不宜普遍采用。当提高畜禽生产力的目的是与畜禽的适应性发生矛盾时，以畜禽的适应性为主。

二、畜禽的福利

大规模集约化的畜禽生产模式中存在着群体发病、身体损伤、行为异常、死淘率高等诸多的问题，经综合分析发现是集约化生产导致畜禽无法适应的结果，通过研究发现改进生产工艺、变换饲养方式等手段来提高动物福利可以缓解这些问题。

动物福利是指维持动物生理和心理的健康与正常生长所需要的一切事物。动物福利并不反对人类合理地利用动物，但反对无条件地、残酷地、非"人道"地利用动物，反对因人类活动给动物带来的任何痛苦，福利的目的是确保动物无痛苦地生活。动物福利不同于动物权益，动物权益强调的是动物同人类一样具有相同的生存权。动物权益人士认为，动物不能为人类利用。

合理的动物利用也有利于人的利益，最终受益者仍是人类自己。动物福利没有保障，会使生产性能下降及成本增加。不科学饲养方式、长途运输、粗暴屠宰方式等造成动物恐惧和应激，使动物分泌大量肾上腺素，引起产品品质下降，对食用者的健康造成伤害。

动物福利不仅是发达国家大众和传媒的话题，也是生理学、医学、伦理学等方面的热门学术课题，而且各国不断通过立法来改善动物福利。有利于让更多的人树立动物保护的意识和动物福利的概念，而且是对文明潮流的顺应和对恶俗的扬弃。

确立动物福利的法律地位，是杜绝虐待动物行为的有效保证。中国现行法律里面没有对伤害、虐待动物行为定罪、处罚的条款。因此，漠视动物福利、以伤害动物取乐、牟利、甚至无端戕害和虐待动物的行为，既引起民众强烈的愤慨，也会受到道德谴责。

【扩展知识】

一、国外动物福利的思想起源

古罗马时期的自然法是动物福利立法思想的起源，是由罗马法学家乌尔比安提出"自然法"的概念。古罗马法学家没有明确提出"动物福利"概念，但对动物主体地位的肯定成为了动物福利立法的思想启蒙。1976 年，就有人将饲养于农场的动物的福利定义为"动物与它的环境协调一致的精神和生理完全健康的状态"。之后，英国"畜禽福利协会"提出，畜禽应享有 5 项权利：不应受饥渴，不应生活在不舒适环境下，不能遭受疼痛、损伤和疾病，不能受惊吓和精神打击，不能被剥夺自然生活习性。

国际动物保护公约对各缔约国也有相当大的约束作用，比如 1976 年通过的《保护农畜欧洲公约》，1979 年制定的《保护屠宰用动物欧洲公约》等。从 1980 年至 2012 年，以英国为首的欧盟及美国、加拿大、澳大利亚等国际组织和国家先后出台的相应的法律法规。

1996 年，中国第一次派人参加关于动物福利的国际会议。此后，在北京实验动物学会成立了一个动物替代法研究会。中国现行的《野生动物保护法》，从法律上确定了野生动物的权利。2001 年 11 月，中国的《实验动物管理条例》修改工作已经启动后，从 2003 年起，我国先后几次出台有关的动物福利方面的办法、条例等。2012 年 9 月，中国一部名为《动物福利通则》的非强制性标准成为中国动物福利保障的基础。

二、动物福利的趋势

动物、植物、人类共同构成了自然社会并保持着生态的平衡。人类与动物息息相关，动物是人类的朋友，动物除了没有与人类相通的语言外，同样具有感觉、情感等。因此，动物作为一种有感觉的生命存在，其天性需要得到人类的尊重和承认。随着社会的发展进步，人类文明程度的提高，人对自然资源、环境资源的认识和利用方式也在发生改变。从对动物的生理保护，即不残害动物，维持其生命存在发展到福利保护，根据其生理需求给予动物应享有的权利。当前广为普及的集约化畜牧业生产方式和工业化生产方式的负面影响已经逐步呈现出来，越来越多的人认为，违背自然规律，盲目追求最大利润的做法已经影响到了畜牧业的可持续发展。保证动物福利，给予动物平等的生命权是人类社会发展进步的表现，对动物福利的重视同样是与国际社会倡议的自然、环境与人类社会协调发展的目标相一致。关注动物福利，就是保障人类福利。

三、动物福利的原则

英国农场动物福利委员会提出动物都会有渴求"转身、弄干身体、起立、躺下和伸展四肢"的自由，其后更确立动物福利的"五大自由"。按照现在国际上公认的说法，动物福利被普遍理解为五大自由：

①享受不受饥渴的自由，保证提供动物保持良好健康和精力所需的食物和饮水。

②享有生活舒适的自由，提供适当的房舍或栖息场所，让动物能够得到舒适的睡眠和休息。

③享有不受痛苦、伤害和疾病的自由，保证动物不受额外的疼痛，预防疾病并对患病动物进行及时的治疗。

④享有生活无恐惧和无悲伤的自由，保证避免动物遭受精神痛苦的各种条件和处置。

⑤享有表达天性的自由，提供足够的空间、适当的设施以及与同类伙伴在一起。

总之，只有在坚持人与动物在法律地位上不能平等前提下，借鉴国外动物福利保护立法经验，并充分结合我国的基本国情进行动物福利保护立法，顺应动物保护福利立法的发展趋势，进行相关动物保护立法目的的变革，加强饲养及屠宰方面的立法和进行专门"动物福利"的立法，才能让动物福利保护的立法最终实现的，这是人类利益、人与自然和谐共处的双赢。

【实训操作】

一、畜禽舍自然采光的测定、计算与卫生评价

【技能目标】掌握畜禽舍采光的测定与计算方法，同时根据得到的数值对畜禽采光卫生指标进行正确评价，并为畜禽舍采光设计打基础。

【设备用具】卷尺、照度计、函数表。

【原理】采光系数是窗户的有效面积与该舍地面面积之比。以窗户的总透光面积为1，求得其比值。

测定光照强度的照度计由光电探头和测量表两部分组成，当光电探头曝光时，依据光的强弱形成相应的电流在电路中在其表上指示出光照强度。

【操作】

1. 采光系数的测定（有效采光面积的测定法）

先计算畜禽舍窗户玻璃数，然后测量每块玻璃的面积。畜禽舍的地面面积包括除粪道及喂饲道的面积。

例：容纳20头奶牛舍面积为 $15 \times 8 = 120$ m²。设该牛舍有 10 个窗户，每个窗户有 6 块玻璃，每块玻璃的面积为 $0.4 \times 0.5 = 0.2$ m²。舍窗户总的有效面积为 $0.2 \times 6 \times 10 = 12$ m²。

该畜禽舍采光系数为 $12 : 120 = 1 : 10$。

评价：乳牛舍采光系数为 $1 : 12$，该牛舍的采光系数 $1 : 10$ 大于 $1 : 12$，采光效果良好。

2. 入射角和透光角的测定

如图所示，B 是窗户上缘，A 是畜禽舍地面中央的一点，D 是墙壁与地面的交点，C 是窗台。$\angle BAD$ 是入射角，$\angle BAC$ 是透光角。

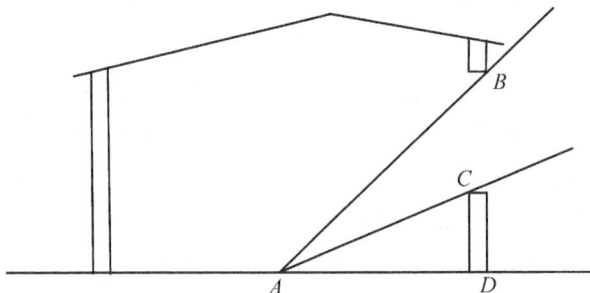

图 1-28　入射角和透光角示意图

(1)测定入射角：测量 AD 和 BD 的长度，然后根据 $\tan \angle BAD = BD/AD$，算出 BD/AD 的值，可从函数表中查 $\tan \angle BAD$ 的度数。例如，$AD = 4$ m，$BD = 2.28$ m，$DC = 1.2$ m，则 $\tan \angle BAD = BD/AD = 2.28/4 = 0.57$，查函表 $\tan \angle BAD$ 为 0.57 时，$\angle BAD$

角度为 30°。

评价：畜禽舍的入射角要求不小于 25°，该舍入射角 30°完全满足采光的要求。

(2)测透光角：先按上法求出∠CAD，然后用∠BAD－∠CAD，即得透光角∠BAC。

3. 照度的测定

(1)使用前检查量程开关，使其处于"关"的位置。

(2)将光电探头的插头插入仪器的插孔中。

(3)调零　依次按下电源键、照度键、量程键。若显示窗不是 0，应进行调整。调零后，应把量程键关闭。

(4)测量　取下光电头下的保护罩，将光电头置于测点的平面上。将量程开关由"关"的位置依次由高挡拨至抵挡处进行测定。

(5)测量时，为避免光引起光电疲劳和损坏仪表，应根据光源强弱，按下量程开关，选择相应的挡次进行观测。

(6)测量完毕，将量程开关恢复到"关"的位置，并将保护罩盖在光点头上，拔下插头，整理装盒。

(7)测定舍内照度时，可在同一高度上选择 3～5 个测点进行，测定不能紧靠墙壁，距墙 0.1 m 以上。

二、畜禽环境温度的测定

【技能目标】通过温度的测定训练，使学生掌握畜禽舍环境温度的测定方法，熟悉仪器的原理、构造及使用方法。并学会对畜禽舍环境温度进行评价。

【设备用具】普通温度计、最高温度计、最低温度计、半导体点温度计。

【原理】普通温度计、最高温度计、最低温度计都要为液体温度计，是利用物质的热胀冷缩的原理制成的。

半导体点温度计是微型半导体热敏电阻元件组成，其电阻率明显地随着温度的变化而变化，电阻值的变化使电路中的电流也相应变化，通过电流表就可转变为温度值。

【操作】

1. 舍外气温测定

将温度计置于空旷地点，离地面 2 m 高的白色百叶箱内，这样可防止干扰其他干扰因素对温度计的影响。

2. 舍内气温测定

放置位置应根据畜禽确定，在牛舍内放在畜禽舍中央距地面 1～1.5 m 高处，固定于各列牛床的上方，散养舍固定于休息区上方。猪、羊舍为 0.2～0.5 m 高处装在舍中央猪床的中部。笼养鸡舍为笼架中间，鸡笼的前方。平养鸡舍为畜床上方 0.2 m 高处。以畜禽的头部高度为参考。

畜禽舍不同位置如有温差的，除在畜禽舍中心测定外，还应在四角距两墙交接 0.25 m 处进行测定，同时沿垂线在距地面 0.1 m、畜禽舍高 1/2 处，天棚下 0.5 m 处进行测定。

观测温度表的示数，应在温度表放置 10 min 后进行。畜禽舍内气温一般应每天测 3 次，即早晨 6～7 时，下午 2～3 时，晚上 10～11 时。

3. 注意事项

在观察温度表示数时，应暂停呼吸，尽快先读小数，后读整数。视线应与示数在同一水平线上。温度表不要放在有热辐射的地方。

畜禽环境温度测定，所测得数据要具有代表性，例如，厚垫草养猪时，猪的休息行为占80％以上，垫草内的温度才是具有代表性的环境温度值。应该具体问题具体分析，选择适宜的温度测定位点。

三、畜禽舍内空气湿度的测定

【技能目标】通过湿度的测定训练，使学生掌握畜禽舍环境湿度的测定方法，熟悉仪器的原理、构造及使用方法。并学会对畜禽舍环境湿度进行评价。

【设备用具】干湿球温湿度表。

【原理】干湿球温湿度表是由两个50℃的温度计组成，一支温度计下端包着清洁的脱脂纱带，纱带下端放入盛有蒸馏水的水槽中（湿球），另一支为普通温度计（干球）。因空气湿度的不同，湿球下端纱带的水蒸发的速度也不同，吸收的热量也不同，湿球温度计的温度也不同，且与干球温度有差异，由此计算出相对湿度，并列于表中。

【操作】

1. 注水、读数

先将水槽注入1/3～1/2的清洁水，再将纱布浸于水中，挂在空气缓慢流动处，10 min后，先读湿球温度，再读干球温度，计算出干湿球温度之差。

2. 求差

转动干湿球温度计上的圆筒，在其上端找出干、湿球温度的差数。

3. 求值

在实测干球温度的水平位置作水平线与圆筒竖行干湿差相交点读数，即为相对湿度。一般应每天测3次，即早晨6～7时，下午2～3时，晚上10～11时。

4. 注意事项

在观察温度表示数时，应暂停呼吸，尽快先读小数，后读整数。视线应与示数在同一水平线上。湿度表不要放在有热辐射的地方。

四、畜禽舍内气流的测定

【技能目标】通过气流的测定训练，使学生掌握畜禽舍气流的测定方法，熟悉仪器的原理、构造及使用方法。并学会对畜禽舍环境气流的大小进行评价。

【设备用具】两个大小不同玻璃皿、热球式电风速仪。

【原理】仪器是由测杆探头和测量仪表两部分组成。探头装有两个串联的热电偶和加热探头的镍铬丝圈。热电偶的冷端连接在铜质的支柱上，直接暴露在气流中，当一定大小的电流通过加热圈后，玻璃球被加热，温度升高的程度与风速呈负相关，风速小时则升高的幅度大，反之升高的幅度小。升高幅度的大小通过热电偶在电表上指示出来。将测头放在气流中即可直接读出气流速度。

【操作】

1. 气流方向（风向）测定

舍外风向常用风向仪直接测定。畜禽舍内气流较小，可用氯化铵烟雾来测定气流的方向，即应用两个中径不等的玻璃皿，其中一个放入氨液，另一个加入浓盐酸，将小玻皿放入大玻皿中，立即可以呈现指示舍内气流方向的烟雾。

2. 气流速度测定

畜禽舍内气流较弱（0.3～0.5 m/s），应用热球式电风速仪测定。

（1）归零　使用前轻轻调整电表上的机械调零螺丝，使电表指针指于零点。

（2）连接测杆　将"校正开关"置于"断"位置，插上测杆插头，测杆垂直向上放置。

（3）调满度　将测杆塞压紧使探头密封，将"校正开关"置于"满度"位置，慢慢调整"满度"调节旋钮，使电表指针达到满刻度为止。

（4）调零　将"校正开关"置于零位，调整"粗调"和"细调"旋钮，电表指针在零点位置。

（5）测定　轻轻拉动测杆塞，使测杆探头露出，测杆拉出的长短，可根据需要选择，将探头上的红点面对准风向，从电表上即可读出风速的值。

（6）校正　每测量 5～10 min 后，需重复第二和第四步骤进行校正。

五、畜禽舍通风换气设计与通风效果评价

【技能目标】通过学习与训练，使学生掌握畜禽舍通风设计的方法。熟悉舍内通风量的测定与计算，并能对畜禽舍内环境通风效果进行评价。

【设备用具】热球式电风速仪。

【原理】通风效果一般是通过测定通风管内的风量进行卫生评价的，通过风管的风量又是由测定风管截面的面积与流经该截面上的气流平均速度相乘而计算出来。

【操作】

1. 畜禽舍通风换气的设计

（1）确定通风换气量　在新建畜禽舍时，为科学设计通风系统，确定畜禽舍通风换气总量。常用的方法是根据通风换气参数计算。计算公式如下：

$$L = 1.1 \times km$$

式中：L——畜禽舍通风换气总量（m^3/min）；

　　　m——畜禽舍最大容畜量（或所饲养畜禽的头数）；

　　　k——某种畜禽夏季通风量参数（$m^3/min \cdot$ 头）；

　　　1.1——在求得最大通风量基础上考虑气流通过风口时有 10% 的损耗。

（2）确定安装风机数量

$$N = L/Q$$

式中：N——需安装风机的数量；

　　　L——畜禽舍通风换气总量（m^3/min）；

　　　Q——1 台风机额定风量（m^3/min）。

（3）风机安装　将计算得出安装风机的数量按 2∶1 的比例分别安装在前墙和后墙上，前墙安装的风机在窗户的上缘至棚之间设为进风口，后墙安装的风机在窗户的下缘与地面之间设为排风口，前后墙的风机要求左右交错排列，要远离门窗。

2. 畜禽舍通风效果的卫生评价

畜禽舍已经设计通风管道，当无法确定该设计是否合理时，就要进行畜禽舍通风效果卫生评价。

（1）计算风管截面的风量　畜禽舍风管通风量可用热球式电风速仪或叶轮风速仪直接测定，也可以由测定风管截面的面积与流经该截面上的气流平均速度相乘而得，计算公式如下：

$$L = 3\ 600 \times FV$$

式中：L——风管截面的风量；

　　　　F——风管截面(mm^2)；

　　　　V——测定截面上的平均风速(m/s)；

　　　　3 600——1h 等于 3 600s。

　　截面上各点的气流速度不同，管中心较大，管壁处较小，应测定多个点的风速求其平均值。根据风管截面的形状和大小的不同，确定测点的数目和测点的距离。用叶轮风速仪贴近风机的格栅或网格送风口测平均风速时，通常采用下面两种方法：

　　①匀速移动测量法　将风速仪沿整个截面按一定的路线慢慢地匀速移动。适用于截面面积不大的风口。

　　②定点测量法　按风口截面大小，把它划分为若干面积相等的小块，在其中心处测量，较大截面积的矩形风口可选大小相等的 9～12 各小方格进行测量，较小的可选大小相等的 5 个点测定。

　　风口的平均风速按下式计算：

$$V=V_1+V_2+V_3+\cdots+V_n/n$$

式中：V_1、V_2、$V_3\cdots V_n$——各测点的风速(m/s)；

　　　　n——测定总数。

　　(2)换风量的卫生评价与调整　若实际测得的与理论计算的相差较小(在 $5m^3/min$ 之内)；则不需要调整；若相差较大，则需要调整通风口的大小或通风口的数量。

计　划　单

学习情境 1	畜禽舍内环境控制与管理		学时	20
计划方式				
序号	实施步骤		使用资源	备注
制定计划说明				
计划评价	班　级		第　　组	组长签字	
	教师签字		日　　期	
	评语：			

决策实施单

学习情境 1		畜禽舍内环境控制与管理				
根据讨论小组制定的计划书，作出决策						
计划对比	组号	工作流程的正确性	知识运用的科学性	步骤的完整性	方案的可行性	人员安排的合理性	综合评价
	1						
	2						
	3						
	4						
	5						
	6						

制定实施方案		
序号	实施步骤	使用资源
1		
2		
3		
4		
5		
6		

实施说明：

班　级		第　　组	组长签字	
教师签字		日　期		
决策评价	评语：			

材料设备清单

学习情境 1		畜禽舍内环境控制与管理			学时		20
项目	序号	名称	作用	数量	型号	使用前	使用后
所用设备							
所用工具							
所用药品（动物）							
所用材料							
班　级			第　组	组长签字		教师签字	

作　业　单

学习情境 1	畜禽舍内环境控制与管理
作业完成方式	课余时间独立完成
作业题 1	畜禽舍采光控制
作业解答	
作业题 2	畜禽舍温度、湿度的控制
作业解答	
作业题 3	畜禽舍通风的设施
作业解答	

	班　级		第　　组	组长签字	
	学　号		姓　名		
	教师签字		教师评分		日　期	
作业评价	评语：				

效果检查单

学习情境 1		畜禽舍内环境控制与管理		
检查方式		以小组为单位，采用学生自检与教师检查相结合，成绩各占总分(100 分)的 50%		
序号	检查项目	检查标准	学生自检	教师检查
1	资讯问题	回答正确、认真		
2	蛋鸡舍光照制度制定	计算准确、表述清楚		
3	畜禽舍窗户大小、面积设计	计算准确、表述清楚		
4	仔猪温度控制	能正确调整保温箱温度		
5	畜禽舍防暑降温措施	方法正确、操作准确		
6	畜禽舍机械通风设计	方法正确、设计合理		
7	畜禽舍排水系统设计	方法正确、设计合理		
8	畜禽舍有害物质控制	方法正确、设计合理		

检查评价	班　　级		第　　组	组长签字	
	教师签字			日　　期	
	评语：				

评价反馈单

学习情境1			畜禽舍内环境控制与管理			
评价类别	项目		子项目	个人评价	组内评价	教师评价
专业能力（60%）	资讯（10%）		查找资料，自主学习（5%）			
			资讯问题回答（5%）			
	计划（5%）		计划制定的科学性（3%）			
			用具材料准备（2%）			
	实施（25%）		各项操作正确（10%）			
			完成的各项操作效果好（6%）			
			完成操作中注意安全（4%）			
			使用工具的规范性（3%）			
			操作方法的创意性（2%）			
	检查（5%）		全面性、准确性（5%）			
			生产中出现问题的处理（5%）			
	结果（10%）		提交成品质量（10%）			
	作业（5%）		及时、保质完成作业（5%）			
社会能力（20%）	团队合作（10%）		小组成员合作良好（5%）			
			对小组的贡献（5%）			
	敬业、吃苦精神（10%）		学习纪律性（4%）			
			爱岗敬业和吃苦耐劳精神（6%）			
方法能力（20%）	计划能力（10%）		制定计划合理（10%）			
	决策能力（10%）		计划选择正确（10%）			

意见反馈

请写出你对本学习情境教学的建议和意见

	班　级		姓　名		学　号		总　评	
	教师签字		第　组		组长签字		日　期	
评价评语	评语：							

学习情境 2

畜牧场环境管理

● ● ● ● ● **学习任务单**

学习情境 2	畜牧场环境管理	学　时	32
布置任务			
学习目标	1. 了解养殖环境消毒的基本知识； 2. 掌握畜牧场人员消毒的管理； 3. 学会畜牧场所用消毒剂的配制； 4. 以小组为单位，分别进行鸡舍、猪舍、牛舍消毒； 5. 了解污染对养殖业的危害； 6. 掌握处理废弃物的基本原则与方法； 7. 学会对畜牧场废弃物的处理与利用； 8. 学会对畜牧场环境的卫生监测与评价； 9. 培养学生有科学的世界观、爱护动物、不怕脏不怕累的精神		
任务描述	畜牧场环境管理具体任务： 1. 畜牧场消毒技术； 2. 畜牧场废弃物处理； 3. 空气、水质、土壤卫生监测； 4. 畜牧场场地绿化； 5. 畜牧场内的灭蝇防鼠		
学时分配	资讯：10 学时　计划：2 学时　决策：1 学时　实施：16 学时　考核：2 学时　评价：1 学时		
提供资料	1. 蔡长霞. 畜禽环境卫生. 北京：中国农业出版社，2006 2. 刘鹤翔. 家畜环境卫生. 重庆：重庆大学出版社，2007 3. 李震钟. 家畜环境卫生学附牧场设计. 北京：中国农业出版社，2000 4. 王庆镐. 家畜环境卫生学. 北京：中国农业出版社，1981 5. 郑翠芝. 畜禽生产环境与环保. 哈尔滨：哈尔滨地图出版社，2004 6. 冀行键. 家畜环境卫生. 北京：中国农业出版社，1990		
对学生的要求	1. 以小组为单位完成学习任务，充分体现团队合作精神 2. 严格遵守畜禽舍的各项规章制度，严格执行防疫消毒卫生制度		

●●●●● 任务资讯单

学习情境 2	畜牧场环境管理
资讯方式	通过资讯引导，观看视频，到相关的网站、图书馆查询，向指导教师咨询
资讯问题	1. 畜牧场消毒有哪些方法？ 2. 畜牧场常用的消毒剂有哪些？怎样选择消毒剂？ 3. 进行消毒时应注意哪些问题？ 4. 发生疫病后应怎样进行消毒？ 5. 畜牧场的污染及危害有哪些？ 6. 畜牧场污染防治的基本原则是什么？ 7. 畜禽粪便处理措施有哪些？ 8. 污水处理的基本原则是什么？污水处理的方法有哪些？ 9. 畜禽尸体处理的方法是什么？ 10. 水质监测有哪些项目？对饮用水水质怎样进行监测？ 11. 畜牧场绿化的种类与措施有哪些？ 12. 怎样防止鼠害？ 13. 加强防疫防治蚊蝇的方法有哪些？
资讯引导	1. 在信息单中查询； 2. 在教材查询； 3. 进入有关畜牧场环境的网站查询； 4. 相关资料和报刊资讯； 5. 到实训基地进行现场观察

●　●　●　●　●　**相关信息单**

项目 1　畜牧场消毒防疫管理

任务 1　畜牧场的消毒管理

为保证畜禽的健康和较高的生产力水平，环境清洁与安全是畜牧生产正常进行的前提和必要条件，也是养殖生产中最基本的疾病防疫体系，环境消毒和畜禽疫苗免疫是消灭和根除畜牧场环境中的病原微生物及防止外界病原体浸入的重要手段，建立健全严格的消毒防疫管理制度是畜禽养殖必不可少的。

一、建立畜牧场的消毒防疫制度

1. 畜禽舍实行全进全出饲养方式，畜禽出栏后进行彻底消毒，空舍 1 周以上时间再进畜禽。坚持自繁自养，若必需引种，引进的畜禽必须隔离 45 d，检疫、接种疫苗后才能进入相应的畜禽舍。

2. 畜牧场内生产区和生活区分开。做好畜禽的检疫工作，病畜及时隔离、治疗及病后消毒工作。当某种疫病流行时，要采取相应防控手段，按规定上报、隔离、封锁。

3. 生产区包括畜禽、用具、粪污及隔离区定期消毒，死尸要焚烧深埋。

4. 进场人员必需严格遵守消毒管理制度。认真填写防疫、消毒记录等。

5. 饲料的包装材料回收后，要进行消毒方可再使用。

6. 严格执行畜禽的免疫程序。防疫过程中使用的设备和器械必须进行消毒或高压灭菌，疫苗瓶及其他包装材料要焚烧处理。

7. 畜牧场所用消毒剂应选用高效、低毒、无残留、无腐蚀性、易溶于水、常温下稳定、价格低，无令人不快气味。

二、防疫设施的消毒管理

1. 在畜牧场入口处供车辆通行的消毒池，应有喷雾消毒设备，由专人负责对进入车辆人的车体进行喷雾消毒后方可进入。消毒池内为 3％火碱或 3％～5％来苏儿等消毒剂。进入畜牧场的人员要在紫外线灯下照射 3～5 min，进行消毒。

消毒池内消毒剂要定期更换，来苏儿、火碱每天换 1 次，威力碘 2～3 天换 1 次。冬季放工业用盐防止结冰，或将消毒液清理干净，消毒池地面撒上新鲜的生石灰。

2. 在卫生防疫要求严格的畜禽场，生产区的入口处设有淋浴室，进入生产区人员要消毒、淋浴、更衣。生产区工作人员无特殊情况不准外出。

3. 生产区及各畜禽舍入口处的消毒槽(或消毒垫)，以 20％新鲜石灰乳(或 5％氢氧化钠或 5％来苏儿)浸泡，对车辆、人员进行消毒，每天更换 1 次消毒液。在畜禽舍门前的消毒盆中用消毒液洗手，常用的消毒液有 0.02％～0.05％洗必泰、0.5％～1％碘伏等，每天更换 1 次消毒液。

4. 牧场所在地区有疫情流行时，场界周围及各生产区周围的防疫沟放水。

5. 严禁使用对病毒无效的消毒药物，如季铵盐类、酚类、乙醇等用于防疫消毒。

三、运动场及道路消毒

场区内的运动场、道路、地面等要经常清扫，每周消毒 1 次，运动场和道路在消毒前将表层土铲除，用 10％～20％漂白粉液喷洒，或用火焰消毒，运动场的围栏用 15％～20％的石灰乳涂刷。图 2-1 所示为畜牧场大门口消毒设施。

图 2-1　畜牧场大门口消毒设施

四、畜禽舍周围消毒

畜舍外墙及 5 m 以内范围定期清扫，夏季将高过窗台的植物割掉，每周用 0.2％～0.3％过氧乙酸或 3％火碱溶液喷洒消毒。

五、运输工具消毒

运畜禽的车辆使用前后都要在指定地点进行消毒，运输畜禽未发病的车辆先清理粪便污物后，用热水刷洗。运输中畜禽发病的车辆应先消毒、再清扫，然后用热水自车厢顶棚开始各部彻底清洗，风干后再次消毒。如果发生恶性传染病的车厢，应选用有效消毒药。两次消毒间隔为 30 min 以上。

六、粪便及污物消毒

当发生恶性传染病时，在粪污处理区挖个深 75 cm，宽 75 cm 的坑，在距离坑底 40～50 cm 处加一层铁炉箅子，上面放粪便及其他污染物，若粪便潮湿再加些干草，然后加汽油等燃料，点燃并使其燃烧彻底。也可将漂白粉或新鲜的生石灰与粪污充分混合（1 kg 粪便加 200 g 漂白粉），埋于地下 2 m 左右深度，此方法易污染水源尽量少用。

七、畜牧场发生疫病后的消毒措施

1. 将畜牧场封闭，本场人员出入要严格消毒。

2. 所有污染物（设备、用具等）都要强力消毒。

3. 垫草、粪便等的处理同六。

4. 用浓消毒液对畜舍进行气雾消毒。

5. 畜栏、墙裙与混凝土地面用 4％氢氧化钠或其他清洗剂的热水溶液刷洗。

6. 素土地面用 1％福尔马林浸润，风干后，铺聚乙烯薄膜或沥青再使用垫料。严重污染地方，将表土铲除 10～15 cm。

7. 畜舍清理后，进行一次彻底的空舍消毒（见畜舍消毒）。

8. 针对畜牧场感染的病原微生物使用相应消毒药进行一次彻底消毒。

【必备知识】

一、畜牧场消毒的目的、意义

消毒是指清除或杀灭畜牧场内环境、畜体表面、设备用具、水源等的病原微生物或将有害微生物的数量减少到无害的程度，切断传播途径，防止疾病发生和蔓延。

在畜牧业生产中，保证安全生产是畜牧场环境管理和卫生防疫的重要内容。场内环境、设施、器具及畜体表面等随时可能受到病原体的污染，导致各种疾病的发生，而消毒则是预防各种微生物性疾病发生的最重要和最有效的措施之一。

消毒的目的在于消灭被病原微生物、切断传播途径，防止疾病的爆发流行。因此，消毒是保证家畜健康和正常生产必要的手段。

消毒的作用是疫苗防疫和药品治疗所不能解决的，因为养殖场内有些疾病的产生是由于舍内病原菌微生物引起的，当这种病原微生物达到一定的浓度时即可治病，过高的饲养密度也会加快这类疾病的传播，并且疾病多为合并感染，一种抗生素对其不产生作用，没有合适的疫苗和药物可以控制或治疗此类疾病。并且在疫苗接种之后，抗体产生之前是受体感染疾病的高危期，降低外界环境的污染程度，减少病原菌的数量从而减少感染疾病的概率是关键。如果消毒环节没有把握好，投入再多的资金在药物和疫苗上也是无用的，所以应该守好消毒防治疫病的第一道战线，做到消毒与疫苗相结合，发挥消毒的重要作用。

1. 防止传染病的发生和传播　在传染病的防治上，消毒主要是控制传播途径，清除或杀灭有害微生物，从而防止传染病的发生和传播。所以，在空舍期要做好环境消毒，防止上下批次间的传播。

2. 降低粉尘防止呼吸道病　舍内空气中的飞沫及尘埃是呼吸道感染的重要传播途径。在喷雾消毒中，形成的气雾滴能黏附空气中的颗粒，引起沉降，从而起到清洁空气的作用，降低可吸入颗粒物对呼吸道的刺激和损伤，避免诱发呼吸道疾病的发生。

3. 增加湿度，降低温度　舍内消毒可以提高舍内空气的湿度，通过蒸发散热降低舍内温度，在夏季高温季节可降低舍温 3～4℃，起到防暑降温的作用，有效减轻热应激。在冬季，消毒前要提高舍温 1～2℃，以减轻消毒降温的影响。

二、消毒的分类

1. 预防性消毒

为了保证畜禽的健康和防止疾病发生，畜牧场必须采取消毒措施，一般以定期消毒和经常性消毒为主。定期消毒是指定期消毒圈舍、栏圈、设备用具。当畜禽出售后的空畜舍，要进行全面清洗和消毒，彻底消灭病原。经常性消毒是为避免畜禽受到病原微生物的感染，场门、舍门的入口处进行消毒，人员牲畜出入时，踏过消毒液。

2. 临时性消毒

当发生传染病时，为消灭病畜排出的病原体，应对病畜接触到或接触过的圈舍、设备、器物等进行消毒。对病畜的分泌物、排泄物以及病畜机体等消毒。此外，兽医人员在防治和试验工作中使用的器械设备和所接触和物品亦应消毒。

3. 终末性消毒

在病区消灭传染病后，解除封锁之前，对其所处周围环境最后进行的彻底消毒，杀灭和清除传染源遗留下的病原微生物，是解除对疫区封锁前的重要措施。

三、保证消毒的有效性

1. 合理选择消毒药物

消毒药物的选择要有针对性，要根据消毒的目的、对象、疫病流行趋势，依据高效、广谱、经济、副作用小的原则选择药物。常用的有：一是含氯类消毒剂，副作用小，温度越高、杀菌力越强，一般用于饮水消毒。二是季铵盐类消毒剂，对革兰氏阳性菌有较强的杀灭作用，多用于环境、设备、器械消毒。三是醛类消毒剂，对细菌、病毒均有效，但作用缓慢，有腐蚀性，一般用于舍内消毒。

不同病原体对各种消毒剂的敏感度不同，例如芽孢对消毒剂不敏感，所用药物浓度及作用时间都要增加。一般消毒剂对细菌都敏感，但对细菌芽孢和病毒作用很小。因此在消灭传染病时应考虑病原微生物的特点，选用适当的消毒药。

2. 保持适宜的消毒温度

常见的消毒方式都受温度的影响。消毒剂的杀菌效力与温度成正比，温度增高，杀菌效力增强，夏季比冬季消毒效果好。当采用熏蒸消毒时，温度15℃以下，消毒效果差，在25～40℃环境温度条件下的消毒效果最好。

3. 保持合适的消毒湿度

环境湿度对熏蒸消毒效果的影响较大，湿度过高或过低都会消毒效果都很差，甚至导致消毒失败。利用甲醛、过氧乙酸进行熏蒸消毒时要求湿度在60%～80%。大部分消毒剂干燥后就失去了消毒作用，只有在溶液状态才能有效消毒。另外，紫外线在相对湿度为60%以下时，杀菌力较强；在80%～90%时，杀菌力下降30%～40%，这是因为相对湿度增高会影响紫外线的穿透力。

四、消毒管理的误区

1. 忽视消毒前的清洁

消毒前的清扫可以将环境中90%的病原微生物清除掉，之后喷洒常规的消毒药，可降低95%以上的病原微生物。坚持做好清扫工作，基本可杀灭环境中的病原。因此，养殖场消毒应遵循的步骤为：清扫、水冲、喷洒消毒药液、熏蒸。

2. 盲目消毒

消毒一般分为定期预防性消毒、随时消毒和终末消毒三种情况，而且按照从上到下、先内后外的顺序进行，不可杂乱无章，不能只重视舍内小环境的消毒，而忽视对场区、门口、人员往来等大环境的消毒。舍内消毒也不是简单的喷洒，应重视天棚、门窗、供水系统及排污沟等死角的消毒，以防止病原菌繁殖。

3. 消毒药剂量不当

要注意消毒剂用量，防止消毒液浓度过大过小。禁止边加水边加消毒液，加水过程中要设专人看守，防止消毒液从消毒桶中溢出。

4. 过分依赖消毒

不要认为消毒后就一劳永逸，而忽视日常管理、环境控制以及综合防疫措施，造成疫病预防的有效性降低。

五、注意事项

1. 选择消毒剂要有针对性，并注意消毒剂配伍，不能随意混用。环境消毒应优先选择氯制剂、碘制剂类以及醛类消毒剂。如要杀灭细菌芽孢或无囊膜病毒，须选用高效消毒剂如过氧乙酸、火碱、醛类、碘伏、有机氯制剂、复方季铵盐消毒剂等。如果使用酚类、醛类、氯制剂等不宜与碱性消毒剂混合，阳离子表面活性剂（新洁尔灭等）不宜与阴离子表面活性剂（肥皂等）混合。

2. 消毒剂要轮换使用，在选择消毒药时，要几种消毒药轮换使用，防止病原微生物产生抗药性。每周更换消毒剂，可以针对不同病原微生物发挥作用，确保消毒效果。

3. 注意消毒剂的有效含量，稀释浓度要准确，消毒要有足够的消毒剂量，并严格执行不同消毒方法的消毒时间。一般情况下消毒剂的效力同消毒作用时间成正比，与病原微生物接触并作用的时间越长，其消毒效果就越好。

4. 消毒剂对温度的要求，消毒剂的消毒效力与温度成正比，温度增高，消毒效力增强，因此，在消毒时应选择温度相对较高时进行，如果环境低时，可以起动升温设备，使环境升温，或选择中午温度高时进行消毒。

5. 彻底清除环境中的污物，当环境中有污物存在时，污物阻碍消毒药与病原微生物直接接触，从而影响消毒剂效力的发挥。另外，由于这些污物能中和或吸附部分药物，减弱消毒作用。

任务 2　人员消毒管理

一、畜牧场人员定期检疫防疫，防止人畜共患病

畜牧场内的饲养员及管理者要定期进行人畜共患病检疫，并进行必要免疫接种，如发现患有人畜共患病的应及时调离。

二、防止畜禽疫病通过人传播

家中饲养同类畜种的人员不能在畜牧场内工作，家属也不能在畜禽交易市场或畜禽加工厂内工作。

三、防止畜禽疫病通过食物传播

进入畜牧场的人员不准带饭，更不能将畜禽的生肉及其制品的食物带入场内。食堂也不得购相应的生肉及其制品，肉类应场内供给。

四、饲养及管理人员不准养宠物，也不得将宠物带入场内

五、防止通过饲养员及管理者带入病原

饲养员及管理者应保持自身清洁、健康，工作服、工作帽及鞋子定期清洗后进行高压或紫外线照射消毒。进入生产区必须穿规定且要消毒的服装。但禁止穿着工作服外出。

六、防止通过人员往来传播疾病

员工未经安排不得擅自离场，走村审户接触周围农户的动物。场内兽医人员不得对外诊疗动物的疾病。

七、饲养人员除工作需要外，一律不准跨区窜舍，工具不得互相借用

八、通过严格消毒，防止外界病原进入生产区

所有进入生产区的人员必须进行严格的消毒。先在场门前进行踩踏消毒池（池内放 3% 的火碱或生石灰）、更衣、消毒液洗手，在生产区门前及各畜禽舍门前还要进行消毒方可入内。对于防疫要求严格畜禽生产区，要先淋浴、更衣、消毒后才能进入。严格控制非生产人员进入生产区，若生产或业务必需，经批准更衣消毒后方可入内，畜牧场内车辆不得外出和私用。

九、从疫区归来人员，隔离 1 个月后方可回场上班

十、场区禁止外来人员参观，不准外来车辆进入

若生产或业务必需，经消毒后在接待室等候，可以借助录像了解情况。若系生产需要（如专家指导）也必须参照生产人员入场时的消毒程序消毒后入场。

十一、养殖场工作人员应按时完成每日的资料记录

十二、兽医人员应做好免疫、用药、发病和治疗情况记录

【必备知识】

一、确保人身安全

1. 防止养殖场工作人员感染人畜共患病，要定期检疫，并注射疫苗。还要做好工作人员防护，防止常见病的感染，如禽类的支原体、家畜的链球菌病等动物疾病传播给人。

2. 常用消毒药对皮肤黏膜具有刺激性，故应避免与皮肤接触，消毒时戴上耐酸碱的手套，喷火碱时戴好头盔防止溅到眼睛，引起眼结膜损伤。甲醛的蒸汽刺激性强，消毒后要打开鸡舍门窗通风两天以上，使甲醛气体逸散。

3. 消毒操作人员要佩戴防护用品，以免消毒药物刺激眼、手、皮肤及黏膜等。同时也应注意避免消毒药伤害禽群及物品，严禁把甲醛、氢氧化钠等溶液作带禽喷雾消毒使用。

二、防止人员传播疫病

1. 养殖场工作人员也是将病原带入场区的主要媒介。进场人员必须严格消毒，进入场区前经过消毒池，进行脚踩消毒。在消毒室内用紫外线消毒灯照射 5min。

值得注意的是，一般在鸡场的入口处设专职消毒人员和喷雾消毒器、紫外线杀菌灯、脚踏消毒槽（池）。对出入的人员实施衣服喷雾消毒（衣服消毒要从上到下，普遍进行喷雾，使衣服达到潮湿的程度）。用过的工作服，先用消毒液浸泡，然后进行水洗。用于工作服的消毒剂，应选用杀菌、杀病毒力强，对衣服无损伤，对皮肤无刺激的消毒剂。不宜使用易着色、无臭味的消毒剂。通常可使用季铵盐类消毒剂、碱类消毒剂及过氧乙酸等做浸泡消毒，或用福尔马林做熏蒸消毒、紫外线照射消毒。

2. 进入生产区要更换工作服（衣、裤、靴、帽等），必要时进行淋浴、消毒，并在工作前后洗手消毒，即用肥皂洗净手后，浸于新洁尔灭溶液内 5～10 min，清水冲洗后擦干，然后通过脚踏消毒池进入生产区。

3. 工作人员的一切可携带病原的物品不准带进场内，凡进入生产区的物品必须进行消毒处理。工作服、鞋帽应于每天下班时挂在更衣室内，用足够强度的紫外线灯照射消毒。

4. 负责免疫工作的技术人员，除做好上述消毒工作外，应每免疫完一栋鸡舍，用消毒药水洗手，工作服应用消毒药水泡洗 10 min 后在阳光下暴晒消毒。

任务 3　畜禽舍内的消毒管理

一、舍内器具消毒

设备及大件器具不能移动、不能浸泡的，先清洗然后喷淋 0.5% 百毒杀（或 3% 火碱溶液、3% 漂白粉等）。将饲槽、水槽等可移动、可浸泡的设备用具清洗干净，用消毒液浸泡 3～5 h 后，用清水冲洗晒干。

1. 牛、马等大家畜饲养用具每周消毒 1 次，每月全面消毒 1 次。

2. 猪、羊等家畜饲养用具要求每周消毒 1～2 次，每 2 周全面消毒 1 次。

3. 鸡、鸭等家禽防疫要求严格，饲养用具要求每天清洗，每周消毒 2～3 次，每周全面消毒 1 次。

二、舍内带畜消毒

舍内带畜消毒(图 2-2)的步骤通常为清除污物、清洁地面、彻底清洗舍内用具，喷洒消毒液，还可喷雾消毒等方法加强消毒效果。一般家畜舍每周消毒 1 次，蛋鸡舍每 3～5 天消毒 1 次，育成鸡舍每 2 天 1 次，育雏鸡舍每天 1 次，如所在地区有某些疾病流行，则每天都要消毒。常用消毒药百毒杀、除菌净、过氧乙酸等，消毒剂要经常更换，或针对流行性疾病使用相应的消毒药剂。

图 2-2　畜禽舍内带畜消毒

三、空舍消毒

畜禽出栏后，将可移动的设备、器具等搬出畜舍，在指定地点清洗、用消毒液进行浸泡消毒，冲洗干净后置于室外暴晒，待用。

1. 清洁畜舍

养殖期结束的空舍应对畜禽舍进行彻底清扫，如果在养殖中发生疾病，则应先进行用消毒剂喷洒后，再进行清扫。

(1)去尘　用高压水枪(压力调到最大)冲洗畜禽舍内包括天棚、墙体、门窗、笼具、饮水器和料槽等结构、设施及用具，一直到灰尘被冲掉，笼具粪渣变软，饮水器和料槽浮尘除掉为止。

(2)除污　刷洗水槽和料槽内外面的污渍，清除笼具及地面上粪便和残渣。

(3)冲洗　用高压水枪按地面排水的方向全面冲洗畜舍，直到冲洗干净为止。

(4)去渍　将冲洗不掉的污垢和污渍，人为机械性地彻底清除，到物见本色为止。

(5)冲洗　用高压水枪按地面排水的方向全面冲洗畜舍。

2. 冲洗消毒

畜舍清洁工作完成后，进行冲洗消毒，先用 3% 的热火碱溶液冲洗消毒，间隔 30 min 后用清水冲洗干净，再间隔 30 min 后用 0.5% 的过氧乙酸冲洗消毒。排出舍内水，有采暖设备的畜舍进行升温，或进行通风换气。使畜舍尽快干燥。

3. 粉刷消毒

用水泥或混凝土堵塞畜舍墙壁和地面的缝隙、窟窿。然后用石灰乳粉刷天棚、墙体等内部结构。粉刷结束后进行通风干燥。

4. 火焰消毒

舍内完全干燥后，用火焰喷枪或火焰消毒器对笼具、地面及墙体进行火焰消毒，每一处灼烧时间在 3 s 以上。要认真细致，宁可重复不可遗漏。

5. 熏蒸消毒

常用消毒剂及用量　一般常用消毒剂有：福尔马林和高锰酸钾、三氯异氰脲酸和聚甲醛、中草药熏蒸剂(苍术、艾叶、茵陈、青蒿、红花)等。

从未饲养畜禽的新舍：福尔马林用量 14 mL/m³，高锰酸钾用量 7 g/m³。经常使用但未发疫病畜舍福尔马林用量 28 mL/m³，高锰酸钾用量 14 g/m³。发生过疫病畜舍高福尔马林 42 mL/m³。锰酸钾用量 21 g/m³。装有消毒剂的器具的容积应不小于福尔马林和高锰酸钾总容积的 3 倍，以免福尔马林沸腾时溢出使人灼伤。

消毒方法：在消毒前将畜舍密封，即将畜舍门窗及通风设施等能够透气的地方用塑料布封好，只留供消毒人员出入的门待封。将移出舍外已清洗消毒的用具、饲槽、水槽、笼具、设备等摆放到原来的位置，并将饲养员穿的衣帽、工作靴等所有在舍内使用的物品放到舍内，舍温升高到 25℃ 以上，同时向舍内地面洒 40℃ 热水至地面全部淋湿为止，然后将消毒容器(瓷盆)置于畜舍的通道上，把福尔马林匀分消毒容器中，每个消毒容器安排一位消毒人员，待一切都准备完成后，由距离门最远的消毒人员先操作，其他消毒人员由远及近依次操作，向消毒容器内放入准备好的高锰酸钾，迅速撤离，人员全部撤出后，将畜舍门关严并封好。畜舍密封 3～7 d。熏蒸消毒结束后，将门窗及所有通风设施打开，充分通风排出残留的气体，空置待用。

要求：严格按照操作要求进行消毒，每位消毒人员做好防护，要严格遵守牧场的制度。

【必备知识】

一、机械性清除

1. 清理

使用一些设备用具对养殖环境进行清扫、铲刮、洗刷，以达到清除灰尘、污物及墙壁、地面和设备上的粪尿、残余饲料、废物、垃圾等，减少空气中的病原微生物存在的可能。必要时舍内外的表层土也清除一层，以达到养殖净化环境。

2. 通风换气

通风可以减少空气中微粒与细菌的数量，减少经空气传播疫病的机会，其次也可用普通喷雾器喷雾，使空气中微粒沉降。对发生过传染病的畜舍进行机械性清除和通风前，要防止散播被病原微生物污染的污物，先进行消毒，向畜舍空间喷消毒液，以达落尘、灭菌双重目的。

二、物理消毒法

1. 阳光

直射阳光是一种普遍利用的天然消毒剂，其光谱中的波长在 280～240 nm 紫外线有较强杀菌能力。一般病毒和非芽孢的菌体，在直射阳光下，只需几分钟至 1 h，抵抗力很强的芽孢，在连续几天的强烈阳光下，反复暴晒也可变弱或杀死。

2. 辐射消毒

辐射消毒有两种类型：一种是电离辐射，包括 X 射线、γ 射线、β 射线、阴极射线、中子与质子等。电离辐射具有强大的穿透力且不产生热效应，但设备的投资和管理费用都很大，在畜牧生产中难以采用。另一种是紫外线照射，畜牧场在使用，它的杀菌作用受很多因素影响，可以物体表面进行消毒。

3. 高温

高温消毒是一种广泛应用的消毒方法，高温可杀灭各种微生物，消毒效果理想。一般分为干热和湿热两种消毒方法。干热消毒：主要有火焰、焚烧和红外线照射等。可杀灭一般微生物及对高温比较敏感的芽孢，对铁制设备及用具、土墙砖墙水泥墙缝等均可用此方法，木制工具表面也可用烧烤的方法消毒。湿热消毒：主要有煮沸、流通蒸汽、巴氏、低温蒸汽（73℃）消毒等。

4. 其他消毒法

其他消毒法有超声波消毒、微波消毒及自然净化等。

三、化学消毒法

应用某些化学药物使其和微生物的蛋白质产生凝结、沉淀或变性等作用，引起细菌和病毒的繁殖发生障碍或死亡以达消毒目的。化学消毒剂多种多样，畜牧场应用化学消毒法进行消毒最为普遍。

1. 常用的消毒剂

常用消毒防腐药因性状和作用的不同，消毒对象和使用方法亦不一致，应根据需要选择合适的药物，否则既造成经济损失又达不到消毒的目的。常用消毒剂的种类、性质、用法与用途如表 2-1 所示。

表 2-1　常用消毒剂的种类、性质、用法与用途

类别	消毒剂	性状与作用	应用浓度与方法
酚类	苯酚（石炭酸）	白色针状结晶，弱碱性，易溶于水，有芳香味，杀菌力强	2％用于皮肤消毒，3％～5％用于环境与器械消毒
	煤酚皂（来苏尔）	无色，遇光或空气变为深褐色，与水混合成为乳状液体	2％用于皮肤消毒，3％～5％用于环境与器械消毒
醇类	乙醇（酒精）	无色透明液体，易挥发，易燃，可与水和挥发油任意混合	70％～75％用于皮肤和器械消毒
碱类	氢氧化钠（火碱）	白色棒状、块状、片状，易溶于水，碱性溶液，易吸收空气中的 CO_2	0.5％溶液用于煮沸消毒；敷料消毒2％用于病毒消毒；5％用于炭疽消毒；加水配制 10％～20％石灰乳涂刷畜禽舍墙壁、畜栏等消毒
	生石灰	白色或灰白色块状，易吸水，生成氢氧化钙	
醛类	福尔马林	无色、有刺激性气味的液体，含40％甲醛，90℃下易生成沉淀	1％～2％环境消毒，与高锰酸钾配伍熏蒸消毒畜禽舍房舍等
	戊二醛	挥发慢，刺激性小，碱性溶液，有强大的灭菌作用	2％水溶液，用 0.3％碳酸氢钠调整 pH 在 7.5～8.5 可消毒，不能用于热灭菌的精密仪器、器材的消毒

类别	消毒剂	性状与作用	应用浓度与方法
氧化剂类	过氧乙酸	无色透明酸性液体，易挥发，具有浓烈刺激性，不稳定，对皮肤、黏膜有腐蚀性	0.2％用于器械消毒；0.5％～5％用于环境消毒
	过氧化氢	无色透明，无异味，微酸苦，易溶于水，在水中分解成水和氧	1％～2％创面消毒；0.3％～1％黏膜消毒
	臭氧	在常温下为淡蓝色气体，有鱼腥臭味，极不稳定，易溶于水	30 mg/kg，15 min 室内空气消毒；0.5 mg/kg，10 min 用于水消毒；15～20 mg/kg，用于污染源污水消毒
	高锰酸钾	深紫色结晶，溶于水	0.1％用于创面和黏膜消毒；0.01％～0.02％用于消化道清洗
表面活性剂类	苯扎溴铵（新洁尔灭）	无色或淡黄色透明液体，无腐蚀性，易溶于水，稳定耐热，长期保存不失效	0.01％～0.05％用于洗眼和阴道冲洗消毒；0.1％用于外科器械和手消毒；1％用于手术部分消毒
	杜米芬（消毒宁）	白色粉末，易溶于水和乙醇，受热稳定	0.01％～0.02％用于黏膜消毒；0.05％～0.1％用于器械消毒；1％用于皮肤消毒
	癸甲溴铵（百毒杀）	无色无味液体、能与水互溶，性质稳定	1∶（300～3 000）；低浓度能杀灭主要的致病菌、病毒、寄生虫，用于环境消毒
	双氯苯胍乙烷	白色结晶粉末，微溶于水和乙醇	0.02％用于皮肤、器械消毒；0.5％用于环境消毒
含碘类消毒剂	碘酊（碘酒）	红棕色液体，微溶于水，易溶于乙醚、氯仿等有机溶剂	2％～2.5％用于皮肤消毒
	碘伏（络合碘）	主要剂型聚乙烯吡咯烷酮和聚乙烯醇碘等，性质稳定，对皮肤无害	0.5％～1％用于皮肤消毒；10 mg/kg 浓度用于饮水消毒
含氯类消毒剂	漂白粉	白色颗粒状粉末，有氯臭味，留置空气中失效，大部溶于水和醇	5％～10％用于环境和饮水消毒
	漂白粉精	白色结晶，有氯臭味，含氯稳定	0.5％～1.5％用于地面、墙壁消毒；0.3～0.4 g/kg 用于饮水消毒
	氯铵类（含氯铵 B，C，T）	白色结晶，有氯臭味，属氯稳定类消毒剂	0.1％～0.2％用于浸泡物品与器材消毒；0.2％～0.5％水溶液喷雾用于室内空气及表面消毒
烷类消毒剂基	环氧乙烷	常温无色气体，沸点 10.4℃，易燃、易爆、有毒	50 mg/kg 密闭容器内用于器械、敷料等消毒
	氯己啶（洗必泰）	白色结晶，微溶于水，易溶于醇，禁忌与升汞配伍	0.01％～0.025％用于腹腔、膀胱等冲洗；0.02％～0.05％水溶液用于术前洗手浸泡 5 min

2. 消毒药的作用机理

一是药物为菌体细胞壁吸收，破坏菌体壁；二是药物渗入细胞的原生质或与细胞中一个或一个以上的成分起反应，使菌体的蛋白质变性；三是药物包围菌体表面，阻碍呼吸使之死亡。

3. 消毒剂的使用方法

将消毒剂按要求配制成一定浓度的消毒液，进行消毒。常用的有浸泡法、喷洒法、熏蒸法、气雾法等，广泛地应用于畜牧场、养殖户等。

(1)浸泡法　将需要消毒的物品进行洗刷或浸泡以杀死其上的病原菌，主要用于消毒器械、用具、衣物等。一般要洗涤干净后再行浸泡，药液要浸过物体，浸泡时间以长些为好，水温以高些为好。在圈舍进门处消毒槽内，可用浸泡药物的草垫或草袋对人员的靴鞋进行消毒。经过多次反复使用后消毒液，其消毒效果降低，要及时更换消毒液。

(2)喷洒法　利用喷雾器向路面、墙壁、设备及用具上进行喷洒消毒液，要求喷出雾滴直径应大于 200 μm 以上。一般用于畜禽舍内屋顶、墙壁、地面及固定设备等的消毒。

(3)熏蒸法　是在畜禽舍密闭的情况下产生气体，使各个角落都能消毒，此法还可用于对鸡种蛋的消毒。这种方法简便、省钱、对房舍结构无损，驱散消毒后的气体较简便，因而是牧场欢迎使用的方法，但在实际操作中要严格遵守基本要点，否则会无效。

①畜禽舍及设备必须进行清洗，气体不能渗透到污物中去，所以不能发挥应有的效力。

②畜禽舍须无漏气处，应将进、排气口等空隙封闭，否则熏蒸法不会收效。

用甲醛气熏蒸消毒可杀灭所有细菌，芽孢对其也敏感。为加速福尔马林(40%甲醛的水溶液)的蒸发，常利用高锰酸钾的氧化作用。畜舍容积在 1 000 m^3 之内，每 10 m^3 用福尔马林 80 mL，大型畜舍药量可减半，福尔马林与高锰酸钾之比应该为 3∶2。消毒时，先将高锰酸钾倒进比福尔马林用量容积大 10 倍，能耐高温的容器内，然后再倒福尔马林。为防止可能发生火灾，舍内易燃的木器与垫草等应早挪开，切勿靠近产生化学反应的地方。

(4)气雾法　主要用于畜禽舍空间消毒，舍内有无畜禽均可进行消毒，气雾粒子是悬浮在空气中，液体的微粒直径 200 μm 以下，重量极轻，能较长时间在空气中悬浮，可到处飘至舍内每一角落，达到各种物品的周围及表面。气雾是消毒液倒进气雾发生器后喷射出的雾状微粒，是消灭空气环境中病原微生物的理想方法。对畜舍空间进行消毒。

气雾消毒的最适宜温度为 18～22℃，最适宜相对湿度为 70%～80%，最适宜的雾滴直径为 50～100 μm，若雾滴过小(5～10 μm)时，则雾滴易被吸入呼吸道内而产生不良的作用。气雾消毒时，至鸡背的羽毛微湿即可，消毒液的用量为 15～30 mL/m^3。

(5)向水中投放消毒剂以杀灭水中的病原菌　饮水消毒虽然对呼吸道病的预防上有一定作用，但用作饮水消毒的消毒药一定要慎重选择，对黏膜有刺激性的药品不要用，以免损伤黏膜而起副作用。

4. 化学消毒剂的选择

(1)必须了解消毒剂的适用性　不同种类病原微生物构造不同，对消毒剂反应不同，有些消毒剂为"广谱"性的，对绝大多数微生物具几乎相同的效力。也有一些消毒剂为"专用"的，只对有限的几种微生物有效。购买消毒剂时，须了解消毒剂的药性，所消毒的物品，如畜舍、汽车、食槽等，还是对某种传染病进行消毒，不同情况下所用药剂也不相同。

(2)消毒力强，性能稳定。

(3)毒性小、刺激性小，对人畜危害小，不留在畜产品中，并对畜舍，器具等无腐蚀性。

(4)价廉易得，易配制和使用。

5.消毒应注意问题

(1)要详细阅读药物使用说明书，正确使用消毒剂。按照消毒药物使用说明书的规定与要求配制消毒溶液，配比要准确，不可任意加大或降低药物浓度，根据每种消毒剂的性能决定其使用对象和使用方法。当发生病毒及芽孢性疫病时，最好不使用季铵盐类消毒剂。

(2)不要随意将两种不同的消毒剂混合使用或同时消毒同一物品。因为两种不同的消毒剂合用时常因物理或化学的配伍禁忌导致药物失效。

(3)严格按照消毒操作规程进行，事后要认真检查，确保消毒效果。

(4)消毒剂要定期更换，不要长时间使用一种消毒剂消毒一种对象，以免病原体产生耐药性，影响消毒效果。

(5)消毒药液应现用现配，尽可能在规定的时间内用完，配制好的消毒药液放置时间过长，会使药液有效浓度降低或完全失效。

(6)消毒操作人员要做好自我保护，如穿戴手套、胶靴等防护用品，以免消毒药液刺激手、皮肤、黏膜和眼等。同时也要注意消毒药液对猪群的伤害及对金属等物品的腐蚀作用。

(7)用活苗进行免疫时，在免疫前2 d和免疫后3 d，不要用消毒剂进行消毒，因消毒剂可能对畜禽产生不利影响，干扰免疫力产生。若用灭活苗免疫时，则不需要考虑此问题。

(8)饮水消毒应慎重，通过饮水途径对胃肠道消毒时应慎重，因它杀灭胃肠道内病菌的同时，也杀灭了胃肠道内生存的正常菌群，引起消化吸收紊乱而产生不利影响。另外，消毒剂可能对胃肠道黏膜产生刺激作用，影响到营养的吸收与利用，一般此法只用于数日龄的雏鸡。

(9)带鸡消毒应慎用，因带鸡消毒要求的条件高，如温度、湿度、雾滴大小和消毒剂等，若条件不具备时，则收不到预期的效果，并且会影响到鸡生产性能，如增重和产蛋减少。

(10)带鸡消毒时，时间最好固定，应在饮水或饲料中加入多种维生素，以防应激。饮水中加入其他有配伍禁忌的药物时，应暂停带鸡消毒，以防影响免疫或治疗效果。

6.影响消毒效果的因素

(1)消毒药物要现用现配，有条件的要先测过氧乙酸的有效含量，注意消毒药物的有效期。如过氧乙酸是A、B两瓶装的使用前需将A、B两瓶混合摇匀后放置12~24 h后再用。现场消毒时要保证实效，除选择杀菌力强、效力较高的消毒药外，还必须注意消毒现场环境，以便以有效的方法进行彻底消毒。

(2)消毒对象如为物体或畜舍，则要求表面洁净，若存在有机物会造成消毒力的减低。因有机物可形成一种保护细胞的护罩，使药物不能接触菌体细胞壁。同时，有机物或其某些成分可与消毒剂作用，削弱了消毒剂的灭菌作用，甚至使其消毒作用消失。因此，在进行现场消毒时：首先要清除污物，特别是粪便要清除干净，否则效果不理想。其次要彻底清洗，可先用水冲洗，然后干燥，最后喷洒消毒药，也可用刷子除去污物，再使用大量消毒力强的药液，用高压动力喷雾器喷洒畜舍，这种方法省去了冲洗和干燥的过程，对一般污染的畜舍消毒效果也好。

（3）作为环境喷雾消毒的药物在使用前要先计算环境面积，按每立方米体积用稀释好的药液 80～100 mL，算出使用总体积后，均匀喷雾。用于喷洒的药物应按平方米计算，用药总量为环境喷雾量的倍数量。使用大量药液，以保证消毒效果。

（4）病毒无效的消毒药物严禁用于防疫消毒，如季铵盐类、酚类、乙醇等对。由于消毒药物质量或应用技术不当造成疫病传播流行的，将按法律法规进行严肃处理。

【扩展知识】

一、畜禽场常用消毒剂的性能及使用

1. 氢氧化钠（火碱）

强碱，高效广谱消毒药，对病毒、细菌等各种病原体均有较好效果，2％～5％的水溶液常用于鸡、猪、牛、羊、兔、狗等各种养殖环境、设施、设备喷洒和用具、衣物等浸泡消毒。如果舍内带畜消毒，浓度要降低些。价格低，方便配制。但氢氧化钠有较强的腐蚀作用，妥善保管，注意安全。

2. 过氧乙酸

强氧化剂，有腐蚀性，甲、乙两种药剂需在消毒前预先配制，属于高效广谱消毒药，作用迅速。对金黄色葡萄球菌、大肠杆菌、绿脓杆菌、普通变形杆菌、皮肤癣菌、酵母菌、各种芽孢菌、腺病毒、B 病毒、柯萨奇病毒、艾柯病毒和单纯疱疹病毒等病原体都能很好杀灭。0.1％～0.5％溶液主要用于畜禽各种环境、设备、用具等消毒，还常用于公共场所及污染源、污染物消毒，也用于器械消毒。

3. 漂白粉和含氯消毒剂

对金属、用具、衣物有腐蚀作用，属于卤素类消毒剂，还有：二氯异氰尿酸钠、氯胺 T、二氯异氰尿酸、双氯胺 T、卤代氯胺、清水龙等，对细菌繁殖体、细菌芽孢、病毒及真菌都有杀灭作用，还可破坏肉毒杆菌毒素。广泛用于牛、羊、猪、鸡、鸭等的传染性疾病发生的消毒，常用于公共场所及污染源、污染物消毒，同时也是生活饮用水消毒常用的药剂。0.5％～20％溶液广泛应用在用具、设备、车辆及环境的消毒，消毒后要彻底通风，防止中毒。保存漂白粉要注意，潮湿环境易失效，保证含氯量 25％以上，要现用现配。

4. 生石灰（氧化钙）

主要用于牛、羊、猪、鸡、鸭等动物养殖环境消毒，10％～20％石灰乳进行舍内、消毒池、运动场及道路的消毒，也用于污染源的消毒。

5. 高锰酸钾

强氧化剂，可有效杀灭细菌、病毒、真菌及细菌芽孢，并可破坏肉毒杆菌毒素。0.1％～5％溶液用于浸泡消毒，与甲醛配合对畜舍熏蒸消毒，也用于喷洒消毒，用具、水池等消毒。

6. 季铵盐类

以苯扎溴铵和百毒杀为代表，对细菌繁殖体有作用，对化脓性病原菌、肠道菌及部分病毒有较好的灭杀作用，对结核杆菌与真菌杀灭效果不佳，不能杀灭细菌的芽孢和亲水病毒，只能抑制作用。优点是毒性小、稳定性好、无刺激、无腐蚀、无过敏反应、安全，常应用于皮肤、黏膜的消毒，也用于畜禽舍环境消毒。

二、依据畜禽疾病应选用相应的消毒剂

1. 一般情况下，猪丹疹癣、布氏杆菌病、猪霉形体肺炎、禽霍乱等可选用10％～20％新石灰乳消毒。猪的主要疫病的消毒如表2-2所示。

2. 鸡新城疫、禽痘、鼻疽、口蹄疫、牛瘟、牛肺疫、马传贫等，可选用2％～5％氢氧化钠溶液消毒。

3. 炭疽、气肿疽等，可选用高浓度的氢氧化钠溶液消毒。炭疽杆菌病，多发于6～8月，可在5月开始消毒，选用20％漂白粉、0.5％碘制剂、0.5％过氧乙酸等消毒，对炭疽杆菌消毒效果显著。

4. 腺疫、牛瘟、布氏杆菌病、结核病、牛肺疫、山羊传染性胸膜肺炎、疥癣、寄生虫等，可选用高浓度的克辽林消毒。

5. 禽流感消毒时，必须先用去污剂清洗以除去污物，再用次氯酸钠溶液消毒后，用福尔马林熏蒸消毒。铁制笼具可采用火焰消毒。

表2-2　猪的主要疫病的消毒

病　名	药物及浓度	消毒方法	备　注
口蹄疫	5％氢氧化钠、4％碳酸氢钠	喷雾，每3 d 1次	用热消毒液
猪　瘟	5％氢氧化钠、5％漂白粉	喷雾，每5～7 d 1次	每天用敌百虫
毒杀蚊虫乙型脑炎	5％石碳酸、3％来苏尔等	喷雾，每5～7 d 1次	
猪流感	3％氢氧化钠、5％漂白粉	喷雾，每5～7 d 1次	
伪狂犬病	3％氢氧化钠、生石灰	喷雾，铺撒，每7 d 1次	
猪传染性肠炎 猪流行性腹泻	0.5％过氧乙酸、含氯消毒药等	喷雾，每7 d 1次	
大肠杆菌病	2％氢氧化钠、4％甲醛等	喷雾，先用氢氧化钠，再用甲醛消毒(间隔10 h)	
猪蓝耳病	3％氢氧化钠、5％漂白粉	喷雾，每3 d 1次	
猪细小病毒病	2％氢氧化钠、3％来苏尔	喷雾，每5～7 d 1次	
胸腹肺炎	3％氢氧化钠、5％漂白粉	喷雾，每5～7 d 1次	
萎缩性鼻炎	3％氢氧化钠、生石灰	喷雾，铺撒，每7 d 1次	
蛔虫病	5％热碱水、生石灰等	刷洗，铺撒，每10 d 1次	
球虫病	5％热碱水、生石灰等	每7 d消毒1次	

项目2　畜牧场废弃物的处理与利用

任务1　粪便的处理与利用

一、生产有机肥料

1. 利用生物发酵堆肥

(1)高温堆肥　在畜禽粪便堆肥发酵处理时，以干清粪便的方式(或者是具备废水固液分离条件），将固态粪便运到贮粪区，进行含水率、碳氮比、pH 等的调整，达到堆肥发酵的最适含水率 60%～65%，碳氮比最适 C/N 是 20/1[牛粪 C/N 为(20～23)/1，猪粪为(10～14)/1，鸡粪为 9～10/1]，pH 为 7.0～8.0。堆肥微生物喜微碱性，粪便贮藏时间久 pH 降低时，可加石灰调整。当粪便基本达到发酵所需条件时，进行堆肥发酵。

将畜禽粪便、微生物发酵菌剂、辅料(垫料、秸秆、杂草、垃圾)混合均匀，混合后物料含水量约为 55%，碳氮比为 25∶1 为宜。选择合适大小的水泥地面(或者在地面覆盖塑料膜)，堆制物料为长条形，高度在 1.5～2.0 m，宽度在 1.5～3.0 m，边堆制边在堆中均匀埋入通气管道(可用捆好的玉米秸秆代替)，要求通气管道下部着地，上部露头。在发酵的过程中温度变化，当温度达到 60℃时进行翻堆，当温度较低影响发酵时，需要覆盖塑料膜促进发酵。温度持续 15 d 达到 50℃以上之后，粪便发酵基本完成，可以进行田间施肥了，如果肥料发酵温度的较低应适当延长堆腐时间。

(2)传统堆肥发酵　将家畜粪便及垫料等运到贮粪区，平地分层堆积使粪便充分通气，粪便中有机物在微生物作用下进行腐化，经过 30～40 d 发酵腐化好的粪便就可以作为肥料使用。

(3)圈制堆肥发酵　畜禽的粪便不需要清除而在圈舍内发酵，在圈舍内铺一层垫料(如干土、碎秸秆等)，在垫料上撒上微生物发酵菌剂，当畜禽排泄的粪便达到一定量(根据畜禽粪便量和垫料的比例确定，使粪便和垫料混合后的碳氮比约为 25∶1，含水量约为 55%)，将粪便与垫料混匀，然后在混合物上面再铺上一层垫料，撒上发酵菌剂。根据圈肥量和生产要求进行清圈。

(4)生产特种肥料　为提高畜禽粪便的肥效价值，高温堆肥过程中可以根据畜禽粪便的肥效持性及植物对堆肥中营养素的特定要求，拌入一定量的无机肥及肥料添加物，使各种添加物经过堆肥处理后变成被植物吸收和利用率较高的有机肥料。这种处理方法得到了广泛应用，特别是特种种植业和园艺植物栽培，包括瓜果、花卉、苗木栽培等。

2. 干燥处理

畜禽舍内的粪便不清理，或将粪便置于大棚内(或发酵罐内)，利用通风装置进行通风干燥，或用微波干燥。还可将粪便在地面上摊薄进行自然风干或阳光晾晒。

3. 药物处理

将畜禽粪便加入常用的药物，尿素添加量为 1%(或敌百虫添加量为 10 mg/kg，或碳酸氢铵添加量为 0.4%，或硝酸铵添加量为 1%)搅拌均匀。在常温条件下经过 1 d 左右时间，就可对粪便起到消毒与除虫的作用，根据需要进行施肥。一般在急需肥料或血吸虫病、钩虫病流行的地区使用此方法。

4. 生产复合肥

高温堆肥结束，将肥料稳定化处理后，与经粉碎的氮、磷、钾矿物质肥料混合，经筛分、干燥可制成颗粒化复合肥(图 2-3)。颗粒化的复合肥具有营养丰富、养分均衡、施用方便、便于运输等特点。

图 2-3　大棚内生产的各种复合肥料

二、转化为能源

1. 粪便发酵生产沼气

(1)建造沼气池　根据各地区气候特点，按各地方政府能源办公室的定型设计，在地面以下建深 3 m、宽 1.2～1.5 m 的沼气池，沼气池一般由进料池、发酵池、储气室、出料池与导气管六部分组成(图 2-4)。其结构必须满足沼气生产的厌氧条件(图 2-5)。

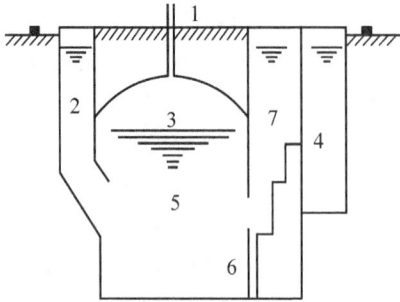

图 2-4　沼气池

1. 导气管；2. 进料池；3. 储气室；4. 使用池；5. 发酵池；6. 挡渣板；7. 出料池

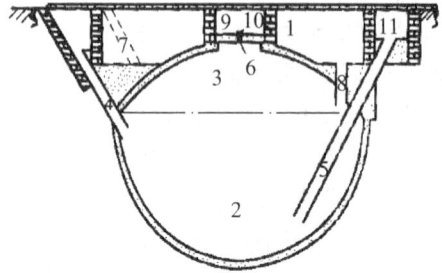

图 2-5　强回流沼气池结构

1. 水压酸化池；2. 发酵主池；3. 储气箱；4. 进料管；5. 出料管；6. 活动盖；7. 回流冲刷管；8. 限压回流管；9. 储水箱；10. 导气管；11. 出肥间

表 2-3　常用原料产气速度(占总产气量的百分比:%)

时间(d) 原料类别	0～15	15～45	45～75	75～135
猪粪	19.6	31.8	24.5	23.1
牛粪	11.0	33.8	20.9	34.3

(2)准备沼气原料　将畜禽粪便与其他原料(秸秆、垫料、青草等)搭配，人粪:青草:猪粪的比例为 1:2:2。调整配料的水分，原料与水量的比例以 1:1 为合适。调整沼气池内的 pH 保持在 7～8.5 为宜，pH 低时，可加石灰或草木灰中和。根据当地的气候特点选择适合不同温度(常温 10～26℃、中温 28～38℃、高温 48～55℃)下的发酵菌种，加入发酵菌种并经常进行搅拌，促进产气细菌的生长、发育和防止池内结壳。

(3)利用沼气残余物　沼液为池塘中的河蚌、滤食性鱼类等提供饵料，但要控制给量。沼渣脱水后可作为鱼、猪、牛等的饲料。一般常用作植物生产的有机肥料。在进行园艺植物的无土栽培时，沼液是良好的液体培育基。

2. 干燥粪便用作能源

(1)将畜禽的粪便进行自然风干后，投入专用炉中焚烧，供应生产用热。

(2)生产型煤　将牛粪按比例与煤混合:牛粪 96%～97%、无烟煤 2%～3%、助燃剂 1%、香味剂 1%，型煤热值达 4 000 k cal。

三、养殖生物

用畜禽的粪便养殖蚯蚓、蝇蛆、蜗牛、甲虫等低等动物，这些动物可以分解畜禽粪便，再将这些生物加工成蛋白质饲料，饲喂畜禽。

利用金龟甲、隐翅虫等甲虫分解粪便，将分解后的粪便推进并埋入土壤。

表 2-4　部分畜禽场沼气工程的产气水平

原料种类	工艺类型	装置规模（m³）	发酵温度（℃）	产气率（m³/d）
鸡粪	塞流式 塞流式 UASB＋AF UASB	21×60 100 200 128	35～50 50 30 23～25	2.4～4.0 3.0～3.6 1.35～2.08 1.0
猪粪	USR UASB＋AF	300 2×130	35～38 16～33	1.7～2.2 0.8～1.3
牛粪	USR	120	35	1.5

注：UASB 表示上流式厌氧污泥床；AF 表示厌氧滤器；USR 表示上流式污泥床反应器。

四、作食用菌的基料

一般将畜禽粪便和秸秆按 5∶5 或 4∶6 比例配制食用菌种植的主要基料。粪便要晒干、粉碎，然后进行堆制，当堆温达到 70℃左右时，翻堆 2～3 次。低温季节堆料要增加翻堆 1 次，堆期也要适当延长。由于高温灭菌时会使培养基成分进一步分解熟化，发酵腐熟度略轻些。

五、用作动物饲料

粪便高温干燥处理，目前主要是利用微波干燥技术，将鲜粪便先脱水 20% 后，置于传送带上通过干燥器进行三期的微波烘干，第一期加温至 500～700 ℃，粪便的水分迅速蒸发，进入第二期温度降到 250～300 ℃粪便内水分分层蒸发，末期温度继续下降至 150～200 ℃，做最后的烘干。在烘干过程中能杀灭所有致病的微生物和寄生虫卵。干燥后收集防潮贮存，供日常饲用。或将畜禽粪便按比例添加到农副产品（稻壳等）中，再加入益生菌制剂生产单细胞蛋白料。

【必备知识】

一、畜牧场污染

1. 畜牧场废弃物污染的原因

（1）畜牧业生产转向集中经营　过去的畜牧业以传统的小规模分散经营方式为特征，畜牧业在大农业生产中的比重较小，家畜生产过程中形成的废弃物可及时就地处理与利用，对环境的污染不严重。自 20 世纪 80 年代以来，随着国民经济的改善，畜牧业得到了大力发展，由农村副业发展成一个独立的产业，养殖规模由小变大，经营方式由分散到集中，饲养方式向高密度、机械化方向转变，使局部地区单位面积上载畜量大大增加。

（2）畜牧场由农区、牧区转向城镇郊区　传统的畜牧业以分散、小规模、农牧结合、饲料就地取材和粪尿就地施用为特征。随着我国近 20 年来城市化的进程，城市对畜产品的需求量大大提高，为便于加工和销售畜产品，畜牧业生产从农区、牧区转向城镇郊区。大量粪尿不能及时施于需要有机肥的农田与果园，使城郊土地承受过多畜产废弃物。

（3）农业生产从使用有机肥料逐渐转向使用化学肥料　随着化学工业的发展，化学肥料价格逐渐下降，加之化肥运输、储存、使用都较方便，且清洁、肥效快速，并没有的恶臭，使越来越多的农民在农业生产过程中首先选用化学肥料。农家肥体积较大、运输不便、肥效不高，而且具有恶臭气味，畜禽粪便作为农家肥在种植中应用越来越少，畜禽的粪便成了废弃物、污染物。

（4）兽药残留　兽医对药物使用的无节制和饲料添加剂的滥用，均可导致畜产品中药物之残留。

2. 畜牧场废弃物的来源

畜牧场废弃物的主要来源于畜牧生产的粪尿、污水、臭气、畜产废弃物等，造成空气、水质、土壤污染，破坏生态系统，恶化养殖环境。

3. 畜牧场废弃物的特性

畜牧场的废弃物主要包括家畜粪、尿、污水、废弃的草料和沉渣等。随着畜禽养殖量的增加，畜禽的粪尿排泄量也不断增加。据报道，一个 400 头成年母牛的奶牛的奶牛场，加上相应的犊牛和育成牛，每天排粪 30～40t，全年产粪 1.1 万～1.5 万 t。一个 1 万羽的蛋鸡场，若以每天产粪 0.1 万～0.5 万 kg 计算，全年可产粪 36 万～55 万 kg。不加处理很难有相应面积的土地来消纳数量如此巨大的粪尿，尤其在畜牧业相对比较集中的城市郊区，无处消纳巨量的粪尿。

畜禽养殖中产生的大量废弃物，含有大量的有机物质，如不妥善处理则会引起环境污染、造成公害，危害人及畜禽的健康。另外，粪尿和污水中含有大量的营养物质，尤其是集约化程度较高的现代化牧场，所采用的饲料含有较高的营养成分，粪便中常混有一些饲料残渣，在一定程度上是一种有用的资源。所以，如能对畜禽粪便进行无害化处理，充分选用粪尿中的营养素，就能化害为利，变废为宝。

畜禽的粪便由于畜禽种类、生长阶段、饲料成分、管理方式等的不同，畜禽的产粪量及粪便中的各种物质的含量与性质都有很大差异，如表 2-5 所示。

表 2-5　各种畜禽粪便的主要养分含量(%)

种　类	水　分	有机物	氮（N）	磷（P$_2$O$_5$）	钾（K$_2$O）
猪粪	72.4	25.0	0.45	0.19	0.60
牛粪	77.5	20.3	0.34	0.16	0.40
马粪	71.3	25.4	0.58	0.28	0.53
羊粪	64.6	31.8	0.83	0.23	0.67
鸡粪	50.5	25.5	1.63	1.54	0.85
鸭粪	56.6	26.2	1.10	1.40	0.62
鹅粪	77.1	23.4	0.55	0.50	0.95
鸽粪	51.0	30.8	1.76	1.78	1.00

4. 污染物造成的危害

（1）引起人体中毒　饲料中滥用添加物，可以引起人体中毒。如激素类似物盐酸克伦特罗，又名瘦肉精，其作为饲料添加剂可以提高动物的生长速度，增加瘦肉率，减少脂肪在体内组织中的沉积。在饲料中添加后，容易在动物组织和畜产品中产生蓄积。而且盐酸克伦特罗化学性稳定，使用蒸煮、烧烤和微波处理后，药物的残留并没有减少。人食用了含有克伦特罗残留的动物性食品后往往出现代谢加速和神经症状，主要表现为心跳加快、肌肉颤抖、肌肉疼痛、神经过敏和头疼等。在欧洲，1990 年前后应用盐酸克伦特罗作为饲料添加剂饲喂家畜，导致多起动物性食品集体中毒事件。

（2）引起过敏性反应　许多畜产品中抗菌素的残留可以引起人体过敏性反应，严重的也可导致死亡。牛奶中的青霉素残留就曾引发过严重的畜产公害。

（3）引起病原微生物的抗药性　饲料中低浓度保健药品的添加和畜产品中低量药物的残留，都可以使病原微生物逐渐产生抗药性，产生极毒菌株，一旦感染人畜，则难以医治与控制。

（4）致病、致畸、致突变　环境因素可影响生物体的遗传性质，使遗传性状产生突变。20 世纪 20 年代中期发现 X 射线可引起生物体突变，以后人们发现许多化学物质也有这种作用。随着环境污染日益严重，各种化学物质大量进入环境，使人类与动物出现更多的基因突变与畸胎。如氯乙烯除了能诱发人和动物肝血肉瘤外，还有致畸胎的作用。

（5）其他危害　环境污染使养殖场周围环境的空气、土壤和水体质量恶化，一方面使养殖动物的体质下降，容易继发感染各类传染性疾病和寄生虫疾病；另一方面，有害生物如病媒昆虫及致病微生物大量繁殖与孳生，使许多传染性疾病和寄生虫病容易传播与流行，造成更大的经济损失。在环境污染物中有些污染物为致敏源，可使污染区人、畜发生过敏反应。如硫化物可导致哮喘，铬可引起过敏性皮炎。

水体若受到有机物质污染，水体将有可能富营养化，因水体缺氧而产生大量异臭物质，污染物通过水体的污染影响畜禽健康，造成社会公害。

5. 污染的降解

污染物在非生物环境介质中迁移，总是由高浓度的地方向低浓度的地方进行扩散。那些具有蓄积性的化学污染物，易在生物体内富集，从无害富转为有害。如重金属元素铜、砷等在环境中降解缓慢，可长期残留，特别是可通过生物富集或生物转化污染环境。

6. 环境的净化作用

自然界通过物理、化学和生物学方法，对有害物质具有一定的去除、消灭、降解、转化、灭活作用，称之为环境的自净。物理自净方法主要包括沉淀、稀释和逸散作用。化学自净主要为氧化、还原、中和和转化作用。而生物自生物自净主要为吞噬、分解、灭活、拮抗作用。而污染物的排放超过环境的自净能力，就会造成长久的环境污染。

二、畜牧场环境保护措施

畜禽养殖业风险高、利润低，畜牧场的污染物也不同于工业、农业及生活的污染物，治理养殖污染的手段也因其污染源的成分不同而采用不同方式，加强环境保护，要防治结合，建立符合我国畜禽养殖业的环境保护体系。

2001 年 3 月，我国颁布了《畜禽养殖污染防治管理办法》，同年 12 月，又颁布了《畜禽养殖业污染物排放标准》（GB 18596—2001），提出了畜禽养殖业应积极通过废水和粪便还田或其他措施对所排放的污染物进行综合利用。2013 年我国征求意见稿的《畜禽养殖污染防治条例》，即将出台。

在贯彻落实科学发展畜牧业的基础上，合理规划畜禽养殖业污染防治工作，逐步实现生态环境资源的合理配置和高效利用，以实现自然生态与社会经济系统间协调、健康、持续发展。

1. 畜禽养殖废弃物处理的基本原则

（1）减量化原则　根据我国畜禽养殖的现状及污染物排放的特点，养殖生产过程中，通过选择合理的饲料原料，减少饲料中某些成分含量，提高畜禽群对日粮的转化率，使畜禽排泄物的数量和成分减少或改变，以降低对环境的压力，利于环境保护。养殖生产管理中采取清污分流、粪尿分离等手段削减污染物的排放总量。

①采取农牧结合方式来收集、处理、消纳和控制养殖业的污染物。当地养殖主管部门要科学规划养殖结构，限制畜禽的养殖数量，将畜禽污染物的排放控制在土地可以消纳的负荷之内。同时，大力提倡能够减少污染物排放的畜禽饲养方式。

②开展清洁生产，减少粪污生产与排放。从畜禽饲养的源头抓起，使用绿色安全饲料，进行标准化的管理，科学饲养，改进生产工艺，以降低污染物的排量。饲养过程中，通过品种改良，选择合理的饲料原料(如低植酸玉米等)，采用有效的配方和低蛋白日粮，实行分阶段饲养法或湿喂法，减少饲料浪费，以及适当使用酶制剂、植酸酶等，可实现污染物的减量排放。此外提高家畜的生产性能，也是减少氮和磷排泄量有效手段。

③使用环保饲料配方设计，减少排污和有毒有害物质的在粪便中残留。通过科学地设计饲料配方，并减少或不使用对环境有污染的饲料添加剂，提高畜禽对饲料的消化吸收能力，使粪便中氮、磷、铜等的残留降低，从而使环境污染减轻。

(2)无害化原则　畜禽养殖废弃物要进行无害化处理后再排放。

①对畜禽养殖产生废弃物进行有效生物处理，或进行消毒处理，以达到彻底杀灭废弃物中的细菌、病毒、寄生虫卵等有害微生物。

②严禁使用能在畜产品中残留有毒有害物质的饲料及饲料添加剂。从而控制重金属等有毒有害物质对畜产品和自然环境的污染。

③畜禽养殖中要严格执行《饲料药物添加剂使用规范》和《禁止在饲料和动物饮用水中使用的药物品种目录》的规定，控制畜产品和粪便中药残的含量，以达到对人的健康和生态环境无害。

④在畜禽养殖中采用先进的生产工艺，畜禽粪便等污染物处理使用先进的处理技术，以达到养殖废弃物无害化排放。

(3)资源化原则　将畜禽的粪便等废弃物进行科学处理，并作为肥料、燃料等合理利用，变废为宝创造更高的经济价值，进入自然的良性循环过程中。这是畜禽养殖废弃物处理的最佳方式。

三、畜禽粪便处理和利用

畜禽的粪尿是优良的有机肥料源，在改善土壤理化性状、提高田地肥力方面具有化肥不能代替的作用。但家畜粪便处理与管理不当会造成严重的环境污染，但若能经过无害化处理并加以合理利用，则可以变为宝贵的资源。

1. 畜禽粪便用作肥料

这是最根本、最经济的出路，世界各国最为推行的处理与利用方法，也是我国处理畜禽粪便的传统做法。在改良土壤和搞好绿色食品生产方面都有很多成功的先例。家畜粪便含有丰富的氮、磷、钾及微量元素等是植物生长所需的营养素，还有纤维素、半纤维素、木质素等经处理是植物生长的优质有机肥料，能改良土壤结构，增加土壤有机质，提高土壤肥力。例如，经过腐熟或发酵的粪便中的磷主要以有机磷形式存在，这种状态的磷肥被植物吸收与利用的效率显著，高于无机磷肥。农业生产实践也表明，各种瓜果在种植过程中施用畜禽粪便的有机肥，会增加成熟后的甜度和鲜度，农作物生长更为健康。施用农家肥料也使农业生产进入良性生态系统的循环。畜禽粪便用作肥料是最根本、最经济的出路，是世界各国最为常见的处理与利用方法，也是我国处理畜禽粪便的传统做法。这有利于改良土壤，发展绿色食品生产。

（1）堆肥法　堆肥分需氧堆肥法和厌氧堆肥法。

①需氧堆肥

a. 高温需氧堆肥原理　畜禽的粪便与其他有机物如秸秆、杂草、垃圾混合、堆积，控制适宜的相对湿度（70％左右），创造一个好气发酵的环境，微生物大量繁殖，导致有机物分解、转化成为植物能吸收的无机物和腐殖质。堆肥过程中产生的高温（50～70℃）使病原微生物及寄生虫卵死亡（表 2-6），达到无害化处理的目的，从而获得优质肥料。

表 2-6　家畜传染病和寄生虫的部分病原体致死温度与所需时间

病原名称	致死温度（℃）	所需时间
炭疽杆菌（非芽孢状态）	50～55	1 h
结核杆菌	60	1 h
鼻疽杆菌	65	10 min
布氏杆菌	抵抗力弱	2 h
巴氏杆菌	70～75	—
马腺疫链球菌	60	1 h
副伤寒菌	50	1 h
猪丹毒杆菌	70	15 h
狂犬病病毒	52～58	1 h
口蹄疫病毒	50～60	30 min
传染性马脑脊髓炎病毒	50	迅速
猪瘟病毒	60	1 h
寄生蠕虫卵和幼虫	50～60	30 min
		1～3（鞭虫卵 1 h）

b. 堆肥的物料要求　第一调整含水率。堆肥发酵最适含水率 60％～65％，低于 30％微生物增殖受抑制，高于 70％空隙率低空气不足。调整水分常见方法有四种：一是添加打碎的秸秆、稻壳、木屑或甘蔗渣等当地来源容易的农副产品；二是添加已发酵的堆肥；三是干燥；四是机械脱水。第二调整碳氮比。最适 C/N 是（20～35）/1。牛粪 C/N 为（20～23）/1，猪粪为（10～14）/1，鸡粪为（9～10）/1，所以堆肥处理时牛粪可不调整 C/N，而猪鸡粪需要。调整常用材料有稻壳（C/N 为 70/1）、菇类废弃木屑（C/N 为 57/1）以及木屑（C/N 为 298/1）等。第三调整 pH。堆肥微生物喜微碱性，即 pH 为 7.0～8.0，如果畜禽粪便贮藏时间久而 pH 降低时，可用石灰调整。第四混合均匀。畜禽粪便与调整材料混合均匀。

c. 堆肥发酵条件　养分、微生物、氧气、水分、温度、时间六项。

d. 堆肥发酵的三个阶段　第一阶段，温度上升期（产热阶段）。一般需要 3～5d，堆层基本呈 15～45℃的中温，需氧微生物大量繁殖，利用堆肥中有机物，进行旺盛的生命活动，放出热量，使堆肥增温。这些嗜温性微生物包括真菌、细菌和放线菌。第二阶段，高温持续期。温度达 50℃以上后，便维持在 55～60℃，此时，嗜温性微生物受到抑制甚至死亡，取而代之的是嗜热微生物，复杂的有机物（如纤维素、半纤维素、蛋白质等）在大量嗜热菌作用下，开始形成稳定的腐殖质，病原体及嗜中温的微生物和寄生虫卵逐渐死亡，杀死率达到 95%～100%。温度持续 1～2 周，堆肥中残留的和新形成的可溶性有机物质继续被氧化分解，堆肥中复杂的有机物如半纤维素、纤维素和蛋白质也开始被强烈分解。第三阶段，温度逐渐下降，随有机物质逐渐被分解，放出热量渐渐变少，只剩下部分较难分解的有机物和新形成的腐殖质。温度下降到 50℃ 以下，嗜热微生物逐渐减少，活性下降，嗜温性微生物又占优势，对残余较难分解的有机物做进一步分解，腐殖质不断增多且稳定化，堆肥进入腐熟阶段，需氧量也大大减少，含水率降低。堆肥的体积逐渐变小，堆内形成厌氧环境，厌氧微生物的繁殖，使有机物转变成腐殖质。

经高温堆肥处理后的粪便呈棕黑色、松软、无特殊臭味、不招苍蝇，卫生上无害。

②厌氧堆肥

a. 厌氧堆肥原理　畜禽的粪便在缺氧条件下利用厌氧微生物进行的腐败发酵分解，其最终产物除了二氧化碳和水以外，还有氨、硫化氢、甲烷和其他有机酸等物质，其中氨、硫化氢等物质有异臭气味，而且厌氧堆肥需要的时间也很长，完全腐熟需要几个月的时间。

b. 厌氧堆肥为两个阶段　第一阶段为产酸阶段。产酸菌将大分子有机物降解为小分子的有机酸和乙酸、丙醇等物质。第二阶段为产甲烷阶段。甲烷菌把有机酸继续分解为甲烷气体。粪便进行发酵过程中没有氧，酸化过程产生的能量较少，温度低，许多能量保留在有机酸分子中，在甲烷细菌作用下以甲烷气体的形式释放出来。厌氧堆肥的特点是反应步骤多，速度慢，时间长。

在堆肥过程中，有许多因素会影响堆肥效果，例如微生物的数量、温度、封顶堆料中有机物的含量、pH 和空气状况都会影响其效果。

③堆肥的注意事项

a. 堆肥时间随 C∶N、湿度、天气条件、堆肥运行管理类型及废弃物和添加剂不同而不同。运行管理良好的发酵堆肥在夏季堆肥时间一般为 14～30 d。复杂的容器内堆肥只需 7 d 即可完成。

b. 要注意对堆肥温度的监测，高温有利于微生物发酵并杀灭病原体，一般堆肥温度要求超过 55℃。

注意阶段性监测堆肥混合物的湿度，过高和过低都会使堆肥速度降低或停止。过高会使堆肥由好氧转变为厌氧，产生气味。

d. 气味是堆肥运行阶段的良好指示器。腐烂气味可能意味着堆肥由好氧转为厌氧。

(2)干燥处理　干燥法处理畜禽粪便的方式和工艺较多，常有微波干燥、笼舍内干燥、大棚发酵干燥、发酵罐干燥等方式。目前，干燥处理方式在我国养殖生产中采用的不多，处于探索阶段。其主要问题是投入的设施成本较高，而且干燥处理过程会产生明显的臭气。国内有部分中小型养殖场采用自然风干或阳光干燥法来干燥处理畜禽粪便，但处理过程中产生的臭气较重，引起畜牧场及周边环境的空气污染。这种方法还受到阴雨天的影响，得不到及时处理，降水会引起粪水的地表径流而造成环境的严重污染。无论何种干燥方式，对水冲畜禽粪便都应首先进行固液分离，然后再进行干燥处理。

(3)药物处理　主要目的是为杀灭畜禽粪便中的病原微生物和虫卵。选用药物时，应采用来源广、价格低、使用方便、灭虫和杀菌效果好、不损肥效、不引起土壤残留、对作物和人畜无害的药物。

常用药物主要有尿素，添加量为粪便量的 1%。敌百虫，添加量为 10 mg/kg。碳酸氢铵，添加量为 0.4%。硝酸铵，添加量为 1%。上述药物或添加物在常温情况下加入畜禽粪便一天左右时间就可起到消毒与除虫的效果。

2. 产生沼气

沼气是有机物质在厌氧环境中，在适宜的温度、湿度、酸碱度、碳氮比等条件下，通过厌氧微生物(甲烷菌)发酵作用而产生的一种可燃气体，其主要成分是甲烷(CH_4，60%～70%)、二氧化碳(CO_2，25%～40%)，同时还含有少量的 CO、H_2S、H_2 等。

(1)生产沼气的条件　良好的厌氧环境(发酵池必须严格密封)，适量的有机物和水分含量(畜禽粪便等有机物与污水之比 1：(1.5～3.0))，适当的温度(25～35℃)，适宜的 pH (6.5～8.5)和合理的 C：N　比例((25～30)：1)。

(2)生产沼气的原理　畜禽粪便中有机物厌氧发酵过程中将不断产生有机酸，若发酵液酸度过高，可加入适量的石灰等碱性物质来调节 pH。为了有效地利用含氮元素较高的鸡粪与猪粪进行沼气生产，通常需要在配料中加入一定比例的杂草、植物秸秆或牛粪等含碳元素较高的物料，以保持适宜碳氮比。在产气过程中有机物在厌氧菌(主要是甲烷发酵菌)作用下，使复杂的有机物(如纤维素、脂肪等)分解成糖和低级脂肪酸，再进一步分解成低级有机酸(如乙酸、丁酸等)，最后分解形成甲烷、二氧化碳、少量其他气体和菌体蛋白，并释放少量热量。

(3)沼气池组成　由进料池、发酵池、贮气池、出料池、使用池和导气管六部分组成。沼气池身通常建于地下。

(4)沼气发酵类型

①高温发酵，发酵温度在 45～55℃。由于温度高，有机物分解快，原料在池停留时间短，故适用于处理畜禽粪便、城市污水。这种发酵使用嗜高温菌种，发酵过程中需要维持较高的发酵温度，所以运行耗能大、成本高，实用价值相对较低。

②中温发酵，温度维持在 35～40℃。工艺特点与高温发酵基本相同，但原料消耗相对较慢，适用于大中型畜牧场处理畜禽粪便。

③常温发酵，发酵温度受外界温度影响而发生相应变化。目前农村中分散的小型沼气发酵池属于这种类型。由于发酵池的温度随着天气和季节的变化而变化。所以，夏季高温季节产气多，冬春寒冷季节产气少甚至不产气，沼气应用受很大影响。

3. 养殖生物

利用畜禽粪便养殖蚯蚓、蝇蛆等生物，这些生物多为杂食性、食量大、繁殖快、蛋白质含量高，由于它们处理与利用畜禽粪便的能力很强，而且是特种动物养殖的优质蛋白源，因此在处理与利用畜禽粪便方面也有一定的实用与经济意义。作为蚯蚓、蝇蛆的养殖要求畜禽粪便必须具有适宜水分含量，还需要有合适的碳、氮、磷元素比例。通常需要在鸡粪或猪粪中加入适量的杂草、牛粪或植物秸秆，调节碳、氮、磷元素比例[三者之比以(50～100)：(5～10)：1 为宜]，同时增加饵料的透气性。

含水量高的猪粪、鸡粪都是蝇蛆养殖的良好培养基。若能将牛粪等粉碎、加入少量的糠麸类原料和一定量的水，也是蝇蛆养殖的良好培养基。

4.种植食用菌

由于畜禽粪便中含有较多的纤维素、木质素等结构复杂的高分子碳水化合物，同时富含多种微量元素，常用于食用菌培养，尤其是经腐熟后的牛粪，是良好的食用菌培养基（图 2-6）。

图 2-6   以牛粪为基料生产双孢菇

5.通过水体食物链

将适量的粪便投到水体中，将有利于水中藻类的生长和繁殖，使水体能保持良好的生长环境。只是应控制好水体的富营养化，避免使水中的溶解氧枯竭。

从水体对畜禽粪便处理能力数据得知，水体对畜禽粪便处理的能力变化范围较大，主要是由于池塘水体处理畜禽粪便受许多因素的影响。主要包括：

①不同季节的水温和气流大小不同，水温高且有风，则水体处理畜禽粪便的能力强。

②鱼的种类多，特别是杂食性鱼类、滤食性鱼类多，则处理畜禽粪便能力强。

③鱼塘深度及四周状态，水体较深(2.5～3.0 m)鱼塘光线好，利用畜禽粪便能力强。

④畜禽粪便的质量及使用方法，水体对碳元含量高的牛粪处理能力低，而对氮磷含量高的鸡粪、猪粪处理能力强。此外，少量多次施用则能增强池塘水体对畜禽粪便处理能力。

⑤施粪为晴天处理与利用能力强于阴雨天，养鱼池塘施粪以晴天上午 10 时左右为宜。

6.用作饲料

家畜粪便用作养殖业饲料的研究和生产实践在国内外有许多报道，但由于畜禽粪便用作饲料的安全性问题，国内外还存在许多分歧。就世界各地的情况来看，目前发达国家已经较少利用畜禽粪便直接作为再生饲料进一步用于养殖业，包括我国在内的发展中国家还有部分养殖场，用畜禽粪便作为再生饲料用于养殖业中，但总的趋势是越来越少的养殖场将畜禽粪便作饲料资源进一步加以利用。特别是近年来，我国逐步提倡并实行放心、安全、优质农产品生产，对包括畜产品在内的农产品生产将提出越来越高的要求，畜禽粪便作饲料的空间越来越小，在经济相对较少发达的沿海地区以及外向型农业区域更会如此。

畜禽粪便饲料安全性问题主要包括：畜禽粪便中可能有高含量重金属铜、铬、砷、铅等的残留，各种抗生素、抗寄生虫药物的残留，大量病原微生物与寄生虫、虫卵等。但研究和实验表明：只要对畜禽粪便进行适当处理并控制其用量，一般不会对动物造成危害。若处理不当或喂量过大，则可能会造成家畜健康与生长的危害，并影响畜畜产品质量。

任务 2　污水处理与利用

一、过滤

在污水流入粪水池的渠道上倾斜设置栅条或滤网等设施，清除污水中的悬浮物，可除去 $40\%\sim65\%$ 的悬浮物，并使 BOD_5 下降 $25\%\sim35\%$。

二、沉淀

让过滤后污水流入粪水池中，经过 $12\sim24$ h 的沉淀，除去能够下沉的杂质。平流式沉淀池如图 2-7 所示。

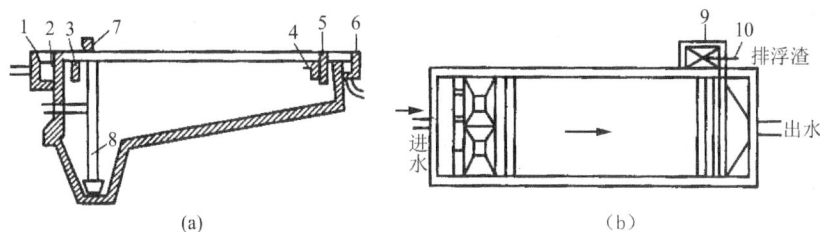

图 2-7　平流式沉淀池

1. 进水槽；2. 进水孔；3. 进水挡板；4. 浮渣槽；5. 出水挡板；6. 出水槽
7. 排泥闸门；8. 排泥管；9. 浮渣井；10. 排渣管

三、土壤处理

让污水流经荒坡、草地等，通过过滤、吸附、氧化、离子交换、生物拮抗等作用，净化水质，改良土壤。

四、自然好氧处理

将污水排放到人工的池塘或废弃的沟壑、荒滩、废地等处，保持水深 $0.2\sim0.5$ m，使阳光照到水底，利用需氧微生物分解有机污染物，净化水质。

五、人工湿地

模仿自然生态系统中的湿地，经人为设计、建造的，在处理床上种有水生植物或湿生植物，依靠植物和湿地净化、处理污水。

六、生物处理

1. 活性污泥处理

在污水中加入活性污泥并通入空气进行曝气，使污水中的有机物被活性污泥吸附、氧化和分解，达到净化污水（图 2-8）。

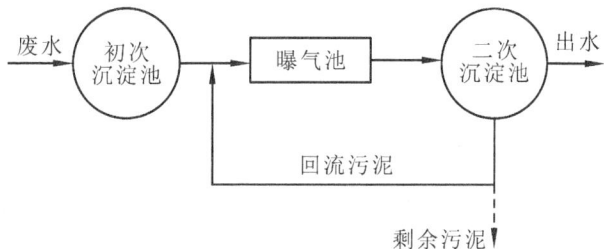

图 2-8　普通活性污泥法流程

2. 生物膜处理

建造污水处理设施，一般常用设施有：普通生物滤池、生物滤塔、生物转盘等。污水通过一层表面充满生物膜的滤料，生物膜上大量微生物，在氧气充足的条件下可氧化污水中的有机物。

【必备知识】

为防止畜牧场污水对周围环境及水体造成污染，必须有效地加强畜牧场管理，通过限制用水冲洗畜禽粪便，减少地表降水流入污水收集池和处理系统等一系列措施，减少污水产生量。同时，通过污水多级沉淀和固液分离，减少污水中有机物含量，畜牧场污水进行必要的处理，达标排放。

一、物理处理法

通过物理方法分离回收水中不溶解的悬浮状污染物质，主要包括重力沉淀、离心分离和过滤等方法。

1. 重力沉淀法

重力沉淀法指利用污水在沉淀池中静置时，不溶的较大的颗粒在重力作用下，在粪水中沉淀而除出固形物。

2. 离心沉淀法

离心沉淀法指含有悬浮物质的污水在高速旋转时，由于悬浮物和水的质量不同，离心力大小亦不同，而实现固液分离。该法对猪、鸡粪使用较困难，主要是粪便黏性大，投、取料不便。

3. 过滤法

过滤法是利用过滤介质的筛除作用使颗粒较大的悬浮物被截留在介质的表面，来分离污水中悬浮颗粒性污染物的一种方法。

二、化学处理法

通过向污水中加入某些化学物质，利用化学反应来分离、回收污水中污染物质，或将其转化为无害的物质。其处理的对象主要是污水中的溶解性或胶体性污染物的除去。常用的方法有混凝法、化学沉淀法、中和法、氧化还原法等。

三、生物处理法

此法主要靠水中微生物的作用来实现。参与污水生物处理的微生物种类很多，包括细菌、真菌、藻类、原生动物、多细胞动物如轮虫、线虫、甲壳虫等。其中，细菌起主要作用，它们的繁殖力强、数量多、分解有机物的能力强，很容易将污水中溶解性、悬浮状、胶体状的有机物逐步降解为稳定性好的无机物。根据处理过程中氧气的需求与否，可把微生物分为好氧微生物和厌氧微生物两类。

主要依赖好氧微生物和兼性厌氧微生物的生化作用来完成处理过程的工艺，称为好氧生物处理法。好氧生物处理时，微生物吸收有机物氧化分解成性质稳定简单无机物，同时使微生物自身得到生长与繁殖，微生物数量得到增加。好氧生物处理方法又有天然好氧生物处理法和人工好氧生物处理法两类。天然条件下好氧处理法一般不设人工曝气装置，主要利用自然生态系统的自净能力进行污水的净化，如河流、水库、湖泊等天然水体和土地处理等。人工条件下的好氧生物处理方法采取人工强化措施来净化污水，在生产上常用的有活性污泥法和生物膜法。

1. 活性污泥法

又称生物曝气法，是指在污水中加入活性污泥，经均匀混合并曝气，使污水的有机物质被活性污泥吸附和氧化的一种废水处理方法。含有机物的污水经连续通入空气后，其中好氧微生物大量繁殖所形成充满微生物的絮状物，因这种絮状物形似污泥具有吸附、氧化和分解污水中有机物的能力，故称活性污泥。许多细菌及其所分泌的胶体物质和悬浮物质黏附在一起，形成菌胶团，菌胶团是活性污泥的核心，它们能大量分解有机物而不被其他生物所吞噬，且易于沉淀。活性污泥法的关键在于有良好的活性污泥和充足的溶解氧，所以曝气是活性污泥法中一个必不可少重要步骤，曝气池是利用活性污泥法处理污水的主要构筑物。

3. 生物膜法

又称生物过滤法，是使污水通过一层表面充满生物膜的滤料，依靠生物膜上的大量微生物，在氧气充足的条件下可氧化污水中的有机物（图2-9）。生物膜是污水中各种微生物在过滤材料表面大量繁殖所形成的一种胶状膜。利用生物膜来处理污水的设备主要有生物滤池和生物转盘等。生物滤池分普通生物滤池和塔式生物滤池。与普通生物滤池相比，塔式生物滤池具有占地面积小、负荷能力高等特点，但其对污水预处理的要求较高。在生物滤池中，由生物黏附的转盘表面的生物膜转动，一半浸入污水，一半在液面以上曝气，故称生物转盘。生物膜交替通过空气及污水，保持好氧微生物的正常生长与繁殖，实现了微生物对有机物的好氧分解，使污水得到净化。据测定，BOD_5 为 320 mg/L 的污水充经生物滤池后，流出的污水 BOD_5 为 33 mg/L，BOD_5 的去除率高达 90%。

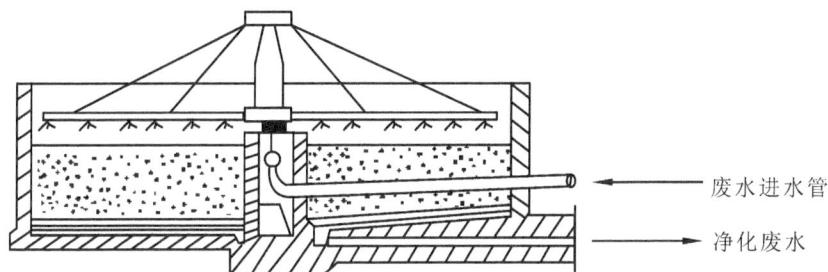

图2-9 普通生物滤池

任务3 其他废弃物处理与利用

一、垫料、垃圾的处理

一般畜禽的垫料和垃圾与粪便混合做肥料或生产沼气。或在场内下风向焚烧，烧后的灰做肥料或掩埋。

二、尸体的处理

1. 化制

将尸体放到特制的高压锅内，在 5 个大气压、150℃ 条件下进行蒸煮消毒，剩余产品烘干后做饲料。对于非传染病的畜禽尸体，用普通锅在 100℃ 以上的条件下进行熬制消毒。或将畜禽尸体放入特制的高温锅（温度达 150℃）内或有盖的大铁锅内熬煮。达到彻底消毒的目的。

　　2. 堆肥

　　将非传染病死亡的畜禽，分层埋置于堆制的发酵粪便中，按发酵条件与粪便与一起进行发酵堆肥(图 2-10)。

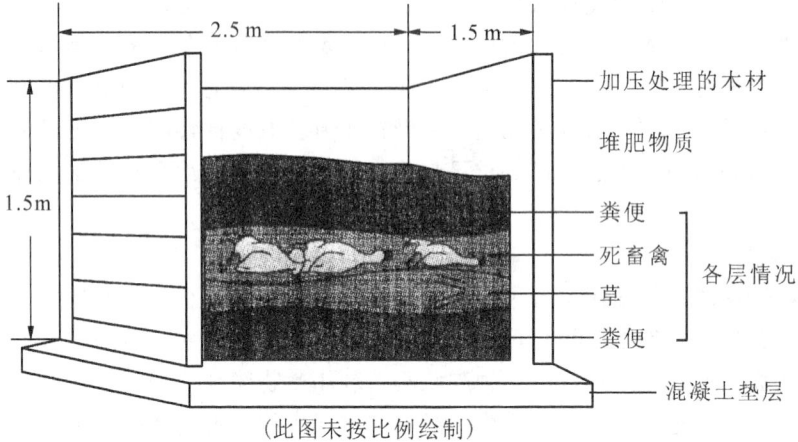

图 2-10　畜禽尸体堆肥处理箱

　　3. 填埋

　　距离住宅、牧场、水源 500～1 000 m 的地方，设置 2 个以上的混凝土结构填埋井，深度大于 2 m，直径 1 m，井口加盖密封。每次投入畜禽尸体后，覆盖 10 cm 厚度的熟石灰，井填满后用黏土填埋压实密封。没有填埋井的在离畜禽舍 500 m 以外的地方控深坑，坑周围洒消毒药，用塑料袋封装尸体深埋后，周围设栅栏并做标记。

　　4. 焚烧

　　挖十字形两条沟，长约 2.6 m，宽 0.6 m，深 0.5 m。在一条沟的底部放置干草和木柴，在沟的交叉处铺上潮湿横木，上面放尸体，尸体的上面和四周围上木柴，然后洒上柴油等油料进行燃烧。或用专门的焚烧炉焚烧。

　　三、孵化废弃物的处理

　　将孵化废弃物主要为蛋壳和各阶段的死胚高温消毒、干燥，再一起粉碎，或分别粉碎加工成为蛋白饲料和矿物质饲料。

　　【必备知识】

　　畜禽尸体含有较多的病原微生物，也容易分解腐败，散发恶臭，污染环境。特别是发生传染病的病死畜禽的尸体，处理不善，其病原微生物会污染大气、水源和土壤，造成疾病的传播与蔓延。病死畜禽尸体要及时处理，严禁随意丢弃，严禁出售或作为饲料再利用。我国《畜禽养殖业污染防治技术规范》(HJ/T 81－2001)规定病死畜禽尸体处理应采用焚烧或填埋的方法。养殖规模比较大的养殖场要设置焚烧设施，同时对焚烧产生的烟气应采取有效的净化措施。不具备焚烧、填埋条件的养殖场，可以采用以下方法来处理畜禽尸体。

　　一、畜禽尸体堆肥法

　　堆肥是处置死畜尸体经济有效的方法，对于非病死畜禽与粪便一起进行堆肥发酵，堆肥发酵通常分为两个阶段。第一阶段为初始堆肥期，是由一些大小一样的堆肥箱来完成的，装填死畜时要与添加物一起进行堆肥。第二阶段又称二级消化阶段，常采用一个容器或混凝土堆肥池，体积大于或等于第一阶段堆肥箱。畜禽尸体的堆肥发酵过程与粪便高温需氧生物发酵过程一致。

二、畜禽尸体土埋法

这种方法是利用土壤的自净作用使其无害化。此法虽简单但不理想，无害化过程缓慢，某些病原微生物能长期生存，容易污染土壤和地下水，并会造成二次污染，土埋法不是最彻底的无害化处理法，必须遵守卫生要求，埋尸坑远离畜舍、放牧地、居民点和水源，地势高燥，尸体掩埋深度不小于 2 m。掩埋前在坑底铺上 2～5 cm 厚的石灰，尸体投入后，再撒上石灰或消毒药剂，埋尸坑四周设栅栏并做上标记。

三、畜禽尸体发酵法

将畜禽尸体抛入尸坑内，利用生物热进行发酵，消灭病原微生物。尸坑为井式，深达 9～10 m，直径 2～3 m，坑口有一个木盖，坑口高出地面 30 cm 左右。当尸体堆到距坑口 1.5 m 处，盖封木盖，经 3～5 个月发酵处理后，尸体即可完全腐败分解。

处理畜禽尸体时，不论采用哪种方法，都必须将病畜的排泄物、各种废弃物等一并进行处理，以免造成环境污染。

任务 4　畜牧场恶臭控制

一、选用优质全价的配合饲料

全价优质配合饲料可以提高饲料的消化率，减少粪便的排出量和氮、硫、磷等有机物的含量，降低排泄物中蛋白质、脂肪等的残留，减少腐败分解产生的恶臭。

二、使用能够除臭的饲料添加剂

(1)在畜禽的饲料中添加益生菌、非淀粉多糖、酶制剂、酸化剂等，提高饲料的消化吸收，有效降低碳、氮、硫、磷等有机物的排泄，以减少臭味的产生。

(2)在畜禽的饲料中添加丝兰属植物的提取物等植物类添加剂，降低粪便的恶臭。

(3)在畜禽的饲料中添加天然的沸石、海泡石等具有开放型分子结构的矿物质，有很好的除臭效果。

三、在养殖环境中使用除臭剂

(1)粪便及畜床上撒硅藻土、膨润土、沸石等硅酸盐矿石吸附铵离子，抑制臭气的散发。

(2)将硫酸亚铁加工成粉状，撒在承粪板或贮粪池中，粪便变成酸性，不产生臭气。

(3)利用微生物分解、转化粪便中的臭气成分，从而控制臭气的产生。

(4)利用绿色植物吸收恶臭。

四、加强卫生管理

及时清理畜禽舍内的粪便、污水及各种废弃物。畜牧场内堆放、贮集的粪便、污水及各种废弃物尽快处理，以需氧方法来进行生物处理，减少臭气的产生，保持肥效价值。

【必备知识】

恶臭来源于畜禽粪便在堆积过程中厌氧微生物对粪便中的有机物进行发酵，主要是含氮、硫、碳、磷等元素的有机物厌氧分解出产生恶臭气味的有害气体，畜禽的粪便在潮湿时更易产生臭气，干燥粪便因缺少微生物活动必要的水分不能进行分解，产生有害气体较少。因此，使畜禽粪尿迅速分离和干燥，可以降低臭气产生。

我国很多畜牧场采用干湿分离的清粪工艺，畜禽排出的粪便由机械或人收集，而尿液、污水从排污水系统流走。该工艺可保持畜舍内清洁，臭味小且产生污水量少，易于净化处理。粪便中的养分损失少，肥料价值高。

由畜禽消化道排出的气体，畜禽舍内没有及时清理的粪尿和其他废弃物腐败分解产生恶臭。臭气的成分很复杂，主要含有氨、含硫化合物、胺类和一些低级脂肪酸类等多种化学物质，其中氨气含量最高。

控制这些恶臭气体常用方法有 3 种：第一种是吸收法，利用恶臭气体的物理或化学性质，用水或化学吸收剂对恶臭气体进行物理或化学吸收，达到脱臭目的。气体被附着在某种材料外表面，吸附的效率取决于材料的面积和质量，而面积和质量又取决于材料的孔隙度。第二种是利用化学除臭剂可通过氧化作用和中和作用等化学反应把有味的化合物转化成无味或较少气味的化合物。第三种是利用微生物来分解、转化臭气，最终使畜禽环境中臭气含量大幅度地下降。

【扩展知识】

一、环境对畜牧场造成的污染

1. 污染的产生

随着世界经济的迅速发展和生产力的快速提高，大量工业生产的"三废"、农业生产的废弃物和日常生活的垃圾等以气态、液态、固态的形式进入环境中，直接或间接造成畜牧场的污染。大气污染的主要污染物为 SO_2、NO_2、O_3、CO、碳氢化物、氮氧化物、苯类化合物、酚类化合物及空气中的悬浮颗粒物，这些颗粒物中有的含有有毒重金属、强致癌物及其他多种有机无机物。

2. 污染物的循环

大气污染物主要有有害气体和空气中的悬浮颗粒物，这些颗粒物中有的含有有毒重金属、强致癌物及其他多种有机无机物。水体污染后，进入水中的有毒物：铅、砷、汞、铬等重金属元素和农药、化肥，有机物含碳化合物、含硫化合物、含氮化合物等，还有随污染物进入水中的各种微生物，导致水体恶化。各种固体废弃物到处堆放和遗弃，导致土壤污染，同时也会迁移到水体的污染，大气和水体污染也会转移到土壤，而土壤污染又引起饲料的污染，即通过食物链造成动物和人的危害。

3. 环境污染对家畜的危害

当具有较大危害的污染物进入空气、水体、土壤和饲料中，通过呼吸道、消化道及体表接触等多种途径进入机体，可引起动物的急性、慢性的中毒。当出现特定污染物质中毒的特有症状，甚至死亡，称为急性危害。环境中低浓度的有毒有害污染物长期反复对机体作用，引起动物生长缓慢、抗病力下降、毒害物质在体内残留等，称为慢性危害。环境中有的污染物含量很小，但它可通过食物链以几倍至千万倍的浓度在生物体内富集，可对机体产生慢性危害。由于污染物对动物机体的影响是逐渐积累的，短期内不显示出明显的危害，但时间长，动物会出现生产性能和繁殖性能下降，机体逐渐消瘦，抗病能力下降，发病率增加，严重者造成慢性中毒而死亡。环境污染的慢性危害是个复杂的问题，特别是有些污染物浓度低，但危害时间长，会导致动物抗病力下降，易感染各种疾病。

二、世界各国对畜禽粪便的处理与利用情况

世界各国家和地区的非常重视畜牧业污染问题，尤其是发达国家已经对畜牧业污染列入技术规范化、防治法规化。对畜禽养殖场的建设管理严格，实施种养区域平衡一体化，控制畜禽粪便施用量，要求污染治理并达标排放。制定优惠政策，形成了法律、法规和技术规范的完整体系。

在技术上，从畜禽养殖场选址、建设、处理与贮存、综合利用等都作了规范。畜禽养殖污染治理思路明确，如加拿大以畜禽粪便的利用为主，实现畜牧业和种植业的高度结合，产生粪便污水经处理后，还田利用，基本没有污染物随意排放。采用的技术措施主要有：固液分离、畜禽污水处理、堆沤发酵处理和臭气散发防治等。

就世界各国的发展趋势看，发达国家的畜禽污染治理主要是采取畜牧业和种植业结合的方式，用充足的土地进行消化作为解决畜禽污染的出发点，采取独立处理、复合回收、循环共生、远程控制的现代综合利用技术，通过技术引导、技术指导、技术规范，制定有关政策、法规和国家法律进行多层次、多方面的管理，实现治理污染的目的。

发达国家从污染—治理—发展技术—加强管理的实践中实现了对养殖业废物处理利用技术发展和管理的有机结合。值得我们借鉴，我国应在进一步研发处理技术的同时，注重技术和管理相结合研究。

三、我国对畜禽粪便的处理与利用情况

近年来，我国的许多科研院所和企业开展了大量的技术研发和推广工作，在引进、消化、吸收国外同类技术的基础上，已经初步形成能源环保、能源生态等模式的畜禽粪便综合利用技术，相应的配套设备、设施、产品技术也基本完善。高效、低耗的畜禽粪便处理技术也进一步得到完善和提高。畜禽粪便的无害化、资源化处理和综合利用是今后我国畜禽粪便处理技术的发展方向，这有利于我国农牧业可持续发展和污染的治理。

1. 不同畜禽粪便肥效特点

畜禽粪便主要包括猪、牛、羊、马等家畜粪便和鸡、鸭等家禽粪便。根据畜禽粪便的排放方式、排泄量、养分含量等不同，应选择不同的处理方法。家禽粪便中有机质和氮、磷、钾养分含量都较高，并含有较多的钙等其他中量和微量元素，易腐熟，发酵时温度较高，属于热性肥料。猪粪质地较细，含有较多的有机质和氮、磷、钾养分，含有大量的腐殖质，对提高土壤肥力有很好的作用。牛粪含有较多的纤维素、木质素等较难分解，腐熟较慢，发酵温度较低，属于冷性肥料。羊粪质地较细，含水量少，羊尿中氮和钾含量较高，其氮素形态主要是尿素态氮，易被分解利用。马粪尿中有机质含量较高，还含有大量的纤维分解菌，在堆肥时能产生高温，属于热性肥料。

2. 畜禽粪便堆肥创新

(1)生物发酵堆肥技术　使用益生菌(主要是由光合细菌、放线菌、酵母菌、乳酸菌、丝状真菌、担子菌等组成)制剂堆肥，应用有益微生物活菌制剂处理畜禽粪便是科学、实用的处理方法，生产含有益微生物的有机肥是重要的肥料资源，这种生物有机肥料就是把有益微生物和有机肥协调结合起来，而形成的一种新型、高效的微生物有机肥料，有较好的发展前景。畜禽粪便经过发酵后基本上杀灭了病菌，虫卵等有害微生物，使环境得到改善和净化。

（2）畜禽粪便和秸秆混合堆肥技术　利用微生物在一定温度、湿度、pH 的条件下，使畜禽粪便和秸秆等有机物降解，形成一种类似腐殖质土壤的物质，用作肥料和改良土壤。处理过程中微生物需要大量的氧，在有氧条件下好氧微生物活动使有机物降解。堆肥化温度一般为 50～60℃，极限可达 80～90℃，这种方法处理粪便的优点是臭气少，肥料较干燥，容易包装、撒施，有利于作物植物的生长发育；缺点是堆肥过程中有部分氨氮的损失，不能完全控制臭气，堆肥发酵过程需要时间长。如采用发酵装置可以减少氨的损失和缩短堆肥时间。

秸秆与粪便生产的生物有机肥含有作物生长所需的氮、磷、钾等大量元素，又含有硫、钙、镁、锌、硼、钼、铜和铁等中微量元素，而且大多以有机形态存在。既可满足作物生长需要，还可提高作物对不良环境的适应能力。与化肥相比，有机肥具有不偏肥、不缺素，稳供、长效等特点。使秸秆等种植的废弃物也得到了无害化处理，并形成高效有机肥，增产增效，实现生态、经济都收益。

3. 畜禽粪便用作饲料

（1）粪便直接利用　将新鲜的兔粪按 3：1 代替麸皮拌料喂猪。用新鲜鸡粪按比例配制牛饲料，饲喂奶牛和肉牛。但要做好防疫卫生工作，防止疾病的发生与传播。

（2）自然干燥　将畜禽的粪便摊在水泥地面或塑料薄膜上进行自然晾晒，干燥后收集防潮贮存，供日常饲用。

（3）粪便发酵处理　将畜禽的粪便收集到氧化池中，利用池内的搅拌器进行充氧，使粪便中的有机物进行有氧发酵。发酵后可直接饲喂。

（4）粪便化学处理　按 10 kg 新鲜的粪便添加 17.5 g 的福尔马林（或乙烯），混合均匀，封闭 3h 以利于消毒粪便，处理后可作反刍动物的饲料。也可用氢氧化钠或甲基溴化物处理鸡的粪便，饲喂牛或羊。

（5）粪便膨化处理　单胃动物粪便中含有较多的氮、磷等营养成分，一般可以按常规饲料原料的一定比例添加到饲料中，然后进行膨化制粒，做鱼类的饲料。

（6）粪便青贮处理　将干粪与青饲料、麸皮按 50%、30%、20% 的比例配制，再加少许食盐，装入塑料袋、缸或其他容器进行密封青贮，夏季经过 20 天，冬季须 40 天发酵完成，就可饲喂畜禽。

四、通过养殖水生植物进行污水净化

利用水生植物能吸收污水中有害物质的特点，去除污水中有机物和其他有害物质，使净化后污水达到排放标准，形成一套回收利用的闭路循环生态系统，水生生物凤眼莲和细绿萍，具有发达须根和根毛，生长繁殖快，从污水中吸收本身需要的营养成分的同时，也能吸收污水中有害物质，对污水中的 COD、BOD、氨、氮、磷等均有去除能力，是一种理想的净化污水的水生植物，凤眼莲和细绿萍还可作生猪饲料，是理想、生态、环保的治理污染的措施，环境、经济、社会效益显著。

五、畜牧场恶臭的治理

畜牧场恶臭主要来自于家畜粪尿排出体外之后的腐败分解，家畜的种类不同，清粪方式、日粮组成、粪尿处理等的不同，恶臭的构成和强度有很大差异。

1. 产生恶臭成分

现已鉴定出的恶臭成分在牛粪尿中有 94 种，猪粪尿中有 230 种，鸡粪中有 150 种。这些恶臭成分可分为挥发性脂肪酸、醇类、酚类、酸类、醛类、酮类、胺类、硫醇类，以及含氮杂环化合物 9 类有机化合物和氨、硫化氢两种无机物。在畜牧生产中上述成分在粉尘的参与下多表现为复合臭。这些有害气体具有窒息性、刺激性、中毒性的危害，因有害气体产生量不同而危害程度不同。

2. 畜牧场恶臭治理的方法

(1)畜禽舍内降低恶臭　包括主要包括：控制饲养密度、加强舍内通风、限制饮水、及时清粪或设置漏缝地板、承粪板、机械搅拌装置以加速舍内粪便的干燥。

(2)畜禽粪便脱臭处理　包括土壤脱臭法、堆肥发酵脱臭法、大棚干燥脱臭法、锯屑脱臭法。

(3)在饲料中添加脱臭剂　包括丝兰属植物提取物、恶臭分解菌、沸石、腐植酸、矿物质添加剂(将碳酸氢钠 90%、硫酸亚铁 5% 和明矾 5% 制成粉状混合物，在饲料中添加 0.5%)、茶叶废料(茶叶废料中含有茶多酚，能吸附氨气、硫化氢等成分，同时能抑制产生恶臭成分的腐败菌的活动)。

项目3　畜牧场环境卫生监测

任务 1　水源水质监测

一、确定采样点

地面水根据各监测断面宽度合理布设采样垂线，依次再进一步确定每条采样垂线上的采样点数量和位置(表 2-7～表 2-9)。

表 2-7　每个采样断面上采样垂线条数的设置

断面宽(m)	垂线条数	说　明
≤50	一条	1. 垂线布设应避开污染带，要测污染带另加垂线
50～100	二条(近左、右岸有明显水流处)	2. 确能证明该断面水质均匀时可仅设中垂线
100～1 000	三条(左、中、右)	3. 凡在该断面要计算污染物通量时，必须按本表设置垂线
>1 500	至少设 5 条等距离垂线	

表 2-8　每条采样垂线采样点的设置

水　深(m)	垂线条数	说　明
≤5	1	水面下 0.3～0.5 m
5～10	2	水面下 0.3～0.5 m 处和水底以上 0.5 m 处
10～50	3	水面下 0.3～0.5 m 处，1/2 水深处和水底以上 0.5 m 处
>50		酌情增加

河面大于 100 m 的大河，且水量大及水流湍急，应设三条采样垂线，中线位于中心，左右两条垂线就布设于由中线至岸边的中间部分。

依据湖泊、水库的较深存在分层现象和水质有不均匀性，合理确定采样垂线和分层布采样点数。

表 2-9　湖(库)监测垂线采样点的设置

水　深(m)	垂线条数	说　明
≤5	一点水(面下 0.5 m)	1. 分层是指湖水温度分层状况 2. 水深不足 1 m，在 1/2 水深处设置测点 3. 有充分数据证实垂线水质均匀时，可酌情减少测点
5～10	二点(水面下 0.5 m 处，水底以上 0.5 m 处)	
10～50	三点(水面下 0.5 m 处，1/2 斜温层处，水底上 0.5 m 处)	
>10	除水面下 0.5 m 处，水底上 0.5 m 处外，按每一斜温分层 1/2 处设置	

二、确定采样时间与频次

1. 水系的背断面每年采样一次。

2. 国控水系河流、湖、库上的监测断面，逢单月采样一次，全年 6 次。

3. 饮用水源地、省(自治区、直辖市)交界断面中需要重点控制的监测断面每月至少采样一次。

4. 受潮汐影响的监测断面的采样，分别在大潮期和小潮期进行。每次采集涨、退潮水样分别测定。涨潮水样应在断面处水面涨平时采样，退潮水样应在水面退平时采样。

5. 如某必测项目连续三年均未检出，在断面附近确无新增排放源，且现有污染源排污量未增的情况下，每年可采样一次进行测定。一旦检出，或在断面附近有新的排放源或现有污染源有新排污量时，即恢复正常采样。

6. 遇有特殊自然情况或发生污染事故时，要随时增加采样频次。

7. 深层地下水，每年测定 1～2 次即可。地面水在每月上旬采样一次，如遇异常情况，则必须加密采样一次，如果要了解污染情况应连续测定。若有以水为传播媒介的重大疫情，要每天进行检测，直到疫情解除。

三、采集水样

如果要采集的水样是没有抽水设备的井水或江、河、湖、水库等地面水时，使水样采集器位于水面下 20～50 cm 处，将水样采集器用水样水冲洗 2～3 次，然后取水样 2 L，放入水样瓶中，使水样瓶中的水面距瓶塞 2 cm 左右。若要采集水样具有抽水设备地下水，先启动抽水设备放水数分钟，将留存在水管中残水放出，再收集水样。

1. 对于物理、化学检测用水样，当水样中含有较多的油类时，选用有塞磨口玻璃质地的水样瓶。要测定水样中无机盐类时，应使用聚乙烯塑料质地的水样瓶。

2. 要检测水样的细菌学指标时，采集和检测水样所用的设备仪器必须提前进行消毒灭菌。并且进行无菌操作。采集水样的量一般为 400 mL 保证在采样、运送、保存过程中不受外界微生物污染。

3. 水样采集后尽快送检，供卫生细菌学检测不应超过 2 h，在冰箱中低温保存也不应超过 4 h，否则影响检测结果。

4. 做好水样采集记录工作，即水源种类、水样编号、数量、水温、空气温度、采样地点和深度、时间及分析项目、检测单位、采样人等。

【必备知识】

一、饮用水的卫生要求

水是保证生物生存的重要环境因素，也是生物机体的必要组成部分。水在维持机体的正常生理活动和生命机能方面起关键作用。家畜体内所需要的微量元素，一部分是从饮水中获得的。此外在畜牧业生产过程中饲料的清洗与调制、畜舍及用具的清洗、畜体的清洁、环境的改善等都需要大量水。

如果水质不佳或水体受到污染，就会导致疾病的发生与传播，引起生物地球化学性地方病。水量供应不足可使家畜的健康和生产力受到不良影响。只有满足畜牧生产对水的质和量的要求，才能保证家畜的健康并不断提高生产力。

我国现已公布和贯彻执行的水质卫生标准，有《生活饮用水水质标准》《地面水水质卫生标准》《废水排放标准化》等。它们之间既有区别，又有一定的联系。生活用水卫生标准是保证水质适于生活饮用，与人、畜健康有直接关系，它是对饮用水进行水质评价和水源管理的依据。地面水水质卫生标准是保证地面水适于人民生活使用和工农业生产，是评价地面水污染状况和对废水排入地面水进行监测工作的依据。废水排放标准是车间或工厂排出口的废水水质必须达到的要求，是保证地面水水质不致受到污染的规定。

《生活饮用水水质标准》(GB 5749—85)为全国通用设计标准，分总则、水源选择、水源卫生保护、水质检验等五部分，共计 21 条。生活饮用水水质标准制定所依据的基本卫生学原则有以下三项：

(1)保证流行病学上安全，即要求饮用水中不含病原微生物和寄生虫卵，以防止介水传染病和寄生虫病的发生和传播。

(2)水中所含化学物质对机体无害，即要求水中所含有害物质的浓度和微量元素的含量对机体健康不会引起急性、慢性中毒或其他不良影响。

(3)水的感官性状良好，对感官无不良刺激。

分散式给水的水质，其毒理学指标应符合上表规定，其他指标如暂时达不到水质标准时，有关部门应发动群众，积极开展爱国卫生运动，改善环境卫生，采取行之有效的饮水净化措施，不断提高给水质量。

关于家畜的饮用水的水质标准，目前我国还没有明确的规定，但可参照上述标准执行。对农村和条件较差的牧场，在执行上述标准时，允许有灵活性，即要求毒理学指标必须符合水质标准，而其他指标如暂时还不到水质标准时，一方面应尽可能采取措施提高给水水质，另一方面要避免提出不切实际的要求。

二、饮用水的卫生评价

1. 感官性状指标

饮用水一般卫生性状，通常可用眼、鼻、舌等感觉器官去直接观察(也可用仪器检查)，故称它们为感官性状指标。

(1)水温　水的比热很大，水温不易发生剧烈的变动，如果超过正常的变动范围，表明有污染的可能。水温也影响水中细菌的繁殖和水的自净作用。在水质检验时，采水样的同时，必须记录水温。

（2）色 清洁的水是无色，当水层深时呈浅蓝色，水体呈现异色时，必须分析原因。如含腐殖质时呈棕色或棕黄色，大量藻类繁殖时呈绿色或黄绿色，深层地下水含大量低价铁，汲出地面后氧化成高铁而呈黄褐色。被不同工业废水污染的水，可出现各种各样的颜色。一般用钴铂比色法测定，以"度"表示。我国规定水色不超过 15 度。用肉眼观察，是无色的感觉。

（3）浑浊度 表示水中所含悬浮物多少的指标。清洁的水是透明的。泥沙、有机物、矿物、生活污水、工业废水都可使水的浑浊度增加。水的浑浊度可影响水的感官性状。被污染的浑浊水大多适于微生物的生存，有引起介水传染病的危险。浑浊度以 1 L 蒸馏水中含有 1 mg 二氧化硅（一般以一定规格的白陶土比浊液为标准）为一个浑浊度单位。我国饮用水卫生标准规定浑浊度不得超过 5 度，即用肉眼看起来清澈透明，不浑浊。

（4）嗅 清洁的水没有异臭，而被人畜粪便、工业废水污染或水中大量藻类死亡、含硫地层的地下水，都可产生异臭。水臭通过嗅觉来判断，描述臭的性质。一般用无、微弱、弱、明显、强、很强五个等级来描述臭的强度，测定时还需记录臭的性质，如鱼腥臭、泥土臭、腐烂臭等。我国饮水卫生标准规定饮水不得有异臭。

（5）味 清洁的水应适口而无味。当水中溶解的各种盐类和杂质，可以产生咸、涩、苦或铁味等。如铁盐带涩味，硫酸镁带苦味等。当水受到生活污水或工业废水污染时，也可产生各种异味。因此，当水有异味时，应首先查明原因，再作卫生评价。水味与水臭一样，可用味觉来描述，按五级表示强度。在检验有污染可能的水时，须经煮沸后才能尝味。我国规定，饮水不得有异味。

（6）肉眼可见物 指水中含有的，凡是肉眼可见的微小生物和悬浮颗粒。它是水不清洁的标志。饮水中不得含有肉眼可见物。

2. 化学指标

（1）pH 天然水的 pH 一般为 7.2～8.6。当水质出现过碱过酸反应时，则表示水有受到污染的可能。当水源受到有机物及各种酸、碱废水污染时，pH 便发生明显变化。另外，水的 pH 过高，将会引起水中溶解盐类的析出而恶化水的感官性状，并降低氯化消毒的效果。若水的 pH 过低时，则能加强水对金属（铁、铅、铝）的溶解，而且有较大的腐蚀作用。我国规定饮水的 pH 为 6.8～8.5。

（2）总硬度 水的硬度取决于水中钙、镁离子的含量。其中经煮沸生成沉淀而除去的碳酸盐硬度称为暂时硬度；煮沸后仍可存在于水中的非碳酸盐硬度称为永久硬度，两者之和称为总硬度。生活饮用水水质标准规定水的总硬度（CaO）不超过 250 mg/L。

（3）铁 地下水含铁量较地面水高。饮水含铁对机体并无毒害，但含铁量过高的水具有特殊气味，影响饮用，并能使铁细菌大量繁殖，而致堵塞水管。在水中含重碳酸亚铁超过 0.3 mg/L 时，易被氧化成黄褐色的氢氧化铁，使水发生浑浊。这种水在乳品生产部门中，可使乳品产生不良气味，使干酪产生锈斑。我国规定饮用水中铁含量不得超过 0.3 mg/L。

（4）锰 来自工业废水和自然界。微量锰可使水呈现颜色，影响水味，多者出现"黑水"。锰的慢性中毒，可使肝脏脂肪变性，其他脏器充血，并可使衣物、器皿等着色。水中的锰通常与铁伴同出现，它在水中不易氧化，难以排出。我国规定，水中锰含量不得超过 0.1 mg/L。

（5）铜　随工业废水污染水体，达 1.5 mg/L 时，有明显的金属味，可使衣物、器皿着色。人长期摄入 100 mg/d 铜可引起肝硬化。我国规定，水中锰含量不得超过 1 mg/L。

（6）锌随工业废水进入水体，或镀锌管道因水 pH 降低而使锌进入水中，达 5～10 mg/L 时，有金属涩味，使水混浊。长期摄入较多的锌，轻者刺激胃肠道，重者引起锌中毒。我国规定饮水含锌量不得超过 1 mg/L。

（7）挥发性酚类　天然水中并不含有此类物质，它来自工业污染。这类物质本身的毒性并不大，但可使水带异臭饮水加氯消毒时，酚与氯结合，形成氯酚，恶臭更浓。慢性中毒出现神经衰弱症候群、消化紊乱和贫血症状。动物长期摄入，妨碍生长发育。

（8）阳离子合成洗涤剂　主要来自生活和工业废水，化学性质稳定，较难分解和消除，可使水产生异臭、异味和泡沫，妨碍水的净化处理。

（9）含氮化合物　包括氨氮、亚硝酸盐氮和硝酸盐氮，简称"三氮"。氮是含氮有机物质的分解产物。人、畜粪便中含氮有机物不稳定，容易分解成氨，故水中氨氮含量增高时，表示人畜粪便的新近污染。当水不有氧存在时，氨可进一步被微生物转化为亚硝酸盐、硝酸盐。水中亚硝酸盐氮含量增高，表示有机物分解过程还在继续，污染危险依然存在。硝酸盐是含氮有机物分解的最终产物，如水仅硝酸盐氮含量增高，说明污染时间已久。根据它们的变化规律，可以帮助人们了解水体的污染与自净状况。因此测水中的"三氮"有一定的卫生学意义。

①氨氮　动物性有机物的含氮量一般比植物性有机物高。同时，人、畜粪便中含氮有机物很不稳定，容易分解为氨。值得注意的是流经沼泽地或泥炭地的地面水源可因植物性有机物的分解而致氨氮含量增高，含铁高的地下水中硝酸盐与低价铁作用以后也可以还原为氨，这些卫生上意义不大。工业废水和农田氮肥污染水体，也可使氨氮量增加。因此，水中发现氨时，一定要判明其来源。一般水中氨氮含量不应超过 0.05 mg/L。

②亚硝酸盐氮　氨经过氧化形成亚硝酸盐。若水中出现过多表明有机物的分解过程还在继续进行污染的危险依然存在。但应注意，自然原因如雷雨也会形成亚硝酸盐；沼泽水和深层地下水的硝酸盐也可以还原为亚硝酸盐，这些却下污染无关。因此，须先弄清来源才能作出正确评价。亚硝酸盐氮既是水体污染指标之一又是一种化学毒物。良质的饮水不应含有或仅有痕迹量 0.002 mg/L。

③硝酸盐氮　是含氮有机物分解的最终产物。少数情况也可能来自地层或沼泽地。若水体中仅硝酸盐含量高，而氨氮和亚硝酸盐氮含量都低，则说明污染时间已久，自净已经结束，或者表示这些硝酸盐氮可能来自地层而非污染。硝酸盐是水体被污染的指标之一，一定条件下还可还原为亚硝酸盐，有使动物中毒的危险，应限制其在饮水中的含量不超过 10 mg/L。

（10）溶解氧（DO）　溶解于水中的氧，称为溶解氧。水中溶解氧的量与空气中氧的分压和水温有密切关系。一般来讲，水中含氧量主要受水温的影响较大，即水温越低，溶解氧就越多。在正常情况下，清洁地面水的溶解氧接近饱和状态。水中植物由于光合作用而放出氧，可使水中溶解氧呈过饱和状态。地下水由于不接触空气，溶解氧较少。

溶解氧是水中有机物进行分解的重要条件，大量有机物进入水体时，溶解氧急剧消耗，如耗氧速度超过复氧速度，则水中溶解氧不断降低，甚至接近于零。此时水中厌氧细菌繁殖，有机物发生腐败，使水发臭。因此，溶解氧是判断水体是否受到有机物污染的间接指标。在流动的江、河水中不同地段取水样测定溶解氧，可以了解该江、河不同地段水质污染和自净能力的状况。

(11)生化需氧量(BOD)　水中有机物在需氧微生物作用下，进行生物氧化分解所消耗的溶解氧量称为生化需氧量。水中有机物越多，生化需氧量就越大。在一定范围内，温度越高，生物氧化作用越剧烈，完成全部过程所需时间越短，生化需氧量越低。在实际工作中，常以 5 d 生化需氧量(BOD_5)来表示。BOD_5 即 200C 时，培养 5 d 后，1 L 水中减少的溶解氧量。

BOD_5 能相对地反映出水中有机物的含量，是评价水体污染的重要指标。因为当有机物刚进入水体不久，或由于水体温度较低，有机物分解缓慢，即使污染较严重，水中氨氮量和溶解氧量也可能反映不出污染状况，而生化需氧量则能反映出来。但是，水中如存在亚硝酸盐、亚硫酸盐等还原性无机物时，也会增加水的生化需氧量，这时必须作全面分析，结合其他指标，进行综合评价。清洁江、河水 BOD_5 一般不超过 2 mg/L。

(12)耗氧量(COD)　用化学氧化剂氧化 1 L 水中的有机物所耗的氧量，它是水中有机物污染的一项间接指标，只能相对地反映出水中易氧化的有机物含量。因为被氧化的物质包括水中能被氧化的有机物和还原性无机物，而不包括化学上较稳定的有机物，其测定时完全脱离有机物在水中被微生物分解的条件，所以没有生化需氧量准确。

3. 毒理学指标和放射性指标

饮水的毒理学指标是指水质标准中所规定的某些毒物，其含量超过标准便会直接危害机体，引起中毒。

(1)氟化物　水中含氟量低于 0.5 mg/L 时能引龋齿，而超过 1.5 mg/L 时则可引起氟中毒。因此，饮水卫生标准中规定含氟量不应超过 1.0 mg/L，适宜浓度为 0.5～1.0 mg/L。

(2)氰化物　水中氰化物主要来源于各种工业废水。长期饮用氰化物含量较高的水，可引起慢性中毒，表现出甲状腺机能低下的一系列症状。饮水中氰化物不得超过 0.05 mg/L。

(3)砷　天然水中微量的砷对机体无害，含量增高有剧毒。水中砷含量增加主要因为工业污染，也与地层中含砷量高有关。饮水中砷含量不得超过 0.04 mg/L。

(4)硒　水中含硒量与土壤中的含硒量有关。饮水中含硒量不得超过 0.01 mg/L。

(5)汞　水中的汞主要来自工业废水(如用汞仪表厂、氯碱厂等)。含汞废水进入水体后，汞能迅速沉淀于底泥中长期沉积，水质只是得到暂时的净化，一旦底泥泛起，又会再次污染水体。沉积于水底泥中的无机汞经厌氧微生物的生物甲基化作用，可转化为毒性更强的甲基汞(有机汞之一)，甲基部分沉积于淤泥中，部分溶于水中，再经生物富集作用，最后通过"食物链"对人和动物带来更大的危害。饮水中汞含量不得超过 0.001 mg/L。

(6)镉　天然水中不含或很少含镉，水中的镉主要来源于锌矿(镉与锌常相伴存在)和镀镉废水的污染。镉和镉的化合物都是化学毒物。当饮水中镉含量达到 0.035～0.26 mg/L 时，长期饮用可引起危害。饮水中镉含量不应超过 0.001 mg/L。

(7)铬　天然的清洁水不含铬，水中铬的来源主要是电镀、印染、制革等含铬工业废水的污染。铬一般以六价铬和三价铬两种形式存在，六价铬毒性比三价铬高出 100 多倍。据报道，铬除了引起中毒外，还有致癌作用。水中六价铬含量若超过 0.1 mg/L，将对机体产生毒性作用。按六价铬计，饮水中不得超过 0.05 mg/L。

（8）铅　天然水中不含铅，只有水质受到含铅工业废水污染，或流经含铅矿层时，水中含铅量才大量增加。水中含铅量超过 0.1 mg/L 时可引起慢性铅中毒，故规定饮水中铅含量不得超过 0.1 mg/L。

（9）放射性指标　包括总 α 放射性和总 β 放射性。对这些指标应严格要求，均不得超过水质标准规定的限量。

4. 水的细菌学指标

水体受到工业废水、生活污水、人畜粪便污染，可使水中细菌大量增加，肠道传染病可通过水传播和流行。但水中细菌很多，直接检验水中各种病原菌，方法复杂，时间长，而且得到的阴性结果也不能绝对保证流行病学上的安全。通常是检查水中的细菌总数、大肠菌群、游离性余氯来间接判断水质受到污染的状况。

（1）细菌总数　是指 1 mL 水在普通琼脂培养基中，于 37℃，经 24 h 培养后，所生长的细菌菌落总数。水中细菌总数越多，说明水体污染越严重，同时也说明水体中存在着有利于细菌生长繁殖的条件。但是水中细菌总数的增加，并不能直接说明全是病原菌的存在。不同地区，水体自然因素的不同，其细菌总数的差异很大。饮用水中细菌总数不得超过 100 个/mL。

（2）大肠菌群　一般用大肠菌群指数和大肠菌群值表示水中大肠菌群的量。大肠菌群指数是指每升水样中所含大肠菌群的数目。大肠菌群值是指发现一个大肠菌群的最小水量，即多少毫升水中发现一个大肠菌群数。

在正常情况下，肠道中主要有大肠菌群、粪链球菌（肠球菌）和厌氧芽孢菌三类，它们都可随人、畜粪便进入水体，由于大肠菌群在肠道内数量最多，在外界环境中生存条件与肠道致病菌相近，且检验技术较简单，所以水体中大肠菌群的增加，是直接反映水体受人、畜粪便污染的一项重要指标。饮用水中大肠菌群指数不应超过 3 个/L。

（3）游离性余氯　一般情况下，生活饮用水的消毒为用氯化法。为了保证饮用水的安全，氯化消毒后必须剩余部分游离性氯，这些剩余的氯，称为余氯。若水中测不出余氯，说明水的消毒还不彻底。水中有余氯，说明水的消毒基本可靠。所以，余氯是用以评价消毒效果的一项指标。饮用水卫生标准规定，在接触 30 min 后，游离性余氯含量应不低于 0.3 mg/L，自来水管网末梢水余氯不低于 0.05 mg/L。

三、水体的污染

1. 水体的污染源

水体的自然污染指水中的生长、繁殖及死亡后的生物残体分解，在水中形成不良颜色和放出难闻臭气，称为水体的"本身污染"。还有如火山爆发、山洪暴发、雨水侵蚀等也造成水体的自然污染。但由于人类的活动，向江河、湖泊等水中排放大量未经处理的工业废水、灌溉回流水、生活污水及各种废弃物，造成水质恶化，这是人为的水体污染。通常所说的水体污染是指人为的水体污染。进入水体中的污染物主要有：

（1）工业生产如化工、炼油、电渡、冶炼、放射性矿、核电、颜料、化学肥料等产生含有大量有毒有害物质的废水，违规排放，造成水质的污染。

（2）轻工业生产中如造纸、制糖、食品加工、生物制品、制革、屠宰厂等产生含有大量的腐败性有机物，排入水源。

（3）居民生活、医院及畜牧生产等产生含有大量微生物的污水。

2. 水污染对畜禽的危害

(1)引起介水传染病的流行　病原微生物进入水体可导致介水传染病的流行。例如炭疽、布氏杆菌病、钩端螺旋体病、结核、口蹄疫、马鼻疽、猪瘟、猪丹毒、禽流感、鸡新城疫、禽霍乱等均可通过水传播，特别是水禽的传染病。以水为媒介的传染病的流行，与水体污染的程度以及水中病原微生物存活的时间等因素有关。一般情况下，随着污染物进入水体的病原微生物很快死亡。因此，天然水偶然一次污染，不一定就会造成介水传染病的流行，但决不能忽视可能引起传染、流行的危害性。所以，对可能受到病原微生物污染的水源，应特别注意监测与保护。

(2)引起中毒　污染水体中的铅、砷、汞、氟、有机磷农药等化学物质，对动物有机体有一定的毒性，可能会引起急、慢性中毒。在一般情况下，饮水引起的急性中毒事例比较少见。但如果水源长期受到污染，有毒物质含量虽低，仍可导致机体慢性中毒。

四、水体的自净

1. 水体自净的卫生学意义

水体受到污染以后由于物理、化学、生物学等的综合作用，使污染逐渐消除的过程，称为水体的自净。水体的自净是有限度的，当污染物浓度超过水体的自净能力时，其污染不能自行消除。

2. 水体自净主要表现在以下几个方面：

(1)混合稀释　污染物进入水体后，逐渐与水混合稀释，降低浓度，最后达到不能引起危害的程度。

(2)沉降与逸散　污染物进入水体后，其中密度大、颗粒直径大的悬浮物，因重力作用而下降。水中胶质微粒，因吸附周围污染物结合成团，加大重力而沉降，称为吸附沉降，水中一部分细菌和寄生虫卵也可一同下沉。某些挥发性的污染物，如挥发性酚、硫化氢、氢氰酸等，在阳光、紫外线、高温、水流搅动等作用下，可逸散到大气中，称为逸散。

但是，沉降与逸散不能完全消除危害。如逸散到大气中的污染物，可污染大气，若遇雨水降落，又返回水体会引起水体二次污染，沉降于水底的污染物，可因水流量增加，流速加快，重新冲起，也会引起水体的二次污染。

(3)中和作用　江、河水中通常溶解有二氧化碳，含有一些硅酸盐类和石灰石微粒等，进入水体的少量酸性废水或碱性废水能被中和，同时，酸性废水和碱性废水相互间也可中和一部分，但是此中和作用是有一定限度的，如排入过多污染物，水的 pH 就会改变。

(4)有机物分解　污染物中的有机物进入水体后，可以逐渐分解，分解过程有需氧和厌氧两种类型。水体中溶解氧充足时，有机物进行需氧分解，终产物为性质稳定的亚硝酸盐、硝酸盐、硫酸盐、磷酸盐、二氧化碳等。如水体中溶解氧不足，则进行厌氧分解，终产物为性质不稳定的甲烷、氨、吲哚、粪臭素、硫化氢、硫醇、磷化氢等，且具有臭味，水质指标恶化。

由于需氧微生物的分解作用，水体中的溶解氧不断被消耗，此过程称为"耗氧"。空气中的氧也不断地溶入水中，补充水体中的溶解氧，此过程称为"复氧"。急流和风力引起的波浪可使水的复氧加快，水体中绿色植物的光合作用，可使溶解氧增加。

(5)日光照射和生物拮抗　进入水体中的微生物，由于阳光紫外线的照射、水生生物间的拮抗作用、噬菌体的噬菌作用以及不适宜的生活环境等因素的影响，可以逐渐死亡。寄生虫虫卵进入水体后，除血吸虫、肺吸虫等能在水中孵化外，一般先沉入水底，以后逐渐死亡。进入水体中的微生物，包括病原微生物和非病原微生物两类，因其种类不同，所需的生存及繁殖条件也有所差异，目前对其规律尚不十分清楚，如何及早杀灭病原微生物，保留非病原微生物，并利用其来消除水体的污染，是今后需要研究的课题。

(6)生物转化和生物富集 某些污染物进入水体后，可以通过水中微生物作用使其转化，伴随物质的转化过程会使其毒性增高或降低，水体污染的危害性也同时加重或减轻。此外，水体中的污染物被水生生物吸收后，可在机体组织中浓集，又可通过食物链：浮游植物→浮游动物→贝、虾、小鱼→大鱼，逐渐提高生物组织内污染物的聚集量(提高几倍甚至几十万倍)。凡进入体内难于异化的物质，都有在体内浓集的倾向，如有机物、甲基汞、多环芳香烃等。

综上所述，通过水的自净作用，可使被污染的水体逐渐变为在卫生学上无害的水体。具体表现为：①有机物转变为无机物。②致病微生物死亡或变异。③寄生虫虫卵减少或失去活力死亡。④毒物的浓度降低或对机体不发生危害。必须说明的是，水体的自净能力是有限的，如果无限制地向水中排污，这种能力降低或丧失，造成更严重的污染。

任务 2 土壤监测

一、确定土壤监测项目

二、采样准备

1. 采样人员要求

由具有专业技术经验的人员或培训技术人员进行采样，并组织学习有关技术文件，了解监测技术规范。

2. 采样器具准备

包括：铁锹、铁铲、取土钻、竹片及适合采样要求的工具；样品袋、样品箱、GPS、软盘、照相机、铝盒、卷尺等器材；文具记录材料、安全防护材料等。

三、采样布点

一般采用分块随机布点进行采样。

四、采样

在选择选择场址及养殖过程中，一般视污染情况进行每年 1 次的污染物测定，根据养殖面积、地形等布 5～10 个点，在土壤深度 0～20 cm 进行采样，最后取混合样 1 kg 左右，装入样品袋，进行送检，或取土壤的水浸出液进行送检。

五、用分析的方法检测

酸碱度、BOD、COD、氨氮、总磷、硬度、砷、铅、细菌总数、大肠菌群、虫卵等。

【必备知识】

土壤是家畜的基本生存环境，它的卫生状况直接或间接影响着家畜的健康和生产力。土壤是陆地表面具有肥力的疏松层，具有独特的组成、结构和功能。

一、土壤组成

土壤是由矿物质、有机质、水分和气体等物质组成的十分复杂的系统。土壤的结构决定着土壤中水和空气的存在状况，并直接影响畜舍内部的温、湿条件和畜牧场的小气候。土壤的化学组成影响植物和地下水的化学成分及其品质，从成影响家畜的健康与生产力。同时土壤可能成为病原微生物和寄生虫孳生繁殖场所，并可由此而污染水和饲料，以致可能引起某些病原微生物的传播与流行。工业企业所产生的废弃物中常含某些微量元素，在这些废弃物的排放或利用过程中，或农田施用某种化肥，特别是微量元素肥料时，可使某些微量元素大量进入土壤。由此可见土壤的化学组成复杂，有多种常量和微量元素与家畜的关系最为密切。

二、土壤生物

土壤中的生物包括微生物、植物和动物。微生物多集中在土壤深层，越深越少，富含腐殖质的表层土每克可有细菌200万～2亿个。土壤中微生物的种类繁多，主要的有细菌、放线菌及病毒等，土壤中的细菌大多是非病原性杂菌，这些微生物主要是有机物的分解所必需的，有的使蛋白质变为蛋白脒。有的使硫化物和氮化物产生硫化氢及氨。有的能使碳水化合物发酵及氧化脂肪和有机酸。有的能分解纤维素。绝大多数细菌是有芽孢的，且大部分是好气的。土壤深层多为厌氧性菌，这些微生物经常进行一系列的生物化学过程，一方面分解人和动物尸体、排泄物及植物残骸成为简单的化合物，另一方面又合成供植物利用的新养料，这个生物化学过程对自然界的物质循环、土壤肥沃度的增加以及有机物在土壤中的净化都有重要作用，具有重要的卫生学意义。

总之，土壤是一切废弃物的受纳者和处理场所。土壤经常接纳大量的生活和工农业生产的废弃物它既是污染物的载体，又是污染物自然净化的场所。因为进入土壤的污染物，能够同土壤物质和土壤生物发生其复杂的物理或物理化学吸附作用、化学结合或沉淀作用、生物吸收代谢作用以及经过各种微生物的破坏或降解作用，经过一定时间后，废弃物中的有机物不断被分解，病微生物和虫卵逐渐死亡，有毒物质逐渐被转化而消除或降低其活性和毒性，最后成为无害状态，这一过程就是土壤的自净。土壤的自净能力是有限的，当对废弃物卫生管理不善、处理和利用不当、任意堆积和排放的情况下会使土壤中存在病原微生物和寄生虫，积累某些有毒有害物质，破坏土壤的基本机能，就构成了土壤污染。

三、土壤污染

1. 土壤污染的特点

（1）土壤污染影响是间接的　土壤污染后所产生的各种影响都间接的。土壤污染后主要通过饲料（植物）或地下水（或地面水）对家畜机体产生影响。常通过检查饲料及地下水（或地面水）被影响的情况来站起来判断土壤污染的情况。从土壤开始污染到导致后果，有一个很长的、间接的、逐步累积的隐蔽过程，不容易发现，防止土壤污染的重要性也往往容易被人们所忽视。

（2）土壤污染影响是长期性的　土壤被一些污染物污染后其影响是长期的。土壤一旦被污染，很难消除，特别是有机氯农药、有毒金属、某些病原微生物，能造成长期危害。

（3）土壤污染与水体污染、大气污染是相关性的　土壤污染还与水体污染、大气污染密切相关，三者互相影响。防止土壤污染是环保工作中重要的一环。

2. 土壤污染及危害

（1）工业废气及其他废气污染　排入大气的工业废气与烟尘中含许多有毒物质，它们受重力作用或随降雨而落入土壤，造成土壤污染，称大气污染型土壤。有时还形成酸雨，酸化土壤，使有害金属元素(镉、锌、铅等)活性提高，加重危害。产生危害并受到人们关注的污染物主要来自工业企业、家庭炉灶和各种车辆排放尾气。如氟随大型的冶炼厂、化肥厂等的废气排放到大气中，污染半径可达几百千米，污染区内的农作物、牧草可从大气和土壤中吸附或吸收并在体内积聚和富集，被家畜采食后引起中毒。有色金属冶炼厂附近土壤中铅、锌、铜等重金属含量较高，生长在其上的植物体内含量也相应升高。公路两旁的土壤中，铅含量通常较高，这是从汽车尾气中排出的。牛采食交通频繁的公路边 30 m 以内的草，可能引起中毒。铅的污染还来源于农药、化工厂等。

重金属是一种蓄积性的毒物，其毒害作用主要是侵害机体的造血系统、神经系统和肾脏，对心血管系统、生殖功能也有影响，还具有致癌、致畸、致突变作用。还可沉积于骨骼中。如牛发生铅的急性中毒时，出现呕吐、流涎、腹痛、便秘等症状。慢性中毒则出现贫血、运动障碍、肌肉痉挛、母畜流产等症状。反刍家畜对铅敏感，犊牛每天每公斤体重摄入 0.2～0.4 g 醋酸铅或氧化铅可致死。

(2)农药与化肥污染　农药与化肥施用不当可造成污染。化学农药中都含有有毒物质，污染较严重的农药是有机氯农药，还有含有汞、砷、铅等重金属的农药，及含氟化物的农药及某些特异除草剂。

有机氯化合物均为神经和实质脏器毒物，污染土壤后可在植物体内蓄积，通过家畜采食饲料进入畜体长期蓄积于中枢神经系统和脂肪组织中。大剂量有机氯作用于机体时，可造成中枢神经及某些实质脏器，特别是肝脏、肾脏严重损害。一般来说，有机氯的蓄积作用大于其毒性作用。长期小剂量作用时，可导致家畜体重下降，发育停滞，全身状况不良并产生实质脏器退化病变。有机氯的慢性中毒还可使畜禽生殖机能受到影响，受胎率下降，胚胎发育不良，死亡率增加。家禽蛋壳变薄、易碎、孵化率下降。实验发现，有机氯化合物还具有致癌、致畸和致突变作用。如 DDT 能使鸡和鹌鹑的胚胎死亡率增加，胚胎的生殖器官发生畸形，表现为雌雄间性胚胎。能使田鼠发生基因突变和染色体畸变。有机氯化合物除在体内蓄积外，还能在畜产品如乳、蛋内残留，并通过食物链危害人类健康。

滥用化肥对土壤的污染，主要造成土壤中硝酸盐等物质过多积累，并使饲料中含有大量硝酸盐，被家畜采食后，在胃中还原为亚硝酸盐，引起家畜中毒。在土壤中积累的污染物还可以通过降水及灌溉回流等污染水体。劣质化肥中常含较多有毒物质，如粗制磷肥中往往含有过量的氟化物。施用氰化钙(石灰氮)时，可在土壤中形成双氰胺、氰酸等有毒物质，引起土壤污染。

(3)污水灌田引起的污染　污灌既解决了污水的处理问题，又能充分利用污水中的水肥资源，因污水中含有较多的氮、磷、钾等养分。但污水不经妥善处理其中的有毒有害物质，如重金属、酚、氰化物及其他有机和无机化合物。尤其是重金属在土壤中移动小，难转化，残留性强，通过灌溉可造成地区性土壤污染。

进入土壤后主要集中在土壤表层，如被作物吸收，残留于作物中进而危害人畜健康，在污水灌溉引起的土壤重金属污染中，镉污染最为突出，其危害在于植物对镉有特殊的吸收和浓集作用，可因土壤污染而浓集于作物中，成为通过食物链造成镉中毒的主要来源。镉随家畜采食饲料进入畜体后，可分布于全身各个器官，主要贮存于肝、肾组织。镉在体内代谢很慢，可因短暂而造成长期毒害。镉的慢性中毒主要造成肝、肾、肺、骨骼、睾丸等组织的损害，其中以肾的损害最为明显。往往造成肾脏功能不全。此外，有人认为镉能干扰铜、钴、锌的代谢并直接抑制某些酶系统，还能破坏血红细胞并缩短其寿命，增加血浆量使血液稀释，阻止从肠道吸收铁剂。另外，镉还具有致癌、致畸、致突变的作用。

（4）工业生产、城市生活及畜牧生产的废弃物、垃圾、粪便、污水等的污染　其中对土壤的主要污染是病原性微生物及寄生虫卵的污染。病原微生物进入土壤后，虽然有一部分可能被多种不利因素灭活，但还有多种病原微生物和寄生虫卵能长期生活在土壤中，并保持和扩大传染性。土壤是许多蠕虫卵或蛔虫生长、发育过程所必需的环境，所以土壤污染在寄生虫病传播上具有重要意义。为了减少土壤污染和疾病传播的可能性，畜牧场应对其废弃物进行必要的处理，对含有一般性的病原微生物和寄生虫卵的粪便经腐熟堆肥或沤肥处理的便可使其失去活性。但是对含有口蹄疫、猪水泡病等病毒的粪便则应进行严格的处理，比如可经较长时间的腐熟堆肥后，再施到家畜接触不到的土地中去，或者进行深埋处理。除此，工业废水和城市污水在引灌前要进行预处理，达到农田灌溉用水水质标准后才能引浇灌。而医疗卫生、科研等机构的污水须严格消毒，彻底消灭病原体。

（5）放射性物质的污染　放射物质污染的来源有核爆炸以及生产、利用放射性物质时的产物和排出物，有些可在土壤中长期残留和污染。被放射性物质污染的土壤中所产生的饲料和牧草可蓄积和含有放射性物质，家畜采食了这些饲料后会受到放射性危害，如引起突变，导致癌症，破坏腺体(如生殖等腺)，加速死亡。并且还能在畜产品中残留，通过食物链危害人类。

四、土壤污染的防治

1. 控制和消除土壤污染源

（1）控制和消除工业"三废"的排放　大力推广闭路循环，无毒工艺。"三废"回收，化害为利。不能综合利用的"三废"，要进行净化处理。重金属污染物原则上不准排放。

（2）加强污灌区的监测和管理　加强监测，控制污灌数量，避免盲目污灌。

（3）开展农药污染的综合防治

①农业上的综合防治是以农业防治为基础，化学防治为主导，因地因时制宜，科学合理地运用化学防治、生物防治、物理机械防治，充分利用植物检疫的有效措施，以达到安全、经济、有效地控制管理病、虫、杂草危害的目的。

②施药的安全期是指最后一次施药到作物收获之间的最低限度的间隔天数，称安全施药间隔期。收获时作物上的药效消失，残留量降到允许量以下，不致危害人、畜健康。

③积极发展高效、低毒、低残留的农药新品种，以取代高毒、高残留品种，是农药工业发展的基本方向。目前仍在使用的高残留和高毒农药，应严格控制使用范围、使用量和次数，改进施药技术水平。我国从 1983 年开始已停产"六六六"等有机氯农药。为提高农药使用技术水平，要认真贯彻执行农业部 1981 年正式颁布的《农药安全使用标准》。

（4）合理施用化学肥料　根据土壤的气候条件，作物的营养特点、肥料本身的性质及在土壤中的转化，确定化肥的最佳标准、施用期限与方法等。

2. 治理土壤污染的措施

（1）生物防治　土壤污染物可通过生物降解或植物吸收而被净化。如利用蚯蚓改良土壤和降解垃圾废弃物，日本研究了土壤中红酵母和蛇皮藓菌对聚氯联苯的降解作用，以及利用某些非食用植物吸收重金属能力强的特点来消除土壤中的重金属等。

（2）施加抑制剂　对轻度污染的土壤，此法可改变污染物在土壤中迁移转化方向。促使毒物移动，使其被淋洗或转化为难溶物质，减少被作物吸收的机会。一般施用的抑制剂有石灰(提高土壤 pH，使镉、钼、锌、汞等形成氢氧化物而沉淀)，碱性磷酸盐(与镉、汞作用生成磷酸镉、磷酸汞沉淀，溶解度很小)。

(3)增施有机肥　增施有机肥能提高土壤肥力，创造和改善土壤微生物的活动条件，增加生物降解速度。有机质还能促进镉形成硫化镉沉淀。

(4)加强水田管理　加强水田管理可以减少重金属的危害。如淹水可明显抑制水稻对镉的吸收，放干水则相反。除镉外，铜、铅、锌均能与土壤中的 H_2S 反应，产生硫化物沉淀。

(5)改变耕作制度　据苏北棉田旱改水试验，棉田改水田后，仅一年时间，土壤中残留的 DDT 基本消失。作物轮作，创造病原菌的敌对环境，使有害病毒、细菌不能适应或缺乏宿主而不能生活或逐渐消失。

(6)客土、深翻　被重金属或难分解的化学农药严重污染土壤，面积不大的情况下，可采用客土换土法，是目前彻底清除土壤污染的最有效的手段。但对换出的土必须妥善处理。此外，也可将污染土壤翻到下层，埋藏浓度根据不同作物根系发育情况，以不致污染而定。

任务 3　空气质量监测

一、污染情况的调查

1. 空气污染物调查　调查监测区域内污染源分布及排放情况，明确污染源类型、数量、位置、排放的主要污染物及排放量，同时还应了解其他情况。

2. 气象资料调查　污染物在空间的分布情况在很大程度上取决于当时的气象条件，要收集监测区内的风向、风速、气温、气压、降水量、日照时间、相对湿度、气温垂直分布和逆温层底部高度等资料。

3. 地形资料调查　地形对风向、风速和空气稳定度有影响，特别是山谷风、河谷逆温、丘陵浓度梯度、海边海陆风对空气污染有很大影响，地形越复杂，监测点布设就越多。

4. 土地利用和功能分区调查　不同功能区污染状况不同，根据所调查地区，确定污染类型与特点。

5. 收集对本次监测有参考价值的资料。

二、确定采样时间和布点

每个季节进行定期监测，每次连续监测 5 d，每天早晨 6～7 时、下午 2～3 时、晚上 10～11 时采样 3 次。冬季采样地点在畜禽舍内(图 2-11)，其他季节采样地点应在工作人员从事工作的地方、畜禽舍周围及运动场。

如果污染源分布比较均匀或有多个来源时，将监测区分成若干均匀网状方格，采样点设在两条直线的交点处或方格中心。网格大小和采样点数目依据监测区域大小、污染源强度、监测目的和监测力量而确定，采样点设在下风向。

图 2-11　利用大气采样器在畜禽舍内采集

三、空气采集

1. 直接采样

用注射器、采气袋、采气管（图 2-12）、真空瓶直接采集空气，采集的空气用于某种气体浓度测定。

2. 富集（浓缩）采样

这种方法用于空气中污染气体浓度较低，且不能满足分析要求时，采用这种采样方法。一般用溶液吸收、固体阻留、滤料阻留、低温冷凝和自然积集等方法采集某种气体成分，例如畜牧场环境中的氨和硫化氢常用大气采样器，将目标气体浓集在液体吸收中。

3. 悬浮颗粒采样

畜牧场中一般进行可吸入颗粒物采样，采集颗粒物的粒径小于10 μm，常用旋风式切割器、向心式切割器和撞击式切割器等进行采集。

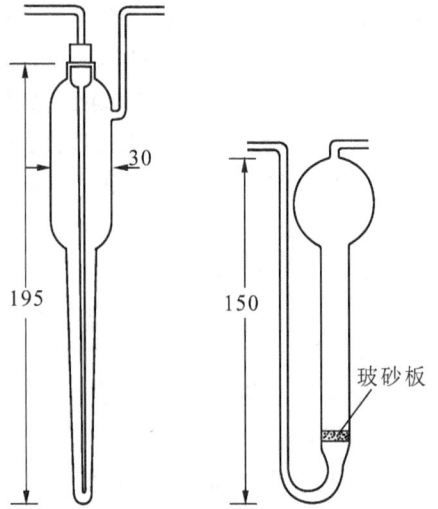

图 2-12　收集气体的吸收管

按我国《环境空气质量手工监测技术规范》的要求，一般进行 24 h 连续采样和间断采样，进行空气污染物的监测。

4. 采样气体体积的计算

气体体积随着温度和空气压力的变化而不同，现场采样温度和空气压力各不相同，为使结果具有可比性，我国《环境空气质量标准》（GB 3095—1996）中规定采样体积采用标准状态（0℃，101.325 kPa）下的体积。计算公式如下：

$$V_0 = V \times \frac{273}{273+t} \times \frac{P}{101.325}$$

式中：V_0——标准状态下的采样体积（L 或 m³）；

V——现场状态下的采样体积（L 或 m³）；

t——采样时采样点的温度（℃）；

P——采样时采样点的空气压力（kPa）。

四、采样记录

必须全面记录采样的第一首的原始数据资料。这是监测分析的最基本要求，在采样过程中必须记录所有的相关数据，采样人员应及时准确记录各项采样条件及参数，要完整、字迹清晰、书写工整、数据更正规范地记录采样的全部内容。气态污染物现场采样记录表如表 2-10 所示。

表 2-10　气态污染物现场采样记录表

_____市（县）_____测点　　　　　　　　　　　　　　　　　　污染物_____

日期	采样时间		采样号	气温（℃）	大气压（kPa）	采样流量（L/min）	采样体积（L）	天气状况
	开始	结束						

采样人_____　　　　　　　　　　　　　　　　　　　　　　　　　　审核人_____

【必备知识】

一、畜牧场环境中的有害气体

现代化、大规模、高密度的工厂式的养殖模式中除了集中产生大量的粪尿污水等废弃物外，还会产生大量的微粒、微生物、有害气体、噪声等，严重污染养殖环境，影响家畜健康和生产力的发挥。在控制畜舍小气候的同时，还必须预防和消除空气污染。适时地进行空气质量的监测。

畜禽周围空气的化学组成不同于大气，尤其是封闭式畜舍，由于外围护结构的封闭作用，很小的舍内空气环境，受家畜呼吸、生产过程及有机物分解等因素的影响，空气环境恶化较快，污染物不易扩散和被大气稀释，在舍内存留时间较长，不仅空气中的氮、氧和二氧化碳所占比例发生变化，而且增添了大气原来没有或很少有的成分，主要是氨、硫化氢、二氧化碳、甲烷和其他一些异臭气体。这些气体对人、畜禽均有直接毒害或因不良气味刺激人的感官而影响工作效率，所以统称为有害气体。其中含量较高和危害较大的是二氧化、碳氨和硫化氢。

二、畜牧场环境中的微粒

舍内的固体或液体微小颗粒以胶体的形式存在于空气中。在大气和畜舍空气中都含有微粒，由于分发饲料、清扫地面、使用垫料、通风除粪、刷拭畜体、饲料加工及家畜本身的活动、咳嗽、鸣叫等，都会使舍内空气微粒含量增多。

此外，某些植物的花粉散落在空气中，能引起人和家畜过敏性反应。畜舍空气中的微粒会影响乳的质量。

三、畜牧场环境中的微生物

空气虽是微生物生长的不利环境，但是，当空气污染后，空气中浮游的大量微粒，微生物就可附着并生存、传播疾病。所以空气中微生物的数量同微粒的多少有直接的关系。凡能使空气中微粒增多的因素，都可能使微生物的数量随之增加。另外，由于畜舍内得空气中微生物的数量远远超过大气，尤其是在通风不良、不卫生的畜舍。当畜舍空气中含有病原微生物时，就可附着在飞沫和尘埃两种不同的微粒上，传播疾病。一般来说，畜舍中飞沫传染在流行病学上比尘埃传染病更为重要。在实践中，往往可以看到有固定畜床的病畜，能迅速使邻近家畜感染发病，并通过飞沫使全舍家畜受到感染。

任务 4　畜牧场环境影响评价

在建对于新建、改建和扩建的畜禽场，建场前要进行预估测畜禽场建立后养殖生产会对周围环境的影响评价。

一、环评工作任务

该任务是针对建设项目的施工及运营期进行区域环境现状评价，分析营运期的污染源特征，预测该项目对区域环境要素以及敏感目标可能造成的影响范围和程度，提出完善建设方案和环保措施的建议和必须达到的环保要求，使项目开发建设与项目环境保护工作相协调，保障区域建设的可持续发展。

1. 进行畜禽养殖对空气环境、当地水域造成影响的预估测，还要进行畜禽生产过程中产生的各种废弃物及病原微生物对周围污染预测。

2. 整理有关环境评价材料，撰写畜牧场建设的可行性报告。

3. 到国家畜牧养殖管理部门办理有关审批手续。

二、对现有畜牧场进行监察

查明被监测环境变异幅度以及环境变异对畜牧业生产的影响，以便采取有效措施，减少环境变异对畜禽生产造成的不良影响。

1. 污染源监测

即对畜牧场产生的废弃物和畜产品中的有害物质的浓度进行定期、定点测定。

2. 环境监测

定期采集畜牧场水源及周围自然环境中大气、水等样品，测定有害物质浓度，了解环境污染情况，进而正确评价环境状况，制定切实可行的环境保护措施。

【必备知识】

畜牧业的快速发展满足人们肉蛋奶需求的同时，对环境的污染影响也日益显现出来。如何预防和控制畜禽场对环境的污染影响，已经成为目前社会各界共同关注的话题。近些年来，畜禽场污染治理的实践证明，单纯依靠工程治理的方法，加大了养殖业生产的成本，对于养殖这种微利行业并不是十分有效和可行。污染后再治理不如从产生环境问题的源头上采取措施来预防畜牧业的污染，而预防污染的最有效的办法就是要认真贯彻和执行环境影响评价制度。通过环评工作的开展来促进畜牧业的环境保护，实现畜牧业的健康、稳定、可持续发展，为保证动物性食品的安全打下坚实的基础。

畜禽场建场前，先要评价畜禽场建立后对周围环境的影响，编写相应文件，办理有关审批手续。这一做法是根据国务院《建设项目环境保护管理条例》第七条的规定，即"国家根据建设项目对环境的影响程度，按照相应规定对建设项目的环境保护实行分类管理"，以及国家环境保护总局《建设项目环境保护分类管理名录》的规定要求的。具体要求如下：

(1)可能造成环境重大影响的畜禽养殖项目，应编写环境影响报告书，对该项目产生的环境影响进行全面详细的评价。

(2)可能造成轻度环境影响的畜禽养殖项目，应编写环境影响报告表，对该项目产生的环境影响进行分析或者专项评价。

(3)对环境影响很小，不需要进行环境影响评价的，应当填报环境影响登记表。

编写环境影响报告书、环境影响报告表或填写环境影响登记表等事可向当地畜牧局和环保部门咨询。

【扩展知识】

一、各种水源水体的污染与自净

1. 江、河水的自净

江、河水的特点是流经地域广，流程长，容水面积宽，流量大，其自净能力强。

2. 湖泊、水库水的自净

湖泊和水库水的特点是水流缓慢，虽然悬浮物质易于沉降，但是混合稀释能力较差，自净能力比江河水弱。当大量含氮、磷、钾的废水进入水体时，水生生物的营养物质增多，可出现营养化问题，使水体中的藻类等水生植物大量繁殖，影响水质性状。

3. 海洋水的自净

海洋水的特点是有巨大的容量和沉降等自净能力，但海洋水能将污染物远距离转运，使远离污染区的国家和地区的水域受到污染。污染物中不易溶解和不易分解的物质，可持续几世纪在海洋中积蓄，通过生物、物理、化学等变化仍可造成二污染，给人类带来危害。另外，由于海洋的污染，海潮的逆流，接近入海口潮汐的河道，也可因海洋的污染而受到污染。

4. 地下水的自净

地下水上覆盖有不同厚度的土壤（浅层地下水）或不透水层（深层地下水）作为保护层，因而地下水有利于防止污染。但地下水因地层影响，溶解氧含量少，得不到阳光紫外线的照射，微生物少，流速缓慢等特点，故自净能力差。地下水一旦受污染，在很长时间内不能消除，同时污染可能通过溶洞或砾石层发生远距离的转移。

二、畜牧场废弃物与土壤卫生的关系

土壤的基本机能：一是它具有肥力，可以生长植物；二是通过土壤分解者进行各种物质的分解。这两方面构成了自然循环的主要环节，土壤是地球上生命活动不可缺少的场所，也是自然界物质循环的主要承载者，它的机能健全与否直接影响植物的生长和产品质量，并通过产品影响人畜健康。人们向土壤堆放和倾倒大量的废弃物，使土壤中积累了过量的有毒有害物质，破坏了土壤的基本机能，则构成土壤污染。畜产废弃物中的家畜粪尿易被分解，提供有机物，使土壤维持其原有的机能，但在过量的情况下，超过了土壤的自净分解能力会使土壤有机物质过多，影响植物生长，还造成土壤污染。特别是由于粪尿灭菌处理不当，其中含有的病原微生物和寄生虫卵，可以在土壤中长期生存或继续繁殖，保护和扩大了传染源，造成各种疾病的流行与蔓延。

三、畜牧场环境评价

畜牧场指单独的一个牧场，例如个人独资的、或几个人合资建的独立的牧场。养殖区指多个牧场集中在一起的区域，也就是现在常说的"养殖小区"。例如，如果一个人，或几个人，或国家出资建立一个预计年存栏量达 3 000 头的猪场，则猪场负责人要对该猪场对周围环境的影响编写《环境影响报告书》，上报猪场所在地县级以上畜牧局和环境保护部门，最后经环保部门审批通过后，才能在选定的场址建立猪场。如果在一个养殖小区内有若干个猪场，这些猪场分别属于不同的个人、集体或者国营，猪的年存栏量预计也是 3 000 头，那么各个猪场的负责人只要到县级以上环保部门填写《环境影响登记表》，环保部门审批通过后，也就可以在选定场址建场。

如果一个牧场（或小区）内鸡、猪、牛、羊都有，应该如何计算养殖规模呢？通常是把其他动物的量换算成猪的量来计算整个牧场（或小区）的规模，进而确定编制哪种环境影响评价文件。具体的换算方法是：30 只蛋鸡＝1 头猪，60 只肉鸡＝1 头猪，1 头奶牛＝10 头猪，1 头肉牛＝5 头猪，3 只羊＝1 头猪。如果养的不是鸡、猪、牛、羊等动物，饲养其他动物的都要编写《环境影响报告表》。

环境影响报告书等专业性文件应该找具有环境影响评价资格的专业人员或机构来编写，这些人员和机构可以向当地环保部门查询，也可以向国家环保总局查询，或者从各个大专院校、科研机构等寻找这方面的人才。

项目 4　畜牧场绿化

任务 1　畜牧场常规绿化

一、行道绿化

在道路的两侧或一侧种植侧柏、冬青等作绿篱，其外再植乔木。也可在路两侧埋杆塔架，种植藤蔓植物，使道路上方形成水平绿化带。

二、地面绿化

在畜牧场内的裸露地面植树、种花、种草，也可种植有饲用价值或经济价值的植物，如苜蓿、草坪、果树等。

任务 2　边界隔离绿化

一、种植隔离林

在畜牧场边界种植乔木和灌木林带，林带宽度 5~8 m，树木 3~5 行，乔木类有各种杨树、榆树及冬松等，灌木类有丁香、紫穗槐、侧柏等。以场内各区之间，可以不设围墙，只设隔离林，乔木和灌木混杂 1~3 行均可。

二、种植防风林

应设在冬季上风向，沿场区围墙内种植树木 3~5 行。树的品种应为落叶树和常绿树搭配，高矮树木搭配，植树密度可稍大些，乔木行株距可 2~3 m，灌木绿篱行距可 1~2 m，乔木应棋盘式种植。

任务 3　遮阳与防暑绿化

一般在运动场周围和中央，种植树干高而树冠大的落叶乔木如北京杨、加拿大杨、辽杨、槐、枫等树木，用以遮阳，并防止夏季阻碍通风和冬季遮挡阳光。在畜舍南侧可以种植搭架藤蔓植物。在畜舍的西侧栽种高大的落叶乔木树种来进行遮阳绿化。

【必备知识】

一、畜牧场绿化的目的意义

畜牧场植树、种草绿化，对改善场区小气候、防疫、防火具有重要意义，在进行场地规划时必须规划出绿化地 。

1. 有利于改善场区小气候

畜牧场绿化可以明显改善场内的温度、湿度、气流等状况。在高温时期，树叶的蒸发能降低空气中的温度，同时也增加了空气中的湿度。由于树叶遮挡阳光，造成树木附近与周围空气有一定的温差，产生轻微的对流作用，同时也显著降低了树荫下的辐射强度。

2. 有利于净化空气

据调查，有害气体经过绿化的畜牧场后，至少有 25% 被阻留净化。畜牧场由于牲畜集中，饲养量大，密度高，耗氧量大，排出的二氧化碳较多，还有氨等有害气体一起排出。绿色植物吸收大量的二氧化碳，放出氧，使畜牧场空气待到净化。据报道，每公顷阔叶林，在生长季节，每天可以吸收约 1 000 kg 的二氧化碳，生产约 730 kg 的氧，而且许多植物还能吸收氨。

3. 有利于减少尘埃

畜牧场如种有高大树木，它们所形成的林带，能净化大气中的粉尘。植物叶子表面粗糙不平，多绒毛，有些植物的叶子还能分泌油脂或黏液，所以能滞留或吸附空气中的大量尘埃。

畜牧场进行环境绿化，还可以降低噪声、美化厂区环境，而且还可以起到防疫和防火等作用。

二、畜牧场的绿化的形式与方法

生活管理区应该种植风景树和一些花草，树种宜选择四季常青树，应具有观赏性和美观的效果。场区内隔离林带具有防疫和防火功能，林带中间种植乔木，两侧种植灌木，林带宽度 3～5 m 为宜，种植 3～4 行。小区周围种植为绿化带，乔木、灌木混种，宽度 3～5 m，小区全年主风向的上风向侧的围墙一侧或两侧种植防风林带，树种应乔木和灌木混种达到防风沙效果，林带宽度适当加宽，一般达 10 m 以上，种植树木 5 行以上。运动场南侧及西侧的遮阴树宜选择阔叶树，夏季可以遮阴，冬季可落叶。树种一般有北京杨、辽杨、槐树、枫树等，也可以种植一些攀援植物，如爬山虎、葡萄等。运动场内部种植遮阴树种，宜选择纸条开阔的果树类，既可以达到遮阴效果又具有观赏和一定的经济价值，但必须保护好树木，避免家畜损坏。道路两旁绿化，一般种植 1～2 行，选择树种应选择树冠整齐的乔木或亚乔木。

【扩展知识】

绿化的树种（表 2-11）可以因地制宜选用合适品种，注意不要种植葡萄、桃、杏等果树，因为它们的果实会吸引鸟及其他动物前来，为防疫带来麻烦。

表 2-11　常见绿化树种

植物类型	分　类	品　种
乔木	落叶	槐树、梧桐、小叶白杨、毛白杨、加拿大白杨、钻天杨、大叶黄杨、旱柳、垂柳、榆树、榉树、槭树、泡桐、红杏、臭椿、合欢、刺槐、白蜡等
	常绿	油松、桧柏、侧柏、雪松、樟树等
灌木	常绿	桧柏、侧柏、杜松、小叶黄杨等
	落叶	鼠李、水腊、紫穗槐等
	开花	连翘、太平花、榆叶梅、珍珠梅、丁香、锦带花、忍冬等
	带刺	黄刺梅、红玫瑰、野蔷薇、花椒等
	藤蔓类	地锦、金银花、蔓生蔷薇等

在靠近畜舍的地方，不能种植枝叶浓密、过于高大的树种，或对树进行适当修剪，以免影响畜舍的自然采光，降低畜舍内亮度。种植行道树时，通常根据道路的宽窄选择适宜高度的树种，道路较宽，树种可较高，道路较窄，树种也要矮些。遮荫林也可由葡萄或其

他能遮阴的果树品种构成，以增加观赏和经济价值，但要注意这些经济树木的保护。防火林选用的树种绝对不能用含大量油脂的油松、马尾松等，冬青、杨、柳等树木都可以。如表 2-12 所示。

牧场内的空地，最好也种植一些植物，例如花、草、树木，或者有经济价值的农作物、牧草等。

表 2-12　牧场内的不同绿化带

林带名称	作　用	种植范围	具体种植方法
防护林带	场界	场区周围，宽 5～8 m，植树 3～5 行	通常是乔木和灌木搭配栽植的混合林带，行距 1.5 m，各株间呈"品"字形排列，乔木株距 1.5 m，灌木株距 0.3 m，如图 1-2 所示
	防风、防沙	当地主风向的迎风口处，宽 10 米以上，至少种 5 行	
隔离林带	隔离作用	牧场内各功能区之间、各种房舍周围	宽 3～5 m，植树 2～3 行；通常中间是乔木，两旁是灌木；行距、株距同防护林带；隔离区的隔离林完全同场界的防护林
行道树	美化、固地	道路、排水沟两侧	宽 2 m 左右，靠近道路为灌木，外侧为乔木；乔木稀疏，灌木浓密，如图 1-3 所示
遮阴林	为畜禽遮阴	畜舍南侧和西侧，运动场周围	种植 1～2 排高大、树冠广阔、生长快、冬季落叶的树种，株距以树冠能相接为宜
防火林	防火	牧草和其他植物性饲料的周围	宽度在 1～3 m，乔木或灌木 1～2 排，行距 1.5 m，乔木株距 1.5 m，灌木株距 0.3 m；树种耐火

项目 5　畜牧场灭鼠灭虫

任务 1　防治鼠害

一、环境防鼠

采取措施，加强建筑物的坚固性和严密性，畜舍地基与墙基用砖和碎石垒砌的，用水泥灰浆抹缝。保持墙面光滑平直。地面与畜床要用砖、石铺建，并用水泥砂浆填缝抹平。防止鼠类打洞。在建筑物的门、窗、孔洞、排水口等一切老鼠容易进入的位置安装防鼠设施，防止鼠类进入建筑物内。

妥善保管好畜牧场的饲料，断绝老鼠的食物来源，防止老鼠取食。搞好畜牧场内外的环境卫生，清除畜禽舍内外的杂物，割除畜牧场周围的杂草以及堵填鼠洞等，减少老鼠的隐蔽场所。恶化鼠类的生存条件，使养殖环境中不能容纳鼠类。

二、综合灭鼠

利用各种有效可行的方法消灭畜牧场鼠害。

1. 器械捕鼠

使用的灭鼠器械有夹、关、压、卡、翻、扣、掩、粘及电子捕鼠器等，还要及时彻底清理死鼠。利用高频振荡仪器，使之发出持续而无规律的高频振荡波，导致鼠类无法克服的混乱,最后无力活动而被捕捉。

2. 化学药剂灭鼠

该方法就是使用灭鼠剂(毒饵)毒杀鼠类。

(1)根据季节气候、当地环境条件、老鼠为害对象等情况有目的地选择诱饵,在配制毒饵时通常选择当地害鼠常吃的食物,适当搭配其他食物。

(2)根据鼠的多少而定,密度大,每堆投量多些,点密些,反之则少。及时补充多少,至毒饵不再消耗为止。对异常狡猾的老鼠,可把不加药物的食物先放在其活动范围内引诱取食,几天后再把药加进去,可取得较好效果。

(3)将毒鼠药饵重点投放在老鼠栖息活动范围之内,经常出没为害的地方,即有新鲜粪尿或其他活动特征的场所。一般在建筑物外,应沿墙根、墙脚、下水道投放毒饵,直接撒在地面或利用毒饵盒灭鼠,也可用砖瓦块在墙根墙脚处堆砌毒饵点,或放在饲槽下等老鼠经常活动的地方。

(4)如果有条件,还应将灭鼠范围扩大到场外,邻近畜牧场 500 m 范围内的农田、森林、荒地、河滩、居民区等最好同时进行灭鼠,并充分利用老鼠的天敌减少畜牧场周边环境的鼠害。以防止老鼠漏风及邻近老鼠迁入。

【必备知识】

常见的是褐家鼠、小家鼠、黑线姬鼠、黑线仓鼠、大仓鼠等。畜牧场最常见的是褐家鼠,体躯肥大,体长达 25 cm。

一、鼠类对畜牧场的危害

1. 老鼠能够传播很多疾病

老鼠是许多自然疫源性疾病(鼠疫、图拉伦斯病等 10 余种)的贮存宿主,通过老鼠体外寄生虫叮咬、排泄物污染食品、草料、器械用品和环境,以及直接接触等方式,可传猪瘟、口蹄疫、伪狂犬、萎鼻、弓形虫、播鼠疫、钩端螺旋体病、地方性斑疹伤寒、流行性出血热、弓浆虫病、野兔热(土拉菌病)、蜱传回归热、羌虫病、森林脑炎、吸血虫病、鼠咬热和肠道传染病等近 30 多种疫病。

2. 老鼠具有破坏性

因为老鼠属于啮齿动物,有磨牙的习惯,根据研究每只老鼠每周啃咬次数达到 25 000 次。1 个万头猪场每年损坏的麻袋要有几千条,还有水管、电线、保温材料等,增加维修费用达几万元,而且影响生产的正常进行。

3. 造成饲料的浪费

一个万头猪场就能存在将近 7 000 只老鼠,每只老鼠每天消耗饲料25～30 g,1 天吃的饲料就是 200 kg,1 年里老鼠要吃掉 73 吨的饲料。

二、灭鼠药物

灭鼠药的优点:作用快、使用方便、成本低、效果好、在一定的时间内可达到控制鼠害的目的。近年来,在我国已先后试制成功了 30 余种杀鼠剂,目前在市场出售并在灭鼠中使用的有 15 种之多。一般杀鼠剂可分为急性杀鼠剂、慢性杀鼠剂、熏蒸剂、驱鼠剂和不育剂。其中使用最多的急性杀鼠剂有磷化锌、灭鼠安、毒鼠磷和除鼠磷等。

急性灭鼠药的缺点:急性杀鼠剂容易引起鼠类拒食和产生耐药性,长远灭鼠效果差,对人和禽畜不安全，且会引起二次中毒，很多都是国家明令禁用的药物。

慢性杀鼠剂也叫抗凝血杀鼠剂，目前使用最广的是溴敌隆，敌鼠钠盐、氯敌鼠、杀鼠醚、大隆、鼠得克杀鼠灵等。对抗凝血剂耐药力强的仓鼠，可用寿鼠磷、甘氯等。杀鼠灵、毒鼠磷杀灭褐家鼠及小家鼠效果都不错，且对鸡较安全。熏蒸剂和驱鼠剂只在特殊环境中使用，而不育剂尚在试验阶段。

一般在畜牧场使用抗凝血杀鼠剂灭鼠。投毒后 3～5 d 才出现中毒老鼠，而且万一人畜中毒也有特效的解毒剂解毒，故被称作为安全有效的杀鼠剂。

三、毒饵的使用

1. 毒饵的选择

虽然大多数害鼠为杂食性，但对食物也有一定选择性，不同害鼠对食物的要求有所不同，同一种害鼠在不同季节、不同环境中其食性也会变化。在配制毒饵时应根据季节气候、当地环境条件、老鼠为害对象等情况有目的地选择诱饵，通常选择当地害鼠常吃的食物，适当搭配其他食物。理想的诱饵要求适口性好、鼠喜食、来源广、不影响药效、非靶动物不取食或不能取食。在食物比较丰富的环境中，要选择引诱力好，老鼠平日吃不到的食物作诱饵。如防除饲料库、粮仓褐家鼠，可用鲜红薯、胡萝卜、南瓜块、水果皮等糖分水分丰富的食物，在熟食多的地方可用生南瓜子、葵花子、核桃仁、花生等食物作饵料。

2. 毒饵投放的原则

供稍大于求或略少于求，具体应根据鼠的密度而定。密度大，每堆投量多些，点密些，反之则少。另外应及时查遗补漏，不留空白，鼠吃去多少，及时补充多少，至毒饵不再消耗为止。对异常狡猾的老鼠，可把不加药物的食物先放在其活动范围内引诱取食，几天后再把药加进去，可取得较好效果。

任务 2　防治虫害

一、采用较为安全的物理驱蝇灭蚊法

1. 安装橘红色灯泡，或用透光的橘红色玻璃纸套在灯泡上，蚊子因惧怕橘红色光线会驱避逃离。

2. 门窗上装上铁纱或细密的纱布以阻止蚊子飞进，但纱窗防蚊蝇存在通风不足等隐患，要在舍内安装通风设施。

3. 使用高科技产品防蚊灭蚊，如紫外线灭蚊灯、仿生灭蚊器、光触媒灭蚊器、电子捕蚊器、SW－009E 吸蚊机等产品，产生的光、电、声捕杀、诱杀或驱逐蚊蝇。

二、生物防治

利用有害昆虫的天敌灭虫。利用池塘养鱼，鱼类能吞食水中的孑孓和幼虫。另外蛙类、蝙蝠、蜻蜓等均为蚊、蝇等有害昆虫的天敌。

应用细菌制剂——内菌素杀灭吸血虫的幼虫。将灭蝇胺和阿维菌素加入饲料可引起幼虫化蛹率、羽化率以及雌成蝇产卵量和卵孵化率明显下降。

将对畜禽安全的合成昆虫激素加入饲料中，蛆吃了这种激素就不能进一步发育蜕变，直至死亡。

三、在蚊虫易孳生的季节里，使用高效低毒的杀虫剂进行化学防治

1. 饲料中添加药可以按说明在饲料中添加蝇得净(10％环丙氨嗪)预混剂，每吨饲料

添加本品 50 g 药剂，到苍蝇不能孳生的季节结束使用。

2. 在蚊子的幼虫孳生地进行喷药，特别是死水中下药，可使蚊子在成虫前被杀死。每周对有死水的地方，如排粪池、污水沟、积存的雨水、水塘、杂物堆放处，定期使用高效农药化学杀虫剂，如 10％氯氟菊酯和阿维菌素等，使蝇、蛆、蚊虫无孳生地。

3. 将杀虫剂涂抹或喷洒在苍蝇栖息的场所，如墙壁、高床下、水槽底、阴沟、墙角等处。在纱门、纱窗上涂长效杀虫剂。蚊蝇接触窗纱涂抹药物 30 s 后，就可达到驱杀蚊蝇的作用。

4. 用蚊香驱蚊在舍里面点燃蚊香，或者接通液体电蚊香包括电蚊香片，可以使蚊子少进舍。但是某些低劣的蚊香，含有"六六六"粉、雄黄粉等有害的有机化合物，会危害人畜的健康，使用蚊香时应保持空气流通。

5. 用洗衣粉水灭蚊在畜舍门窗前放置一个盆子，盆中加点混合洗衣粉的水，洗衣粉水中有香料，会让母蚊误以为有食物就把卵产在其中。因为洗衣粉带碱性，蚊子是不宜生长在碱性水中，从而就达到了灭蚊的效果。

【必备知识】

畜牧场粪便和污水等废弃物极适于蚊、蝇等有害昆虫的滋生，如不妥善处理则可成为其繁殖滋生良好场所。这些昆虫对畜禽有一定的危害。

一、蚊蝇的生物学特性

蚊蝇都属于昆虫纲有翅目亚纲双翅目，分别具有刺吸式口器和舔吸式口器。但蚊蝇具有各自特殊的生活习性和繁殖方式。

一般蚊子每年 4 月开始出现，至 8 月中下旬达到活动高峰。蚊子的一生经过卵、幼虫（孑孓）、蛹、成虫 4 个时期。成蚊生活于陆地上，蚊的卵、幼虫、蛹皆生活在水中，如小河水、雨水洼、水塘等处。蚊的活动则与温度、湿度、光线和风力有关系，伊蚊多在白天活动，库蚊和按蚊多在晚间活动。雌蚊在交配怀孕后必须吸人或动物的血，卵才能发育成熟，雌蚊饱吸 1 次血能产 1 次卵，一生可产卵 6～8 次，每次 200～300 粒，所以早期消灭一只蚊子，等于消灭了成百上千只蚊子。

畜牧场内常见的苍蝇有小家蝇、绿蝇、丽蝇和大头金蝇。生活史分为卵—幼虫—蛹—成蝇 4 个时期。卵产于人、畜粪内或任何潮湿腐烂的有机物上，羽化成幼虫，成熟幼虫钻入松土变为蛹，蛹羽化为成蝇。成蝇在 7～8℃时停止活动，30℃时活动非常活跃。喜甜食饲料、粪便、污物及各种腐败物质。繁殖力极强，雌蝇 1 次能产 100～250 个卵，一生可产卵约 600 个。

二、蚊蝇的危害

1. 影响畜禽的生产性能

在夏秋季节里，畜禽食欲不佳，敏感性增强，抵抗力降低。白天苍蝇骚扰和夜晚蚊子叮咬，轻者影响生长和饲料利用率，重者被咬得遍体鳞伤，甚至过敏、红肿等症状，抵抗力下降，埋下疫病隐患。

2. 威胁人的健康

蚊子传播人类的疟疾、乙脑、登革热、丝虫病等 100 多种疾病，苍蝇能传播人类的痢疾、伤寒、肝炎、霍乱、结核、白喉、沙眼、蛔虫病等 30 多种疾病，更重要的是蚊蝇是人畜共患病的主要传播媒介，对人的身体健康危害极大。携带乙脑病毒的雌蚊吸吮人血时，就容易把病毒注入人体内使人患病。

3. 传播畜禽的各种疾病

蚊蝇来自污处，可黏附 1 700 多万个细菌和病毒，是畜禽疾病的传播媒介，如高致病性猪蓝耳病、猪乙型脑炎、猪丹毒、分枝杆菌病、链球菌性脑膜炎等。

三、驱蝇灭蚊的有效措施

驱蝇灭蚊应与蚊蝇的生物学特性结合起来，蚊子的生活史中 3 个（卵、幼虫、蛹）时期在低洼沼泽的积水中生活，苍蝇的生活史中有 3 个（卵、幼虫、蛹）时期在肮脏潮湿的环境中发育。最好抓住蚊蝇发育过程 3 个最弱时期，对蚊蝇孳生地进行生物、化学、物理等歼灭措施。

保持养殖环境的清洁干燥及时填平无用的污水池、土坑、水沟和洼地，尽量用地下排污管，粪水池加盖，临时堆积的粪便应加土覆盖。每天定时清扫、清粪、消毒，保持养殖环境清洁。清除蚊虫孳生的场所。

在蚊蝇数量太多或紧急防治时，化学方法是最有效最迅速的方法。在选用化学药剂时，必须遵循经济、简便、安全、高效的原则，选用无毒或是毒性较小的药剂，做到既能有效杀灭蚊蝇，又能确保畜禽的健康。最好选择多种不同种类的药物制剂轮换使用，防止产生耐药性。饲料中添加药可以按说明在饲料中添加蝇得净（10％环丙氨嗪）预混剂。环丙氨嗪是一种高效昆虫生长调节剂，它对双翅目昆虫幼虫体有杀灭作用，尤其对在粪便中繁殖的几种常见的苍蝇幼虫（蛆蛆）有很好的抑制和杀灭作用。用法与用量：苍蝇孳生季节开始时，每 1 000 kg 饲料添加本品 50 g，混合均匀，连续饲喂 4～6 周或直到苍蝇孳生季节结束后停止使用。

【实训操作】

一、畜牧场常用消毒剂的配制

【技能目标】掌握畜牧场消毒常用的药品及选用方法，学会正确配制消毒剂，并为畜牧场消毒操作打基础。

【设备用具】消毒喷雾器、500 mL 的烧杯、1 000 mL 量筒、消毒剂、电子称等。

【原理】用喷雾消毒器在畜禽舍空间喷洒消毒剂，舍内有无畜禽均可进行消毒，气雾粒子是悬浮在空气中下重量极轻，能较长时间在空气中悬浮，可到处飘至舍内每一角落，达到各种物品的周围及表面。是消灭空气环境中病原微生物的理想方法。

【操作】

1. 过氧乙酸消毒剂

100 g 水中加入 1.7～1.9 g16％～18％的过氧乙酸溶液，配成 0.3％过氧乙酸溶液。用于舍内、环境等的喷雾或喷洒消毒。

2. 威力碘消毒剂

100 g 水中加入 2 g0.5％威力碘原液，配成 1∶50 倍威力碘。用于舍内、环境等的喷雾或喷洒消毒。

3. 氢氧化钠消毒剂

100 g 水中加入 95.8％火碱块或片剂 2～3 g 即可，配成 2％～3％火碱溶液。主要用于消毒池及环境的喷洒消毒。

4. 次氯酸钠消毒剂

将次氯酸钠消毒原液稀释 25～50 倍，配成 8‰的次氯酸钠消毒剂。用于畜禽舍内、车辆等带畜(禽)消毒。

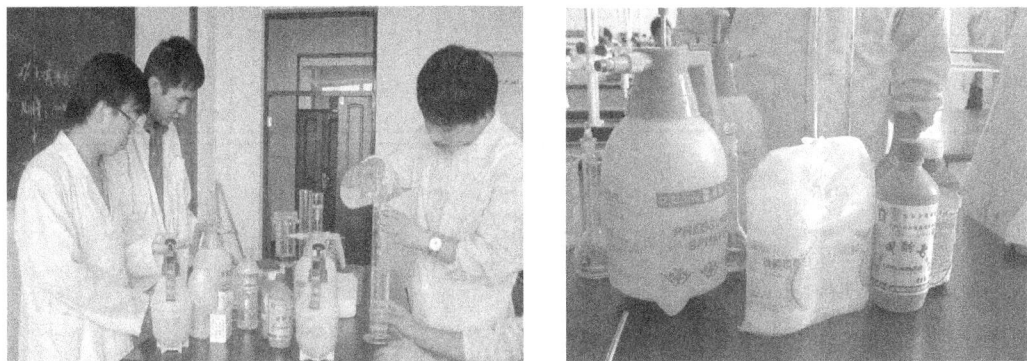

图 2-13　畜牧场消毒剂配制

二、畜禽粪便堆肥技术

【技能目标】学习畜禽粪便及其他养殖废弃物的堆肥处理技术，掌握粪便及其他养殖废弃物的处理技术方法，能正确处理畜牧场废弃物。

【设备用具】铁锹、玉米秸秆或竹竿、泥土等。

【原理】畜禽粪便及其他养殖废弃物如秸秆、杂草、垃圾混合、堆积，在适宜的湿度条件和好气发酵的环境中，微生物大量繁殖，有机物分解、转化为植物能吸收的无机物和腐殖质。堆肥过程中产生的高温(50～70℃)使病原微生物及寄生虫卵死亡，达到无害化处理的目的，从而获得优质肥料。

【操作】

1. 堆肥

在向阳、干燥、结实的地面上(堆底)挖出纵横交叉的小沟，沟深、宽各约 15 cm，在沟上用树枝、竹条等铺架而形成通风沟，然后用玉米秆(或高粱秆、竹竿，或其他植物秸秆等)捆成把并竖立排列于堆底。畜禽粪便和垫草等固体有机废弃物按一定比例混合均匀，将混合好的物料逐层向上堆，堆下宽上窄，呈梯形，然后用稀泥密封(也可用厚的塑料薄膜覆盖)，厚度一般为 5 cm，冬季为了保温，可适当加厚。待封泥稍干后，将玉米秆把拔出形成通气管口。如图 2-14 所示。15 天左右，当堆肥体积缩小，颜色呈棕褐色或黑褐色，堆内的有机物质充分腐烂，质地松软，无粪臭味时，即可利用。

2. 控制环境

保持堆肥发酵的好氧环境条件适宜，以利于好氧腐生菌活动。保证物料的氮碳比在 1:(26～35)。一般畜禽粪便的碳比均不足，制作时可加入杂草、秸秆等，以提高碳比。物料的含水量以 60％左右为宜。经过 2～5 d 后堆内温度即可上升到 50℃以上，堆内温度应保持在 50～60℃。

三、有害气体的采集与测定

【技能目标】学习畜牧场中有害气体的采集方法，掌握养殖环境中有害气体的卫生标

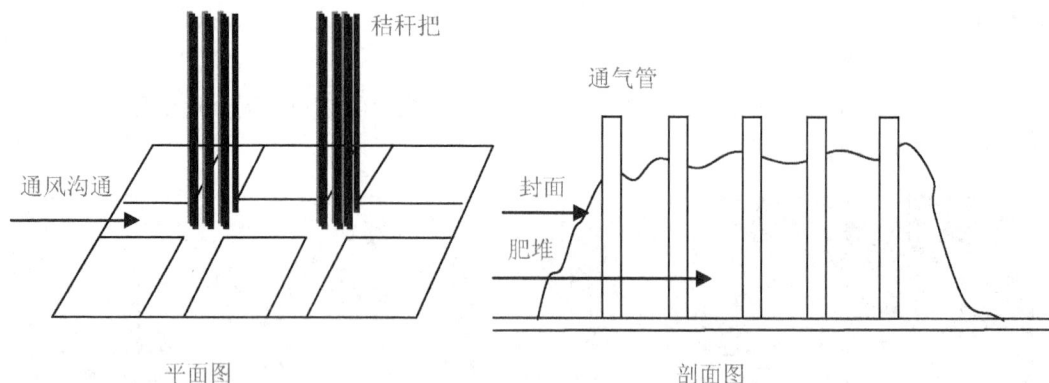

图 2-14　需氧堆肥的平面示意图

准，能准确测定畜牧场环境中有害气体的含量。

【设备用具】二氧化碳测定仪、大气采样器、移液管、吸收器、干燥剂等。

1. 氨气的检测

【原理】使被检空气通过吸氨力较强的硫酸标准液。用氢氧化钠滴定吸收氨的和未吸收氨的硫酸标准液，根据硫酸液吸氨前后的浓度之差，计算出环境中氨的含量。

【操作】

(1)氨气采集　用 20 mL 移液管向吸收管中装入 0.005 mol/L 的稀硫酸溶液 20 mL，要正确地将吸收管连接到大气采样器上，打开胶管夹，将大气采样器计时器调到 10 min，并迅速将流量计调节到 1 L/min。采样结束，将装有吸收液的吸收管封闭。记录采气时的气温、气压和采集气体体积 V，送检。

(2)氨气的测定

①硫酸溶液的标定　用 20 mL 移液管吸取 0.005 mol/L 硫酸溶液 20 mL 置三角瓶中，加 1～2 滴酚酞指示剂，用 0.01 mol/L 氢氧化钠溶液滴定，当三角瓶中的溶液出现微红，充分振荡后不褪色，记录氢氧化钠的用量(a)。

②滴定　用移液管将吸收氨后的硫酸溶液 5 mL，放入三角瓶中，加 1～2 滴酚酞指示剂，用 0.01 mol/L 氢氧化钠滴定至出现微红色为止，记录氢氧化钠用量(b)。

③计算

$$NH_3(mg/m^3)=[(a/20-b/5)\times20\times0.17]/V_0\times1000$$

式中：a——标定硫酸吸收液时氢氧化钠用量(mL)；

　　　20——标定时取硫酸量(mL)；

　　　b——滴定硫酸吸收液时氢氧化钠用量(mL)；

　　　5——滴定时取硫酸量(mL)；

　　　20——吸收液总量(mL)；

　　　0.17——氨的摩尔数，即 1 mL 0.01 mol/L 氢氧化钠相当于 0.17 mg 氨；

　　　V_0——标准状态下的体积(mL)。

2. 硫化氢的检测

【原理】使被检空气通过碘溶液，空气中的硫化氢与碘形成碘氢酸，用硫代硫酸钠测定碘溶液吸收硫化氢前后之差，求得空气中硫化氢的含量。

【操作】

(1)硫化氢的采集 用 20 mL 移液管向吸收管中装入 0.01 mol/L 的碘液 20 mL，要正确地将吸收管连接到大气采样器上，打开胶管夹，将大气采样器计时器调到 10 min，并迅速将流量计调节到 0.5 L/min。采样结束，将装有吸收液的吸收管封闭。记录采气时的气温和气压，送检。

(2)硫化氢的测定

①碘液的标定 用 20 mL 移液管吸取 0.01 mol/L 碘液 20 mL 置三角瓶中，用 0.005 mol/L 硫代硫酸钠溶液滴定，当三角瓶中的溶液由红褐色逐渐变为淡黄色，加入淀粉溶液 0.5 mL，充分振荡后继续滴定至完全无色为止，记录硫代硫酸钠的用量(V_1)。

②滴定 用移液管将吸收硫化氢后的碘液 5 mL，放入三角瓶中，用 0.005 mol/L 硫代硫酸钠溶液滴定，当三角瓶中的溶液由红褐色逐渐变为淡黄色，加入淀粉溶液 0.5 mL，充分振荡后继续滴定至完全无色为止，记录硫代硫酸钠的用量(V_2)。

③计算

$$H_2S(mg/m^3) = (V_1/20 - V_2/5) \times n \times 0.34/V_0 \times 1\ 000$$

式中：V_1——标定碘液时硫代硫酸钠用量(mL)；

20——标定时取硫酸量(mL)；

V_2——滴定碘吸收液时硫代硫钠用量(mL)；

5——吸收液总量(mL)；

n——总吸收液容量；

0.34 为——1 mL 硫代碳酸钠相当于 0.34 mg 硫化氢；

V_0——标准状态下的体积(mL)。

3. 二氧化碳的检测

【原理】氢氧化钡与空气中二氧化碳能形成碳酸钡白色沉淀。利用过量的氢氧化钡来吸收空气中的二氧化碳，然后用草酸溶液滴定剩余的氢氧化钡而求得二氧化碳含量。

【操作】

(1)二氧化碳的采集 用 20 mL 移液管向吸收管中装入 20 mL 氢氧化钡溶液 20 mL，要正确地将吸收管连接到大气采样器上，打开胶管夹，将大气采样器计时器调到 10 min，并迅速将流量计调节到 0.5 L/min。采样结束，将装有吸收液的吸收管封闭。记录采气时的气温和气压，送检。

(2)二氧化碳的测定

①氢氧化钡的标定 在二氧化碳分析仪器中迅速加入 5 mL 氢氧化钡液(A_1)和 1 滴酚酞指示剂，使溶液呈红色，迅速盖上带滴定管的瓶塞，在上部小滴定管中加入草酸标准液进行滴定，直到红色刚褪去为止，记下草酸用量(C_1)。

②吸收液的滴定 用移液管吸取沉淀后的吸收液上清液 10 mL，迅速而准确地将其中 5 mL 移入滴定装置瓶中(A_2)，使溶液恢复红色。在继续用草酸滴定(滴定管中草酸不足时可以补加)，使红色再次消退，记下草酸标准液的消耗量(C_2)。

③计算

$$CO_2(\%) = [(C_1/A_1 - C_2/A_2) \times 20 \times 0.509]/V_0 \times 100\%$$

式中：A_1、A_2——吸收二氧化碳前后标定和滴定氢氧化钡时的取液量(mL)；

C_1、C_2——标定和注定氢氧化钡时，草酸标准液的消耗量（mL）；

20——吸收液的用量（mL）；

0.509——二氧化碳由重量换算为容量的系数（mL）；

V_0——标准状态下的体积（mL）。

四、水质感官指标检测

【技能目标】掌握水样感官指标评价方法，学会用眼、鼻、舌等感官对水质进行检测。

【设备用具】磨口玻璃瓶、三角烧瓶、酒精灯等。

【原理】不同感官性状的水反映出不同水的化学指标的差异，通过水质感官评价，初步判断水质卫生标准。

【操作】

1. 观察颜色

将 100 mL 水样盛于烧杯中，水白色背景下，用肉眼直接观察水的颜色。一般以无色、微黄色、浅黄色、黄色、深黄色、黄绿色等描述。

2. 用嗅觉感觉气味

将 100 mL 水样置于 250 mL 三角烧杯中，振荡水样后用手煽动瓶口，嗅水样的气味。一般以泥土臭、腐败臭、鱼腥臭、粪便臭、石油臭等描述。

3. 品尝味道

取三角烧杯水样尽量少些水放入口中（不要咽下去），尝水的味道。如水质较差，将水加热至沸腾，立即取下三角烧瓶，稍冷后嗅气和尝味。一般以苦、甜、酸、涩、咸等描述。

4. 观察混浊度

取水样盛于烧杯中，水白色背景下，用肉眼直接观察，按下述情况加以描述：透明、微浑浊、浑浊、极浑浊。

5. 观察肉眼可见物

将水样摇匀，直接观察，凡有肉眼可见的微小生物和悬浮颗粒，标志着水是不清洁的。饮水中不得含有肉眼可见物。

5. 测定水质的 pH

取 pH 试纸一条，放入水样中浸湿，取出与标准色板比色，记录 pH。

五、水质硬度的测定

【技能目标】通过水质硬度测定的操作，掌握水中钙、镁离子、的检测方法。

【设备用具】试管、移液管、烧杯、玻璃棒、漱口杯（容量 500 mL）或 500 mL 烧杯、试纸、滴定管等。

【原理】乙二胺四乙酸二钠和水中钙、镁离子作用生成可觉性络合物。指示剂铬黑 T（蓝色）能与钙、镁离子作用生成葡萄酒红色的络合物，但其稳定性较低。故当用乙二胺四乙酸二钠滴定到终点时，与铬黑 T 指示剂形成络合物的钙、镁离子即与乙二胺四乙酸二钠络合成无色络合，而使铬黑 T 游离，溶液由酒红色变成蓝色。

【试剂制备】

缓冲溶液：称氯化铵 16.9g，溶于 143 mL 浓氢氧化铵中。称取硫酸镁（$MgSO_4$ · $7H_2O$）0.8g 和乙二胺四乙酸二钠（EDTA-Na_2）1.1 g，溶解于 50 mL 蒸馏水中，加入 2 mL 上述氯化铵－氢氧化铵溶液、滴铬黑 T 指示剂，用 EDTA-Na_2 溶液滴定，溶液由紫红变为蓝色。将配制的两种溶液加入 250 mL 的溶量瓶中，并用蒸馏水稀释到 250 mL，即为所需缓冲液。

铬黑 T 指示剂：称取铬黑 T 0.5 g，溶于 10 mL 缓冲溶液中，用 95％乙醇稀释至 100 mL，置于冰箱中保存，此试剂可以使用 1 个月。

0.01 mol/L 乙二胺四乙酸二钠标准溶液：称取 3.72 g 分析纯乙二胺四乙酸二钠置于 1L 溶量瓶中，加蒸馏水稀释到刻度线。标定后备用。

【操作】

1. 取样品

取水样 50.0 mL(若水质的硬度大，可用蒸馏水稀释至 50 mL)，加入溶量为 150 mL 三角烧杯中。

2. 加缓冲液

加入 1～2 mL 缓冲溶液，铬黑 T 指示剂 5 滴(若是固体指示剂，加入量相当于 5 个大米粒左右体积的铬黑 T)。

3. 滴定

用 EDTA-Na$_2$ 标准溶液滴定，边滴定边充分振荡，溶液由紫红色变为蓝色时即为滴定的终点，记录 EDTA-Na$_2$ 标准溶液的用量。

【计算】

水的总硬度：

(CaO，mg/L)＝EDTA-Na$_2$ 标准溶液用量×0.5 608/水样体积(mL)×1 000

式中：0.5 608——0.01 mol/L 的 EDTA-Na$_2$ 标准溶液 1 mL，相当于 CaO 的 mg 数。

注：水样的硬度大于 14 度时，在碱性溶液中易发生钙、镁盐的沉淀，不易辨别终点。当水硬度大于 14 时，使水样减半，再用蒸馏水稀释。

六、水质中"三氮"检测

【技能目标】通过水的化学指标检测过程的操作，掌握水中氨氮、亚硝酸盐氮、碳酸盐氮的检测方法。

1. 氨氮检测(简化纳氏比色法)

【原理】水中的氨与碘汞离子作用生成黄棕色碘化氧汞铵络合物，其颜色深浅与水中氨的含量成正比。

【试剂制备】

氨氮标准液：将氯化铵在 105℃烘烤 1 h，冷却后称取 0.3819 g，置于 100 mL 容量瓶中，用无氨蒸馏水稀释至刻度。吸取 1 mL，再用无氨蒸馏水定容至 100 mL，此溶液 1.00 mL 含 0.01 mg 氨氮。

纳氏试剂：称取 25 g 氯化汞，溶于热的无氨蒸馏水中，配制为氯化汞饱和溶液。称取 150 g 氢氧化钾，溶于 300 mL 无氨蒸馏水中。称取 50 g 碘化钾，溶于 50 mL 无氨蒸馏水中，向其中逐滴加入氯化汞饱和溶液，直至生成的碘化汞红色沉淀不再溶解为止。再向其中加入氢氧化钾溶液，最后用无氨蒸馏水稀释至 1 L。再追加 0.5 mL 氯化汞饱和溶液。盛于棕色瓶中，用橡皮塞塞紧，避光保存。静置后取其上清液。

无氨蒸馏水：每升蒸馏水中加入 2 mL 化学纯浓硫酸和少量化学纯高锰酸钾，蒸馏，收集蒸馏液。

【操作】

(1) 水样　取水样 4 mL 于小试管中。

(2)标准比色管　另取小试管 6 支,分别加入氨氮标准溶液 0 mL、0.1 mL、0.2 mL、0.4 mL、0.8 mL、2.0 mL,加无氨蒸馏水至刻度(4 mL)。

(3)加催化剂　向各管加人酒石酸钾钠粉末 1 小匙(2~3 粒大米容积),混匀使其充分溶解。

(4)加纳氏试剂　向各管加人纳氏试剂 1~2 滴,混匀,放置 10 min 后比色。

(5)确定水样中氨氮含量　如现场测定无条件配制标准色列,可按表 2-13 中第 4、第 5 栏从试管侧面和上面观察颜色,以概略定量符号表示。

表 2-13　氨氮测定比色

管号	加标准溶液量(mL)	氨氮含量(mL/L)	从试管侧面观察	从试管上面观察	概略定量符号
0	0	0	无色	无色	—
1	0.1	0.25	无色	极弱黄色	±
2	0.2	0.5	极弱黄色	浅黄色	+
3	0.4	1.0	浅黄色	明显黄色	++
4	0.8	2.0	明显黄色	棕黄色	+++
5	2.0	4.0	棕黄色	棕黄色沉淀	++++

2. 亚硝酸盐氮检测(简化重氮化偶合比色法)

【原理】亚硝酸盐和对氨基苯磺酸起重氮化作用,然后与盐酸 α-萘胺生成紫红色偶氮染料。其颜色深浅与水中亚硝酸盐含量成正比。

【试剂制备】

亚硝酸盐氮标准溶液:称取干燥分析纯 0.246 2 g 亚硝酸钠,溶于少量水中,倾入 1 L 容量瓶内,加蒸馏水至刻度。随时用取 1.0 mL 该溶液,加蒸馏水稀释至 100 mL。此溶液 1.0 mL 相当于 0.000 5 mg 亚硝酸盐氮。

格氏试剂:称取 8.9 g 酒石酸,1 g 对氨基苯磺酸,0.1 g α-萘胺,磨细混合均匀,保存于棕色瓶中。

无亚硝酸盐蒸馏水:取普通蒸馏水,加氢氧化钠呈碱性,蒸馏,收集蒸馏液。

【操作】

(1)水样　取水样 4 mL 于小试管中。

(2)标准比色管　另取小试管 6 支,分别加入亚硝酸盐氮标准溶液 0 mL、0.05 mL、0.16 mL、0.8 mL、2.4 mL、4.0 mL,加无亚硝酸盐氮的蒸馏水至 4 mL。

(3)加格氏试剂　向各管加入格氏试剂一小匙,摇匀,使其溶解,放置 10 min 后,观察颜色。

(4)确定水样中亚硝酸盐氮含量　如现场测定无条件配置标准色列,可按表 2-14 中第 4、第 5 栏从试管侧面和上面观察颜色,以概略定量符号表示。

表 2-14　亚硝酸盐氮测定比色

管号	加标准溶液量 (mL)	亚硝酸盐氮含量 (mL/L)	从试管侧面观察	从试管上面观察	概略定量符号
0	0	0	无色	无色	—
1	0.05	0.006	无色	极弱玫瑰红色	±
2	0.16	0.02	极弱玫瑰红色	浅玫瑰红色	+
3	0.80	0.1	浅玫瑰红色	深玫瑰红色	++
4	2.40	0.3	深玫瑰红色	深红色	+++
5	4.0	0.5	深红色	极深红色	++++

3. 硝酸盐氮(马钱子碱比色法)

【原理】在浓硫酸的条件下，硝酸盐与马钱子碱作用呈玫瑰红色，并迅速变成黄色，黄色深浅基本上和硝酸盐浓度成正比。

【操作】

(1)水样　取水样 2 mL 于小试管中。

(2)加催化剂　加入约 1.5 mL 浓硫酸，混合，冷却。

(3)加马钱子碱　投入少量马钱子碱结晶，用力振荡。在水样中形成一过的红色，然后逐渐转变为黄色。

(4)按表 2-15 确定硝酸盐氮概略含量。

表 2-15　硝酸盐氮测定比色

从侧方观察时水样颜色	硝酸盐氮含量(mL/L)
与蒸馏水比较时刚能识别出的淡黄色	0.5
刚能看到的淡黄色	1
很浅的淡黄色	3
浅淡黄色	5
淡黄色	10
浅黄色	25
黄色	50
深黄色	100

七、饮水中游离性余氯的检测

【原理】蓝墨水能为有效氯所漂白，所以可根据消耗蓝墨水的体积，推算出漂白粉中有效氯的含量。

【操作】

1. 用漱口杯(容量 500 mL)或 500 mL 烧杯，取经消毒 30 min 的水 1 杯。

2. 向杯中滴入蓝黑墨水 1 滴，搅动后静置观察 2～3 min。

3. 在此期间，若蓝色全部消退，再滴 1 滴，继续观察。若蓝色明显存在，则将杯中之水倒去一半，再用水样加满，搅动后再观察 2～3 min。

4. 凡滴入 1 滴时蓝色消退，而 2 滴不能完全消退者，余氯含量为 0.6~1.2 mg/L。滴入 1 滴不能完全消退，将杯中之水倒去一半，再用水样加满，即能完全消退者，余氯含量为 0.3~0.6 mg/L。

5. 滴入 2 滴蓝色仍能完全消退时，表示余氯超过 1.2 mg/L。滴 1 滴后将杯中的水倒去一半，再加水样至满杯，仍不能完全消退的，表示加氯量不足，余氯量过少或无余氯。

计　划　单

学习情境 2	畜牧场环境管理		学时	20
计划方式	小组讨论、同学间互相合作共同制定计划			
序号	实施步骤		使用资源	备注
制定计划说明				
计划评价	班　级		第　　组	组长签字	
	教师签字		日　　期		
	评语：				

决策实施单

学习情境 2		畜牧场环境管理					
计划书讨论							
计划对比	组号	工作流程的正确性	知识运用的科学性	步骤的完整性	方案的可行性	人员安排的合理性	综合评价
	1						
	2						
	3						
	4						
	5						
	6						

制定实施方案		
序号	实施步骤	使用资源
1		
2		
3		
4		
5		
6		

实施说明：

计划及实施情况评价	班　级		第　　组	组长签字	
	教师签字			日　期	
	评语：				

作 业 单

学习情境 2	畜牧场环境管理
作业完成方式	课余时间独立完成
作业题 1	畜牧场环境消毒
作业解答	
作业题 2	畜牧场废弃物的处理与利用
作业解答	
作业题 3	畜牧场环境卫生监测与评价
作业解答	

作业评价	班　　级		第　　组	组长签字		
	学　　号		姓　　名			
	教师签字		教师评分		日期	
	评语：					

效果检查单

学习情境 2		畜牧场环境管理		
检查方式		以小组为单位，采用学生自检与教师检查相结合，成绩各占总分(100 分)的 50%		
序号	检查项目	检查标准	学生自检	教师检查
1	资讯问题	回答正确、认真		
2	消毒方法	回答正确、认真		
3	消毒剂配置	计算准确、表述清楚		
4	畜禽粪便处理	方法正确、操作准确		
5	污水的处理	方法正确、操作准确		
6	畜牧场水质监测	监测方法正确、操作准确		
7	畜牧场空气监测	监测方法正确、操作准确		
8	畜牧场土壤监测	监测方法正确、操作准确		
9	畜牧场绿化	方法正确		
10	防治鼠害	方法正确		
11	防治蚊蝇	方法正确		
检查评价	班　级	第　　　组	组长签字	
	教师签字		日　期	
	评语：			

评价反馈单

学习情境 2		畜牧场环境管理			
效果评价					
评价方式	以小组为单位，针对组内每位同学，采用个人评价、组内互评和教师评价相结合的方式，评价教学效果				
评价类别	项目	子项目	个人评价	组内评价	教师评价
专业能力 （60%）	资讯（10%）	获取信息（5%）			
		引导问题回答（3%）			
	计划（5%）	计划可执行度（3%）			
		用具材料准备（2%）			
	实施（20%）	各项操作正确（8%）			
		完成的各项操作效果好（6%）			
		完成操作中注意安全（4%）			
		操作方法的创意性（2%）			
	检查（10%）	全面性、准确性（5%）			
		生产中出现问题的处理（5%）			
	过程（5%）	使用工具的规范性（2%）			
		操作过程规范性（2%）			
		工具和设备使用管理（1%）			
	结果（10%）	结果质量（10%）			
社会能力 （20%）	团队合作 （10%）	小组成员合作良好（5%）			
		对小组的贡献（5%）			
	敬业、吃苦 精神（10%）	学习纪律性（4%）			
		爱岗敬业和吃苦耐劳精神（6%）			
方法能力 （20%）	计划能力 （10%）	制定计划合理（10%）			
	决策能力 （10%）	计划选择正确（10%）			
意见反馈					
请写出你对本学习情境教学的建议和意见					

评价评语	班　　级		姓　　名		学　　号		总　评	
	教师签字		第　　组		组长签字		日　期	
	评语：							

学习情境 3

畜牧场规划与设计

●●●●● 学习任务单

学习情境 3	畜牧场规划与设计	学　时	27
布置任务			
学习目标	1. 了解不同地区建筑物的朝向对舍内环境作用与影响； 2. 掌握畜牧场场址选择的方法； 3. 熟知各功能区的特点，会正确规划畜牧场各功能区； 4. 根据畜舍的栋数和畜牧场的地形，确定最佳的畜舍的排列形式； 5. 会给按畜禽对环境的要求设置运动场和道路； 6. 学会对防疫设施、排水设施和贮粪区设计规划； 7. 学会畜舍及畜牧场的设计； 8. 培养学生有科学的世界观、尊重科学、团结协作的精神		
任务描述	畜牧场规划与设计具体任务： 1. 选择畜牧场场地； 2. 完成畜牧场的工艺设计； 3. 按建筑物的功能对畜牧场进行分区； 4. 对畜牧场进行平面总体布局； 5. 设计各种畜禽舍		
学时分配	资讯：11 学时　计划：2 学时　决策：1 学时　实施：12 学时　考核：1 学时　评价：1 学时		
提供资料	1. 蔡长霞. 畜禽环境卫生. 北京：中国农业出版社，2006 2. 刘鹤翔. 家畜环境卫生. 重庆：重庆大学出版社，2007 3. 王庆镐. 家畜环境卫生学. 北京：中国农业出版社，1981 4. 冀行键. 家畜环境卫生. 北京：中国农业出版社，1990 5. 姚继广. 畜禽标准化规模养殖. 北京：中国农业科学技术出版社，2011 6. 颜培实，李如治. 家畜环境卫生学. 北京：高等教育出版社，2011 7. 全国畜牧总站. 百例畜禽养殖标准化示范场. 北京：中国农业科学技术出版社 2011 8. 陈顺友，陈颖钰. 生猪养殖小区规划设计图册. 北京：金盾出版社，2010 9. 魏荣，李卫华. 农场动物福利良好操作指南. 北京：中国农业出版社，2011		
对学生的要求	1. 以小组为单位完成学习任务，充分体现团队合作精神 2. 严格严格执行各项规章制度，遵守纪律		

●●●●● **任务资讯单**

学习情境 3	畜牧场规划设计
资讯方式	通过资讯引导,观看视频,到相关的网站、图书馆查询,向指导教师咨询
资讯问题	1. 畜牧场场址如何选择? 2. 畜牧场规划应遵循哪些原则? 3. 畜牧场分几个区? 如何确定畜牧场各区的位置? 4. 当畜牧场地势与主导风向不是同一个方向,规划时应如何处理? 5. 怎样确定畜牧场建筑物的朝向? 6. 如何确定最佳畜舍的间距? 7. 不同类型的畜禽舍应如何布置? 8. 不同规模畜牧场的建筑物怎样进行排列? 9. 畜牧场的如何设置防护设施? 10. 如何设置畜禽的运动场? 11. 畜牧场的道路有哪些要求?
资讯引导	1. 在信息单中查询; 2. 在教材查询; 3. 进入有关畜牧场环境的网站查询; 4. 相关资料和报刊资讯; 5. 到实训基地进行现场观察

●●●● 相关信息单

项目1 畜牧场场址选择

任务1 自然条件选择

一、地势

应选地势较高、干燥、平坦、排水良好和向阳避风的地方(表 3-1)。避免低洼潮湿地方，并远离沼泽地区，以保证场内环境的干燥。

表 3-1 牧场选址时对地形地势的选择

适宜的地形地势	不合适的地形地势
地势高	地势低；容易积水，雨、雪过后场地泥泞，冬季污浊的空气积聚不散
平坦，有 1%～3% 坡度	高低不平，坡度＞25%：施工困难，饲养管理及运输工作不便，雨水冲击。
干燥	沼泽、水滩、江、河、湖等附近(鸭、鹅等水禽除外)；蚊蝇大量滋生。
向阳避风，山南或东南面	背阳迎风的地方，山北面；长条形、多边形
地形开阔整齐、边角不多	

1. 平原地区

在平原地区建场应选在较周围地段稍高的地方，以利排水。地下水位要低，距地表 2m 以上。

2. 靠近河流、湖泊的地区

在这样地区建场要选择在较高的地方，应比当地最高水位高 1～2m，以防被洪水淹没。

3. 山区

在山区建场应选择在稍平缓坡上，坡面向阳，牧场内坡度应在 2.5% 以内。要注意地质构造情况，避开断层、滑坡、塌方的地段，也要避开坡底和谷地以及风口，以免受山洪和暴风雪的袭击。也应避开山体的涡风区(图 3-1)。

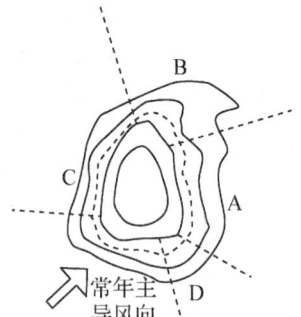

图 3-1 涡风区示意图

二、地形

要求地形整齐、开阔、有足够面积。能充分利用场地，地形不规则或边角太多，边角部分无法利用。

根据畜禽种类、生产规模、生产工艺(饲养管理方式、集约化程度)和饲料供应情况等因素确定场地面积(表 3-2)。应尽量减少用地，并可预留发展余地。

三、水源

畜禽过程过程中需要大量的水，应该保证充足、卫生的水源供应。各种水源的优缺点如表 3-3 所示。

采集水样，并进行水质的物理、化学和生物污染分析，以了解水质酸碱度、硬度、透明度，有无污染源和有害化学物质等情况。分析水源水质状况，计算拟建场地地段范围内水资源的供水能力，判断该地方的水源能否满足畜牧场生产、生活、消防用水要求。

表 3-2 畜牧场所需场地面积推荐值 （m²/头·只）

牧场性质	规　　模	所需面积	备　　注
奶牛场	100～400 头乳牛	160～180	
繁殖猪场	100～600 头基础母猪	75～100	按基础母猪计
肥猪场	年产 0.5 万～2.0 万头肥猪	5～6	本场养母猪，按上市肥猪数计
羊场		15～20	
蛋鸡场	10 万～20 万只蛋鸡	0.65～1.0	养种鸡、蛋鸡笼养，按蛋鸡计
蛋鸡场	10 万～20 万只蛋鸡	0.5～0.7	不养种鸡、蛋鸡笼养，按蛋鸡计
肉鸡场	年上市 100 万只肉鸡	0.4～0.5	养种鸡，肉鸡笼养，按存栏 20 万只鸡计
肉鸡场	年上市 100 万只肉鸡	0.7～0.8	养种鸡，肉鸡平养，按存栏 20 万只鸡计

表 3-3 各种水源的优缺点

水源类型	优　点	缺　点
地表水：江、河、湖、水塘、水库中的水	方便、省事，节约了勘探、找水源、打井的费用	水量变化大，容易受到污染，饮用前需要专门净化和消毒
地下水：专门打井，从地下取水	不易受污染，干净	需要专门找水源、打井，用前也要适当净化和消毒
降水：收集的雨、雪	方便、省事，花费少	收集困难、贮存不易、水量难以保证，用前也要适当净化和消毒

在仅有地下水源地区建场，第一步应先打一口井。如果打井时出现任何意外，如流速慢、泥沙或水质问题，最好是另选场址，这样可减少损失。对畜牧场而言，建立自己的水源，确保供水是十分必要的。

四、土壤

畜牧场土壤要求透气透水性强，毛细管作用弱，吸湿性和导热性小、质地均匀，挤压性强。砂壤土最为理想。如因客观条件的限制，土壤条件稍差，则应在畜舍的设计、施工、使用和其他日常管理上，设法弥补当地土壤的缺陷。同时考虑到土壤中的化学元素与畜禽关系最密切，土壤中某些元素的缺乏或过多，往往通过饲料引起畜禽地方性营养代谢疾病。还有病原性微生物及寄生虫病对土壤的污染，常为畜禽发病的传染源。要尽量对土壤进行实验室分析，确定其类型、化学元素含量、是否被污染等情况。不同类型土壤的特点如表 3-4 所示。

表 3-4 不同类型土壤的特点

土壤类型	黏　土	壤　土	沙　土
优点	昼夜温差小	不易积水，不容易存留污染物，有利于土壤自净，建成的地基比较坚固	干燥，不易积水，自净作用强
缺点	易积水，夏天会滋生蚊蝇，冬天结冰时膨胀变形，可导致建筑物地基损坏	难于找到	昼夜温差大，不利于畜禽健康

【必备知识】

一、畜牧场地势要求

地势是指场地的高低起伏状况。畜牧场应地势较高、干燥平坦、排水良好和向阳北风等有较好的自然环境。避免在低洼潮湿地方建造畜舍，并远离沼泽地区，以保证场内环境干燥。地势低洼的场地容易积水而潮湿泥泞，夏季通风不良，空气闷热，有利于蚊蝇和微生物孳生，而冬季则阴冷。此外，低洼潮湿还会降低畜舍保温隔热性能和使用年限。

平原地区一般场地比较平坦、开阔，应选择在较周围稍高的地方，以利排水。地下水位要距地表 2 m 以上。在靠近河流、湖泊的地区，选择在较高的地方做场地，同时，地势比当地水文资料中最高水位还要高出 1～2 m，以防洪水淹没。

山区建场应选择在稍平缓坡上，坡面向阳，总坡度不超过 25%，建筑区坡度应在 2.5% 以内。我国冬季多北风或西北风，夏季多南风或东南风。阴坡场地冬季迎风，夏季背风，对畜牧场小气候十分不利。阴坡接受阳光少，土壤潮湿，自净能力差。如果坡度过大，施工需要大量填挖土方，增加工程投资。建成投产后场内运输和管理工作也很是不便。山区建场还要注意地质构造情况，避免断层、滑坡、塌方的地段，也要避开坡底和谷地以及风口，以免受山洪和暴风雪的袭击。

二、畜牧场地形要求

地形是指场地形状、大小和地物（房屋、树木、河流、沟坎等）情况。牧场场地要求地形整齐、开阔，有足够面积，以便于合理布置牧场建筑和各种设施，利于充分利用场地。地形狭长场地的规划与布局，拉长场区的作业线，给场内工作和管理等造成不便。地形不规则或边角太多，使建筑物布局零乱，造成生产管理和卫生防疫的困难，边角部分无法利用，造成土地的浪费。图 3-2 所示为上海牛奶集团（大丰）海丰奶牛场有限公司牧场全景。

根据畜禽种类、生产规模、饲养方式、集约化程度和饲料供应情况等各种因素，科学计算，确定场地所需面积。在满足生产要求的前提下，尽量节约使用土地，并要为将来的发展预留土地。

图 3-2　上海牛奶集团（大丰）海丰奶牛场有限公司牧场全景

三、畜牧场水源要求

畜牧场生产需水较大量，水质好坏直接影响场内人、畜禽的健康和畜产品质量。因此，必须有一个安全卫生的水源。

要了解场地水源来量的情况，如地面水的流量、汛期水位。地下水的初见水位和最高水位，含水层的层次、厚度和流向。还要了解水质情况，如水质的酸碱度、硬度、透明度，有无有毒有害物质，是否存在污染源等。要采集水样，对水质进行物理、化学和生物污染等方面的检测与分析。同时还要计算拟建场地地段范围内的水源供水量，能否满足畜牧场生产、生活、消防等的用水要求。

1. 水源类型及卫生特点

(1)地下水 地下水是由降水和地面水经过地层的渗滤贮积而成。水中杂质被地层过滤而除去。由于较厚的地层覆盖，被封闭，污染的机会少，水质较清洁。深层地下水有机污染的机会非常少，水质水量都较稳定，是良好的水源。但地层中的化学成分影响到水中成分，硬度一般比地面水大，有些地区的水质中含有某些矿物性毒物，引起地方性疾病。

(2)地面水 包括江、河、湖、塘及水库等。它们主要由降水或地下水汇集而成，自然条件对水质及水量影响较大，易受自然因素和人为的污染，特别是生活污水及工业废水的污染，引起疾病流行或慢性中毒。地面水特点是来源广泛、水量充足，有较好的自净能力，一般活水比死水自净能力强，水量大的比水量小的自净能力强。所以是人们较广泛使用的水源。要尽量选用水量大且流动强的地面水作为水源。供饮用的地面水一般应进行人工净化和消毒处理。

(3)降水 由海洋和陆地蒸发的水蒸气凝结，以雨、雪形式降落到地面。在缺水地区，将降水收集并贮存，作生产、生活用水。降水本应是较清洁，但在降落时吸收了空气中的杂质及可溶性气体，混入大气中的灰尘、细菌，如靠近海岸的降水可混入海水飞沫，特别易受污染。同时，不易收集、贮集困难，水量受季节影响大，一般不作水源。

2. 水源选择原则

(1)水量充足 能够满足人畜的用水需求，生活用水量可按每人每日平均 20～40 L 计算。畜禽用水是指每头每天平均用水量，包括饮水、饲料调制、畜体清洁、刷洗饲槽及用具、冲洗畜床等的用水需要量。在满足人畜用水量的基础上，还应满足消防和灌溉用水，并考虑今后发展需增加的用水量。

(2)水质良好 水源的水质应感官性状良好，水中所含量化学成分应符合我国的水质卫生要求。

(3)便于防护 水源周围环境条件较好，有利于对取水点进行卫生防护，取水点应设在城镇和工矿企业排污口的上游。

(4)取用方便 畜牧场进行水源选择时，还要考虑到取水远近，尽量减少投资。对于地下水丰富地区，要优先选择地下水。

四、畜牧场土壤要求

土壤是畜禽的基本生存环境，它的卫生状况直接或间接影响着畜禽的健康和生产力。土壤是陆地表面具有肥力的疏松层，具有独特的组成、结构和功能。土壤组成是十分复杂的生态系统。土壤结构决定着土壤中水和空气存在状况，并直接影响畜禽舍内部的温度、湿度条件和畜牧场的小气候。同时，土壤可能成为病原微生物和寄生虫滋生繁殖场所，会污染水和饲料，以致可能引起某些病原微生物的传播与流行。

1. 土壤的物理组成

土壤是由地壳表面的岩石经过长期的风化和生物学作用而形成的，其固有成分主要是大小不同的矿物质颗粒，即土粒。土粒依其直径大小分为石砾(粒径为 1～3 mm)、砂粒

（粒径为 0.01～1 mm）、粉砂（粒径为 0.001～0.01 mm）、黏粒（粒径小于 0.001 mm）四种。土壤中各种土粒所占的相对比例称为土壤的机械组成，这是土壤的分类、利用和改良的依据。土壤的分类根据各种粒径所占比例分为黏土类、砂土类和壤土类三大类（表 3-5）。

表 3-5　土壤质地分类

质地名称	黏土类（%）			壤土类（%）			砂土类（%）	
	重黏土	黏土	轻黏土	重壤土	壤土	轻壤土	砂土	砂砾
<0.01 mm 粉粒含量	>80	80～50	50～40	40～30	30～20	20～10	10～90	<5
>0.01 mm 砂粒含量	<20	20～50	50～60	60～70	70～50	80～90	90～95	>95

（1）黏土类　土壤颗粒小，土粒间孔隙很小，透气性、透水性弱，容水量、吸湿性大，毛细管作用强，故易于潮湿，雨后泥泞，易导致畜牧场和畜舍内空气湿度大。又由于黏土通气性差，土壤中好气性微生物活动受到抑制，有机质分解比较慢，自净能力差。黏质土壤还具有潮湿时膨胀、干燥时收缩的特性。在寒冷地区，当冬季结冻时，常因土壤体积膨胀变形，导致畜舍建筑物基础损坏。有的黏土因含碳酸盐较多，受潮后被溶解软化，因而可能引起畜舍等建筑物的下沉或倾斜。

（2）砂土类　土壤颗粒大，粒间隙大，水容量、吸湿性小，毛细管作用弱，含水能力差，易于干燥。透气性、透水性强，利于有机质好氧分解，土壤自净能力强。导热性强，热容量小，这种类型土壤易增温也易降温，昼夜温差大，温度随季节的变化明显，不利于畜禽小环境温度的稳定。

（3）壤土类　这是介于砂土和黏土之间的一种土壤类型，含有适量的砂粒、粉砂粒和黏粒，同时具有黏质土和砂质土的特点。既具有一定数量的大孔隙，又含有相当多的毛细管孔隙，所以透气性和透水性适中，降雨后能保持相对干燥，温度较稳定，有比较强的自净能力。由于有较好的透水性，因此土壤的容水量小，冬季结冻后膨胀性较小，这类土壤对于保持畜禽小环境有利。由于透气性好，需氧微生物活跃，利于有机质分解，自净能力强，易于进行卫生防疫、饲养管理工作。

2. 土壤的化学成分

土壤成分丰富，包括矿物质、有机物、土壤溶液和气体。一般土壤中矿物质占很大比例，为 90%～99%，而有机物占 1%～10%。砂土几乎只有矿物质，而泥炭土则绝大部分是有机质。土壤化学组成复杂，元素繁多。按土壤化学元素含量分为常量和微量元素，它们影响着畜禽健康。

土壤中的化学元素与畜禽关系最密切，机体中的化学元素主要从饲料中获得，土壤中某些元素的缺乏或过多，往往通过饲料引起畜禽地方性营养代谢疾病。例如，土壤中钙和磷的缺乏可引起畜禽的佝偻病和软骨症；缺镁则导致畜体物质代谢紊乱、异嗜，甚至出现痉挛症。一般情况下，土壤中常量元素的含量较丰富，大多能通过饲料来满足畜禽的需要。但畜禽对某些元素的需求量较多（如钙），而植物性饲料中某些元素含量较低（如钠），故应注意在畜禽的日粮中进行补充。

土壤中的微量元素主要来源于成土母质，其含量与土壤形成过程有密切关系，所以微量元素的分布与地理环境和土壤种类有一定关系。如火成岩的玄武岩，其沉积物上发育的土壤含铁、锰、铜和锌较丰富，沉积岩发育的土壤含硼比火成岩多。黏土的微量元素含量一般高于砂土。有机物对微量元素有络合作用，因此，富含腐殖质的土壤有利于许多微量元素的存在。

气候因素亦影响土壤微量元素的分布，如湿润多雨的山岳地区，由于土壤淋溶现象明显，易溶性高的元素如碘则异常缺乏，畜禽易患地方性甲状腺肿大。而气候炎热干燥地区的荒漠土、灰钙土和盐碱土含氟、硒等微量元素过剩，这一地区的畜禽常表现氟骨症、硒中毒。潮湿的土壤有利于三叶草对钴的吸收，而土壤的含水量与气候因素有关，因此有些地区牛、羊的钴缺乏症发病率有季节性变化。

工业企业所产生的废弃物中常含某些微量元素，在这些废弃物的排放或利用过程中，或农田施用某种化肥，特别是使用微量元素肥料时，可使某些微量元素大量进入土壤。

3. 土壤的生物学特性

土壤中的生物包括微生物、植物和动物。微生物中有细菌、放线菌及病毒等。植物中有真菌、藻类等。动物包括鞭毛虫、纤毛虫、蠕虫、线虫、昆虫等小动物。微生物多集中在土壤表层，土层越深越少，富含腐殖质的表层土每克可有细菌 200 万～2 亿个。土壤中的细菌大多是非病原性杂菌，这些微生物主要是有机物的分解所必需的，有的使蛋白质变为蛋白胨，有的使硫化物和氮化物产生硫化氢及氨，有能使碳水化合物发酵及氧化脂肪和有机酸，有的能分解纤维素。绝大多数细菌是有芽孢的，且大部分是好气的，土壤深层多为厌氧性菌，这些微生物经常进行一系列的生物化学过程，一方面分解人和动物尸体、排泄物及植物残骸成为简单的化合物；另一方面又合成供植物利用的新养料，这个生物化学过程对自然界的物质循环、土壤肥沃度的增加以及有机物在土壤中的净化都有重要作用，具有重要的卫生学意义。

土壤中存在着微生物之间的生存竞争，即温度、湿度、pH、营养物质等方面不利于病原菌生存的因素。但富含有机质或被污染的土壤，或抗逆性较强的病原菌，都可能长期生存下来，如破伤风杆菌和炭疽杆菌在土壤中可存活 16～17 年以上，霍乱杆菌可生存 9 个月，布鲁氏杆菌可生存 2 个月，沙门氏杆菌可生存 12 个月。土壤中的非固有病原菌如伤寒菌、痢疾菌等，在干燥地方可生存 2 周，在湿润地方可生存 25 个月。在冻土地带，细菌可长期生存，能够形成芽孢的病原菌存活的时间更长，如炭疽芽孢可在土壤存活数十年，因此，发生过疫病的地区会对畜禽构成很大威胁。

此外，由于人、畜的粪便及尸体等的污染，各种致病寄生虫的幼虫和卵在土壤中有较强的抵抗力，在低洼、沼泽地生存时间较长，常成为畜禽寄生虫病的传染源。

任务 2　社会条件选择

全面考虑畜牧场的经营方式、生产方向、饲养模式、饲料和能源供应、交通运输、相对位置、产品销售、废弃物处理等。

一、遵循社会公共卫生准则

畜牧场应位于选择在居民点的下风处，地势低于居民点，而且要离开居民点污水排出口，更不应选容易造成环境污染企业下风处或附近。要与居民点保持距离，一般小场 200 m 以上，而鸡、兔、羊场等防疫要求严格的牧场要在 500 m 以上，大型牛场 500 m 以上，大型猪、鸡等养殖场要在 1 500 m 以上。各场间也应有间距，一般畜牧场之间应不低于 150～

300 m(如禽、兔等防疫要求高的牧场间距离应远些)，大型牧场之间应不少于1 000～1 500 m。例如北京德清源农业股份有限公司延庆养殖基地(图 3-3)，该养殖基地位于北京市延庆县张山营镇水峪村东，距居民区5 km以上，周边20 km内无其他养殖场。

图 3-3　北京德清源农业股份有限公司延庆养殖基地

二、既要考虑交通方便，又要使牧场与交通干线保持适当的距离

畜牧场距一二级公路和铁路应不少于 300～500 m，距三级公路(省内公路)应不少于100～200 m，距通乡公路应不少于50～100 m。畜牧场有专用道路与公路相通。

三、重视电力供应

畜牧场铺设Ⅱ级电源输电线路，如果是Ⅲ级以下电源供电时，则需自备发电机。选择畜牧场场址时应靠近输电线路，尽量缩短新线的铺设距离。

四、选择场址时还应考虑饲料的就近供应

草食家畜的青饲料应尽量由当地供应，或本场计划出饲料地自行种植，以避免因运送饲料而造成成本提高。

除此之外，还要考虑其他社会因素，畜产品应就近销售，以降低成本和减少产品损耗。同时牧场粪污和废弃物要妥善处理和利用。

【必备知识】

选择畜牧场场址时，首先要清楚畜牧场生产特点、饲养管理方式及生产集约化程度等基本要求，考虑到畜禽各类对地形、地势、水源、土壤、地方性气候等自然条件的需要，以及饲料和能源供应、产品就近销售、交通运输是否快捷方便。还要全面考虑与工厂和居民点的相对位置、牧场废弃物的就地处理等社会要求。

一、畜牧场位置要求

场址的选择必须遵循社会公共卫生准则，使畜牧场不致成为周围社会的污染源，同时也应注意不受周围环境所污染。因此，畜牧场的位置应选择在居民点的下风处，地势低于居民点，但要离开居民点污水排出口，更不应选在化工厂、屠宰场等容易造成环境污染企业的下风处或附近。畜牧场与居民点之间应保持行当的卫生间距，一般小场200 m以上，大型场1 500 m以上；与其他畜牧场之间也应有一定卫生间距，一般不小于300 m，大型

牧场之间应不小于 1 500 m。

二、畜牧场电力、交通保障

畜牧场要求交通便利，特别是大型集约化的商品牧场，饲料、产品、粪污废弃物运输数量庞大，必须保证交通方便。但交通干线又往往是疫病传播的途径，因此选择场址时既要考虑交通方便，又要使牧场与交通干线保持适当的距离。

大型现代化、集约化养殖场要求有充足可靠的电力供应。了解供电源的位置，与畜牧场的距离，最大供电允许量，是否经常停电，有无可能双路供电等。通常，建设畜牧场要求有Ⅱ级供电电源。在Ⅲ级以下供电电源时，则需自备发电机，以保证场内供电的稳定可靠。为了减少供电投资，应靠近输电线路，尽量缩短新线的铺设距离。

三、畜牧场饲料供应

饲料是畜牧生产的物质基础，饲料费一般可占畜产品成本的80％左右。选择场址时还应考虑饲料的就近供应，草食家畜的青饲料应尽量由当地供应，或本场计划出饲料地自行种植，以避免因大量粗饲料长途运输而提高成本。

址选择还应考虑产品的就近销售，以缩短距离，降低成本和减少产品损耗。同时，也应注意牧场粪污和废弃物的就地处理和利用，防止污染周围环境。

任务3 土地征用

一、征用土地要严格按照中央的文件精神进行

拟定征地方案并由经办人员及主管领导签字，上报当地的人民政府审查批准。

二、选址时一定要查看当地的规划与政策

看看当地的农业发展规划、土地利用发展规划以及经济发展规划，保证畜牧场地顺应当地长远规划，避免将来被拆迁，使用年限过短。

三、严格遵守《畜禽养殖业污染防治技术规范》(HJ/T 81—2001)的规定，进行畜禽牧场选址与建设

四、场址选择要符合防疫与排污要求

选择场址要符合畜牧业发展规划、畜禽养殖污染防治规划，满足卫生防护距离要求和动物防疫条件。

五、节约用地

为保证畜牧场顺利建设，规模化畜禽养殖场选址，应坚持利用废弃地和山坡等未开发利用土地，不占或少占耕地，不占用基本农田。

六、考虑当地的气候与环境条件

征用土地时要考虑各地区的气候条件，如高降雨区易产生径流，还有渗透性较强的土地易使粪肥流失引起地表水或地下水污染的地区要避开。

七、畜禽养殖场的场址选择与建设应坚持农牧结合、种养平衡的原则

根据本养殖场区土地(包括与其他法人签约承诺消纳本场区产生粪便污水的土地)对畜禽粪便的消纳能力，确定新建畜禽养殖场的养殖规模及需要征用的土地面积。例如北京顺鑫农业股份公司小店畜禽良种场客家庄种猪场(图3-4)，该场位于北京市顺义区大孙各庄镇客家庄村西，三面环山，四周为林地和农田。

图 3-4　北京顺鑫农业股份公司小店畜禽良种场客家庄种猪场

【必备知识】

安全的卫生防疫条件和减少对外部环境的污染是现代集约化畜牧场规划建设与生产经营面临最严峻的问题，同时现代化的畜牧生产必须考虑占地规模、场区内外环境、市场与交通运输条件、区域基础设施、生产与饲养管理水平等因素，场址选择不当，可导致整个畜牧场在运营过程中不但得不到理想的经济效益，有可能因为对周围的大气、水、土壤等环境污染而遭到周边企业或居民的反对，甚至被诉诸法律。

【扩展知识】

一、畜牧场与周围环境关系

存在于畜禽周围的自然与社会因素的总体为畜禽的环境。而畜牧场是畜禽最基本生活场地，也就是畜禽的基本环境，每一因素又称作环境因素，直接或间接地影响畜禽，气温、气温等可直接作用于畜体。而土壤中的重金属元素可能通过饲料或饮水而危害畜禽，成为间接环境因素。畜牧场和畜舍一般均为人工因素，在现代畜牧业中，这一因素的形成，大都经过了大量科学实验之积累而刻意安排的，甚至包括舍内的光照与采暖。但随着畜禽品种的变化，生产力水平的提高，必须有相应的变化，才可适应畜禽的需要。一般情况空气中氧和二氧化碳相对稳定，但随着海拔的升高，氧气的含量与分压减小而影响畜禽健康与生产性能。

畜禽的单栏饲养和群饲以及群养时的畜群大小、来源，都是重要的环境因素。人为管理及畜栏的大小、地面材料与结构、机械设备的运行，也都是重要的环境因素。

要提供适合于畜禽生理和行为特征所需要的生活和生产环境，才能保证畜禽健康、预防疾病，充分发挥其生产潜力，实现高产高效。畜牧生产实际上已经从畜禽对环境的被动防御与适应的阶段，进入了人工选择、控制环境，使之满足畜禽生理行为要求的新时代。

二、畜牧场选择场址的原则

为了满足畜禽生活和生产的环境需要，顺利通过环保部门的审批，应遵循以下原则：

1. 环保原则

这是必须遵循的第一原则，即尽量减少畜禽场各种污染物的产量，如污水、粪便、臭气等，设法对这些污染物适当处理后再排放到周围环境中，如把经过发酵的粪便作为肥料施放到农田，净化处理过的污水也能作为灌溉农田的用水。但这要求畜禽场附近有足够大面积的农田，从而尽量减少这些污染物对周围环境的污染。选择畜牧场场址时还要远离人群密集的小区、工厂，同时还要考虑饮用水的源头，如江河湖泊等的位置，不能污染水源。同时也要避免周围环境对畜禽场的污染，如周围有化工厂、皮革厂、电缆厂等大量排放化学物质的厂家与企业。

2. 有效原则

因地制宜，充分利用现有自然条件，尽量使建成后场区内的温度、湿度、通风、光照等小气候条件满足畜禽的需要。

3. 方便原则

畜禽场一般水、电的用量很大，要保证水、电的充足供应。为了便于与外界联系，电话、网络等通信设施最好也同时考虑。

实际生产中，如果有效、方便等原则与环保原则相违背，我们必须坚持环保的原则。例如，把牧场污水排放到附近的小河最方便省事，但这违反了环保原则，应该坚决制止。

三、进行场址选择时应避开下例区域

1. 生活饮用水水源保护区、风景名胜区、自然保护区的核心区及缓冲区。

2. 城市和城镇居民区，包括文教科研区、医疗区、商业区、工业区、浏览区等人口集中地区。

3. 县级人民政府依法划定的禁养区域。

4. 如果在禁建区的下风向或侧风向处建畜牧场，场界与禁建地区域边界的最小距离不得小于 500 m。

项目 2　畜牧场工艺设计

任务 1　畜牧场生产工艺设计

结合牧场的性质、规模、主要生产指标、畜禽群的组成和周转方式、饲养管理方式等，从当地实际条件出发，考虑到不同畜禽的生产特点，制定工艺设计方案。

一、鸡场生产工艺流程

按育雏期、育成期、产蛋期的不同养殖阶段及不同生产方向的鸡群对饲养管理方式、环境要求、设施设备的要求差异，设计生产工艺流程（图 3-5）。

二、猪场生产工艺流程

考虑猪生产过程中种公猪、繁殖母猪、仔猪、保育猪、后备猪、商品猪群的流程关系及其各群对场地环境、设备的需求和生产模式，设计生产工艺流程（图 3-6）。

三、牛场生产工艺流程

根据养牛生产流程中犊牛、青年牛、后备牛及成年牛（划分为妊娠期、泌乳期、干奶期）的群体关系和生产要求，设计生产工艺流程（图 3-7）。

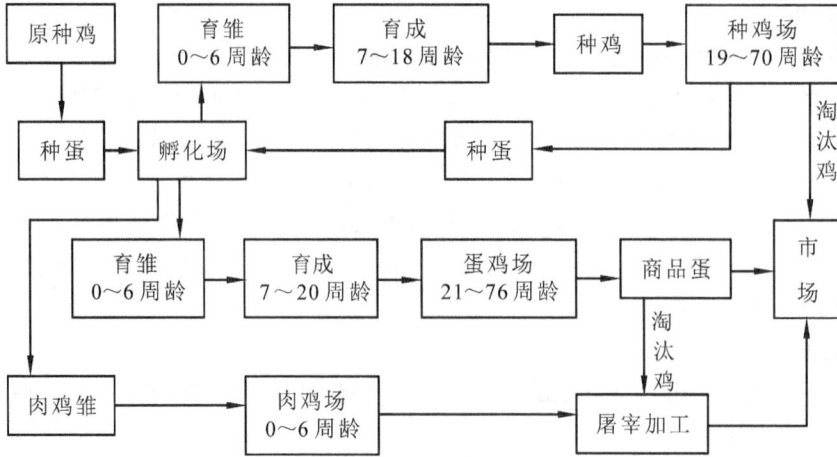

图 3-5 鸡生产工艺流程

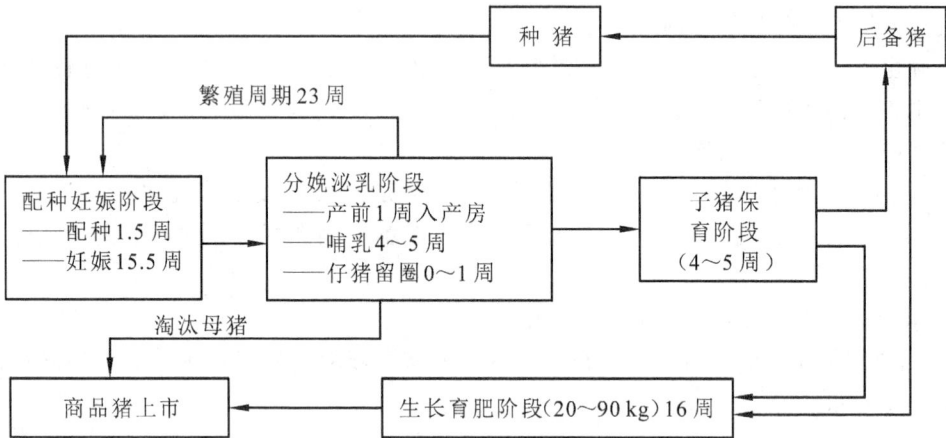

图 3-6 猪生产工艺流程

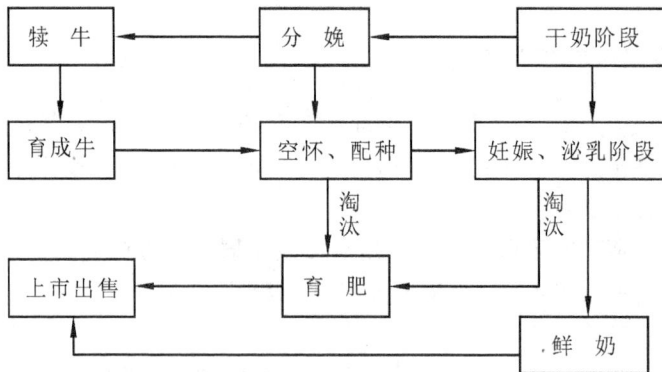

图 3-7 牛生产工艺流程

【必备知识】

畜牧场工艺设计主要有：工艺技术参数和标准、各种畜舍的样式和主要尺寸、牧场附属建筑和设施、饲料消耗量和用电量、卫生防疫制度、环境保护措施、基建和设备投资概算、牧场经济效益评估等。

任务 2　畜牧场工程工艺设计

一、确定畜牧场的性质和规模

明确畜牧场的工作任务为祖化场、原种场、选育场、繁殖场、商品场，同时考虑当地技术力量、经济条件、饲料供应等。

畜牧场的存栏繁殖母畜数量，或每年上市商品畜禽数量，或常年存栏畜禽数量，是养殖规模的基本标准。

二、确定与计算畜牧场的主要生产指标

生产指标包括：畜禽公母比例、情期受胎率、年产窝(胎)数、仔畜出生重、种畜禽利用年限、年产蛋量、种蛋受精率与孵化率、畜禽的死淘率、生产率、日耗料量和劳动工作量等。进一步预算出房舍、设备的需求量。

三、确定畜群的组成与周转情况

在明确畜牧场的性质、规模和生产指标基础上，计算出场内各类畜禽群的存栏数量及相应的畜禽舍的数量。

四、饲养管理方式与配套设施

明确饲养方式、饲喂方法、饮水形式、清粪方式等，进一步完成舍内设备、设施、用具的配套设计。

五、完成卫生防疫设计

进入畜牧场、生产区、畜舍等的入口处必须设置消毒设施，同时场内各建筑物之间的相互联系也必须符合防疫要求。

六、确定畜舍的种类、栋数、大小、附属设施，计算用地数量，综合考虑全场的布局

七、依据畜牧场的规模和性质，考虑生活与管理建筑及生产附属建筑规划，兼顾环保措施，完成工程设计

【必备知识】

以某猪场的工艺设计方案为例，来阐述畜牧场工程工艺设计的基本知识。

一、猪场设计原则及思路

1. 猪场选址应远离住宅区，便于防疫，同时避免周围用户遭受粪臭味困扰。

2. 猪场规划时，生产、生活区一定要分开，便于猪场防疫及管理。生活区应建在主风向的上风口，不受生产区的影响。

3. 猪场内生产区设计要便于猪场猪群周转，同时同外界隔开，达到真正意义的全封闭生产。

4. 猪舍分上、中、下三层结构，上层为水电通道，中层行走及转群，下层是粪尿沟。

5. 猪舍内产生的粪污，液体部分都流入粪尿沟，并暂时沉淀，然后流到化粪池中。

每隔一段时间就要清理粪尿沟，否则猪舍的空气环境会受很大的影响，不利于猪只的生活。饲养员负责铲出猪舍粪便固体部分，而不把它冲入粪尿沟内，这样对猪舍的环境比较有利。

6. 本设计方案本着勤俭节约、美观大方、经济实用的原则，充分利用已经建成的猪

舍，由于条件限制，产房适当放宽。配种舍与妊娠舍合用一幢猪舍。

二、基本设计参数的选择

根据我国目前实际情况和现有生产水平，对年产 2 000 头肉猪生产线实行工厂化生产管理方式，采用先进饲养工艺和技术，其设计的生产性能参数选择为：平均每头母猪年生产 2.2 窝，提供 19.8 头肉猪，母猪利用期为三年。肉猪平均日增重 700 g 以上，达 90～100 kg 体重的日龄为 168 d 左右(24 周)。肉猪屠宰率 75%，胴体瘦肉率 65%。

猪群存栏：1 256 头；基础母猪：124 头。

其中：空怀 9 头，妊娠 90 头，哺乳 25 头，公猪 6 头，后备母猪 12 头，后备公猪 2 头，整个生长期的成活率大于 90%。

三、工艺程序

本方案的肉猪生产程序是以"周"为计算单位，工厂化流水生产作业程序性生产方式，全过程分为四个生产环节。按图 3-8 所示的工艺流程进行。

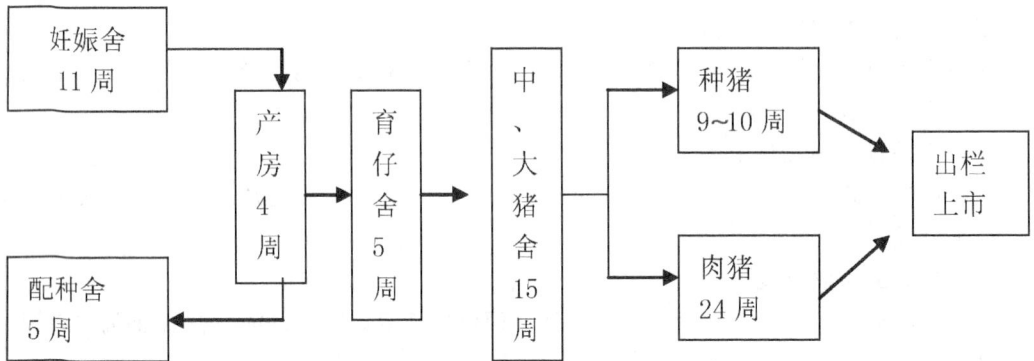

图 3-8　猪场生产工艺流程

1. 配种妊娠阶段

在配种舍内饲养空怀、后备、断奶母猪及公猪进行配种。每周参加配种的母猪 6 头，保证每周能有 5 头母猪分娩。妊娠母猪放在妊娠母猪舍内饲养，在待产前转入产房。

2. 母猪产仔阶段

母猪按预产期进产仔舍产仔，在产仔舍内 4 周，仔猪平均 4 周断奶。如果有特殊情况，可将仔猪进行合并，这样不负担哺乳的母猪转回配种舍等待配种。

3. 仔猪培育阶段

仔猪断奶后进入仔猪培育舍，培育至 9 周转群，仔猪在育仔舍内 5 周。

4. 中猪饲养阶段

9 周龄仔猪由育仔舍转入到中猪舍饲养 7 周(16 周龄)预计体重可达 50 kg 左右。

5. 大猪饲养阶段

将 50 kg 左右的猪群转入大猪舍饲养至 24 周龄，体重达 90～100 kg 出栏上市。一般每周可出栏 60 头猪左右。

四、猪场预算

1. 基建

根据当地实际情况，结合规模化猪场的设计要求，制定猪场的基建预算投资，包括房屋建设、水、暖、电的预算。

2. 设备预算

配种舍猪栏：24 000 元；

妊娠母猪舍猪栏：14 000 元；

产房猪栏：42 000 元；

育仔舍猪栏：21 000 元；

中大猪舍　66 个猪栏×500 元/个＝33 000 元；

猪舍设备投资合计：134 000 元；

3. 养猪生产预算

种猪投入：116 头×1 200 元＋20×2 000＋8 头×2 200 元＝196 800 元；

饲料投入：40 万元；

医药投入：1 100 头×15 元/头＝16 500 元；

固定资产投入：100 000 元；

直接人工：58 000 元；

管理人员 1 人：1 500 元/月×12＝18 000 元；

其他人员：8 000 元/月×5 人＝40 000 元；

低值易耗品：40 000 元；

运输费用：500 元/月×12＝6 000 元；

其他管理费用：10 000 元；

产出：300 头×630 元/头＝189 000 元（预计当年出栏 300 头）；

第一年合计生产预算：826 300 元－189 000 元＝637 300 元。

【扩展知识】

畜牧工程技术是畜牧养殖的重要手段，建场前期工作的场地规划与建筑设计、设备选择与配套及建设中的工程施工等都需要依靠工程技术。畜牧场的日常养殖管理、环境控制等也离不开技术手段。

科学的畜牧场工艺设计是规模化畜牧生产、技术规范严格的前提和必要条件，在畜牧场规划设计中应注意以下几点问题：

第一，节约用地。我国人多地少，耕地非常有限，不占良田，不占或少占耕地。

第二，在畜牧场设计过程中以节约意识为本，节能、节水。

第三，考虑到动物的自然需求，善待动物，以收获高质量的动物产品。

第四，人性化的设计理念，在畜牧养殖的工作环境设计中还要充分考虑人的生理和心理要求，不要超过人的能力和感官可适应的范围。

第五，提倡清洁生产，规模化的畜牧场会产生大量的污染物，在建场时就要考虑到污染物处理与环保的问题。

第六，畜禽防疫是养殖工作的重中之重，在建场过程中要充分地考虑到防疫设施的设计。

项目 3　畜牧场分区规划与布局

任务 1　畜牧场分区规划

畜牧场场址选择之后，对畜牧场进行分区规划和建筑物布局，即进行畜牧场的总体平面设计，这是建立良好的畜牧场环境和组织高效率畜牧生产的先决条件。

一、场地科学分区

选取场地后就要进行规划分区(图 3-9)。

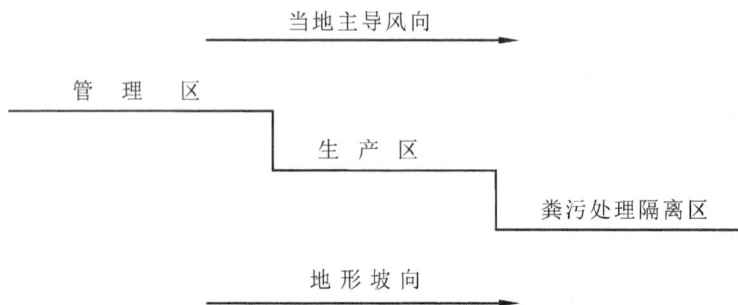

图 3-9　按地势、风向划分场区

1. 将警卫值班室、消毒室、车辆消毒设施、办公室、接待室、技术资料室、化验室、食堂餐厅、职工值班宿舍等办公管理用房和生活用房等，都集中在牧场从事经营管理活动区域内，此区域与社会有密切的联系，即为畜牧场的管理区。

2. 将各种不同类型的畜禽舍、配种室、挤奶厅、乳品处理间、集蛋间、孵化室、羊剪毛间等与从事生产有关的建筑，集中布置在畜牧场的中心地带，安排养殖生产活动，即为畜牧场的生产区。

3. 将病畜隔离舍、兽医诊疗室、尸体解剖室、病尸高压灭菌或焚烧处理设备及粪便、垃圾、污水等储存的地方，还有粪污处理等具有污染发生的场地，集中在畜牧场的下风向和地势低洼处，即为畜牧场的隔离区。

二、场地总体规划

1. 生活管理区应靠近场区大门内侧集中布置，方便与外界联系以及防疫。

2. 生产区、生活管理区、辅助生产区应设置围墙或树篱严格分开，在生产区入口处设置严格的消毒设施，执行严格消毒程序。

3. 对于贮蛋库、孵化厅出雏间、挤奶厅、乳品处理间、羊的剪毛间、家畜采精室、人工授精室、家畜装车台、销售展示厅等必须布置在靠近场外道路的地方。

4. 将供水、供电、供热、维修、仓库等建筑设施，布置在介于管理区和生产区之间，以方便工作。

饲料贮存库的卸料口开管理区内，取料口开在生产区内。青贮、干草、块根等饲料及垫料的贮存场地，在畜禽舍附近进行存放。干草等易燃的物料存放应该符合我国家防火规范的要求。

5. 畜牧场内的粪污处理设施一定要与其他设施保持适当的卫生间距，与场区外有专用大门和道路相通。

图 3-10 所示为某养鸡场平面布局。

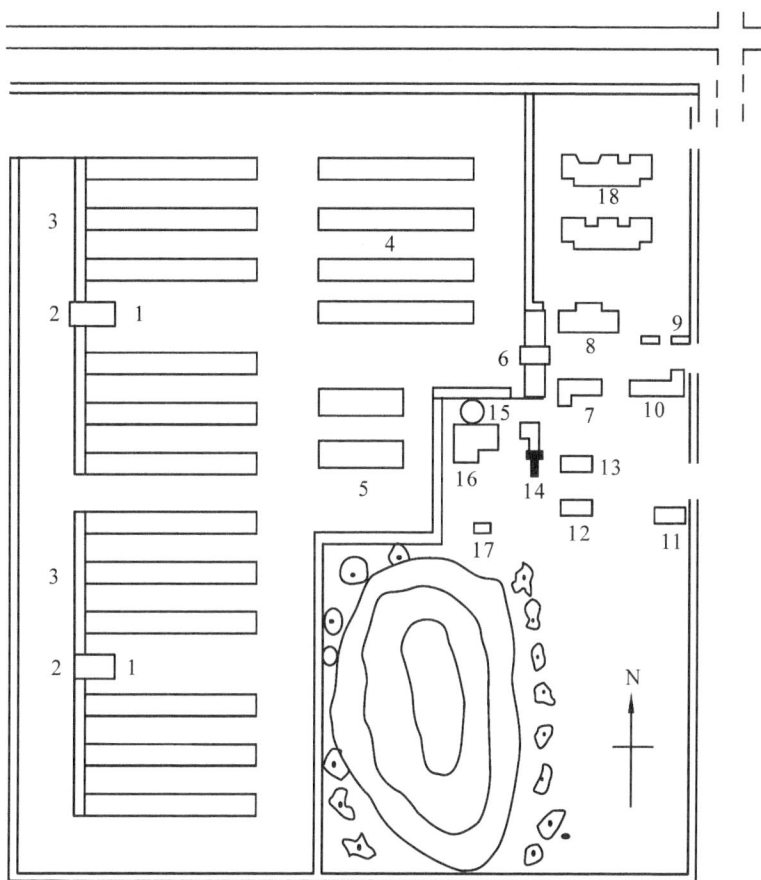

图 3-10　某养鸡场平面布局

1. 蛋鸡舍；2. 集蛋间；3. 集蛋走廊；4. 育成鸡舍；5. 育雏舍；6. 消毒间；

7. 食堂；8. 办公室；9. 传达室；10. 车库；11. 配电间；12. 病禽急宰间；

13. 机修间；14. 鸡笼消毒间；15. 水塔；16. 锅炉房；17. 水井；18. 职工宿舍

【必备知识】

畜牧场场址选择之后，应对畜牧场进行合理的分区规划和建筑物布局，即进行畜牧场的总体平面设计，这是建立良好的畜牧场环境和组织高效率畜牧生产的先决条件。

一、规划原则

1. 便于卫生防疫。

2. 便于组织生产，提高劳动生产率。

3. 合理利用场地。

二、功能分区

畜牧场的功能分区是指将功能相同或相似的建筑物集中在场地一定范围内。畜牧场通常分为生产区、辅助生产区、管理区与隔离区。

1. 管理区

管理区也称场前区，是牧场从事经营管理活动的功能区，与社会环境密切的联系。主要包括办公室、接待室、会议室、技术资料室、化验室、食堂餐厅、职工值班宿舍、传达室、警卫值班室、围墙和大门，以及外来人员第一次更衣消毒室和车辆消毒设施等办公管理用房和生活用房。

2. 生产区

生产区是畜牧场的核心区，是从事动物养殖的主要场所，主要布置不同类型畜禽舍、家畜采精室、人工授精室等，这些建筑物应处于防疫安全较高的位置。

蛋库、孵化室、挤奶厅、乳品处理间、羊剪毛间、家畜装车台等建筑物，与生产密不可分的设施，布置在生产区，但要靠近出场位置，以方便产品的运出。

3. 辅助生产区

辅助生产区主要是由饲料库、饲料加工车间和供水、供电、供热、维修、仓库等建筑设施组成，这些建筑物是为生产服务的，应于管理区与生产区之间布置。

4. 隔离区

隔离区主要有兽医诊疗室、病畜隔离舍、尸体解剖室、病尸高压灭菌或焚烧处理设备及粪便和污水储存与处理设施。

三、规划的要求

1. 根据畜牧场的生产联系、卫生防疫、环境管理等需要，对场区进行合理功能分区和总体布局。

2. 根据生产功能、生产流程以及朝向、采光、通风、防火、防疫等技术要求，进行各种建筑与设施的布置。

3. 根据生产流程与防疫要求，要合理组织场区交通运输，保证人、畜分流，净、污道分设。

4. 根据畜牧场的地形地势，合理进行场区纵向设计，确定各建筑物所处高度位置，和污水、雨水排放方向。确定各区的总平面布局，首先应考虑人的工作条件和生活环境，其次是保证畜禽群不受污染。还要考虑到畜牧场的当地全年主风向。

四、规划的内容

1. 生活管理区应在靠近场区大门内侧集中布置，以方便与外界的联系和防疫。

2. 生活管理区和生产辅助区应位于场区主导风向的上风处和地势较高处，隔离区位于场区主导风向的下风处和地势较低处。地势与主导风向不是同一个方向，而按防疫要求又不好处理时，则应以风向为主，地势的矛盾可以通过挖沟、建围墙等工程设施和利用偏角（与主导风向垂直的两个偏角）等措施来解决。

3. 生产区与生活管理区、辅助生产区应设置围墙或树篱严格分开，在生产区入口处设置第二次更衣消毒室和车辆消毒设施。这些设施一端的出入口设在生活管理区内，另一端的出入口设在生产区内。生产区内与场外运输、物品交流较为频繁的有关设施，如蛋库、孵化厅出雏间、挤奶厅、乳品处理间、羊的剪毛间、家畜采精室、人工授精室、家畜装车台、销售展示厅等，必须布置在靠近场外道路的地方。

4. 辅助生产区的设施要紧靠生产区布置。对于饲料仓库，则要求卸料口开在辅助生产区内，取料口开在生产区内，杜绝外来车辆进入生产区，保证生产区内外运料车互不交叉使用。青贮、干草、块根等多汁饲料及垫草等大宗物料的贮存场地，应按照贮用合一的原则，布置在靠近畜禽舍的边缘地带，并且要求贮存场地排水良好，便于机械化装卸、粉碎加工和运输。干草常堆于最大风向的下风处，与周围建筑物的距离符合国家现行的防火规范要求。

5. 隔离区与生产区之间应设置适当的卫生间距和绿化隔离带。区内的粪污处理设施也应与其他设施保持适当的卫生间距，与生产区有专用道路相连，与场区外有专用大门和道路相通。

6. 生产区应给予更细致布置，大型的畜牧场应将种畜禽、幼畜禽、与生产畜禽分开，设在不同区域内饲养，以方便管理和有利于防疫。通常将种畜群、幼畜群设在防疫比较安全的上风处和地势较高处，然后依次为青年畜群、生产（商品）畜群。

孵化室是一个主要的污染源，而挤奶厅需要洁净，因此这两类建筑也应与畜禽舍保持一定距离或有明显分区。

任务 2 建筑设施的合理布局

一、确定建筑物的位置

1. 依据防疫要求确立各畜禽舍及其他设施的位置

将幼畜禽群、种畜禽群安排在防疫比较安全的上风处和地势较高地方，再依次布置青年畜禽群、商品畜禽群的建筑物位置。养鸡场的孵化室是一个主要的污染源，需要单独划分区域。奶牛场的挤奶厅需要洁净，与畜舍保持一定距离并防污染。当地势与主导风向相反时，则可利用与主导风向垂直的对角线上两"安全角"来安置防疫要求较高的建筑物。病畜隔离舍、粪便贮存处理区置于地势最低处和下风向。

2. 联系密切的建筑物和设施就近设置

如将饲料调制、贮粪场等与各畜禽舍都发生密切联系的各种设施尽量布置在与各畜禽舍距离最近的地方，以便于生产联系。

3. 考虑各建筑物和设施的功能联系（图 3-11）

配种间与种畜禽舍、妊娠畜舍与产房及保育舍、商品生产畜禽群与产品装车等设施相互靠近设置。

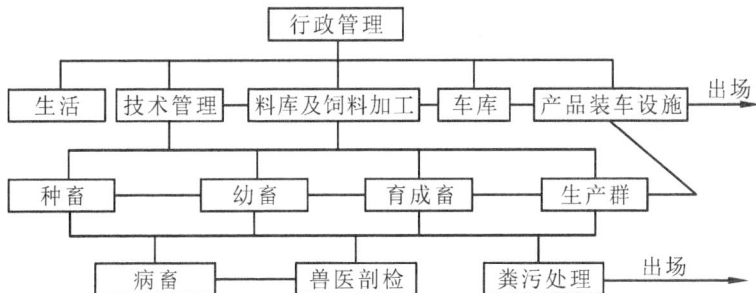

图 3-11 畜牧场各类建筑物和设施之间的功能关系

二、确定建筑物的朝向（图 3-12～图 3-15）

1. 北纬 40°以北的寒冷地区及高海拔地区的畜禽舍，其朝向必须有利于利用太阳的热辐射，同时还要有效防止冬季的冷风渗透，畜禽舍纵轴与严寒季节的主导风向形成的角度应在 $0°\sim45°$。

2. 北纬 $35°$ 以南的地区高温时间长，畜禽舍的朝向以防止太阳的热辐射为主，同时畜禽舍纵轴与夏季主导风向成 $30°\sim45°$，以减少舍内的涡风区，保证通风均匀。

总之，从利于畜禽内环境控制来确定畜禽舍的最佳朝向。根据多种因素和当地的纬度、气候、海拔等多因素进行调查研究和实践，总结出全国部分地区建筑物最佳朝向（见附录2）。

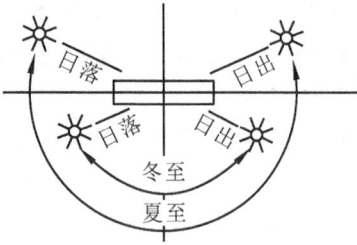

图 3-12　冬季、夏季太阳方位变化　　　　图 3-13　南向畜禽舍日照情况

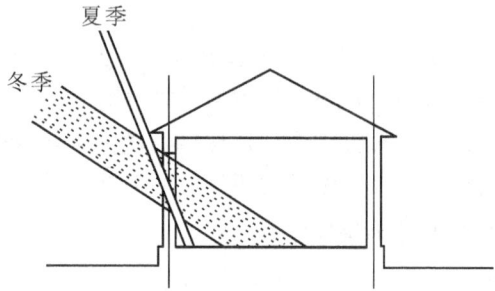

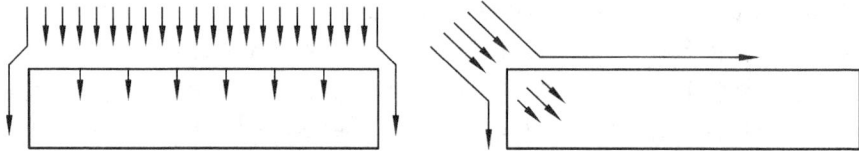

（a）畜舍纵轴与冬季主导风向成 $90°$　　　（b）畜舍纵轴与冬季主导风向成 $45°$

图 3-14　畜禽舍朝向与冬季冷风渗透量的关系

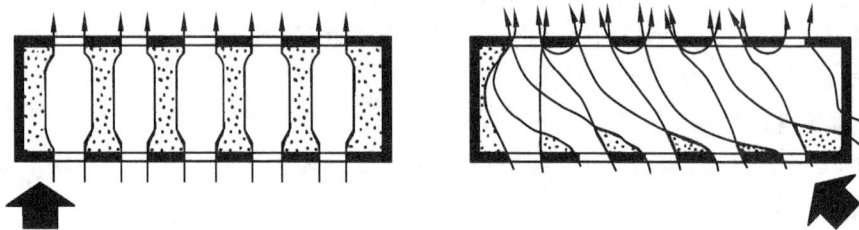

（a）畜舍纵轴与冬季主导风向成 $90°$　　　（b）畜舍纵轴与冬季主导风向成 $45°$

图 3-15　畜禽舍朝向与夏季舍内通风效果的关系

三、确定建筑物的间距

1. 最佳的采光间距

一年内冬至日太阳高度角最小时，应保证冬至上午 9 点至下午 15 点这 6 小时内使畜舍南墙满日照，这就要求间距不小于南排畜舍的阴影长度，经计算，南向畜舍的南排舍高（一般以檐高计）为 H 时，要满足北排畜舍的上述日照要求，一般以 $(3\sim4)H$ 为宜。低纬度地区取小值，高纬度地区酌情加大间距。

2. 合理的通风间距

为加强高温季节畜禽舍的良好通风，同时使下风向的畜舍不处于相邻上风向畜舍的涡风区内，又可使其免遭上风向畜舍排出的污浊空气的污染，舍间距为(3～5)H 为合理。风向垂直于纵墙时畜禽舍高度与旋涡风区的关系如图 3-16 所示。

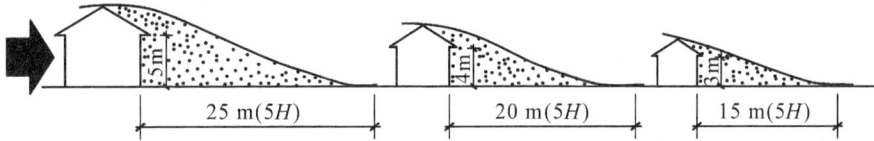

图 3-16 风向垂直于纵墙时畜禽舍高度与旋涡风区的关系

3. 安全的防火间距

按照建筑物的材料、结构和使用特点和耐火等级，参照民用建筑防火标准设置畜禽舍的最小防火间距为 6～8 m，畜禽舍的一般间距都在(3～5)H，能够满足防火要求。

4. 卫生间距

按照兽医卫生学规定畜禽舍的间距应大于 10 m。同种类型的猪舍为 10～15 m，同种类型的牛羊舍 12～15 m，一般不同类型的畜舍的间距为 15～20 m。鸡舍防疫要求高，不同鸡舍的卫生间距也不同(表 3-6)。

表 3-6 鸡舍防疫间距(m)

类　　别		同类鸡舍	不同类鸡舍	距孵化场
祖代鸡场	种鸡舍	30～40	40～50	100
	育雏、育成舍	20～30	40～50	50 以上
父母代鸡场	种鸡舍	15～20	30～40	100
	育雏、育成舍			50 以上
商品舍	蛋鸡、肉鸡舍	10～15	15～20	300 以上

总之，确定畜舍间距为屋檐高的(3～5)H 可满足日照、通风、排污、防疫、防火等要求，根据各地纬度不同计算适当畜舍间离。

四、确定建筑物的排列

畜牧场建筑物通常应设计为东西成排、南北成列，尽量做到整齐、紧凑、美观。要避免横向狭长或竖向狭长的布局，生产区应尽量采取方形或近似方形布局。

1. 单列式(图 3-17)

小规模和地形狭窄畜牧场常布置为单列式，并设置各建筑物功能联系。

2. 双列式(图 3-18)

为保证场区净污分流明确，缩短道路和工程管线的距离，又能提高工作人员的劳动效率，通常将畜牧场建筑物式布置为双列式。

3. 多列式(图 3-19)

一些大型畜牧场的建筑物过多，常常布置多列式，但要处理好畜牧场区内净污道路分流和路交叉造成的防疫隐患问题。

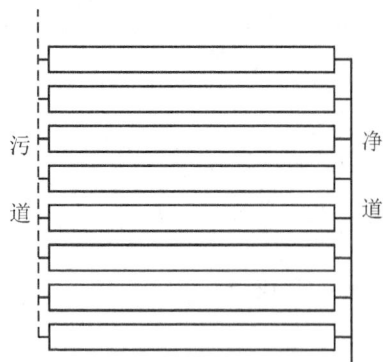

图 3-17　单列式布局

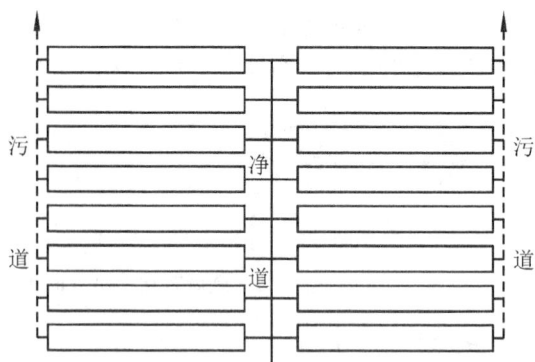

图 3-18　双列式布局

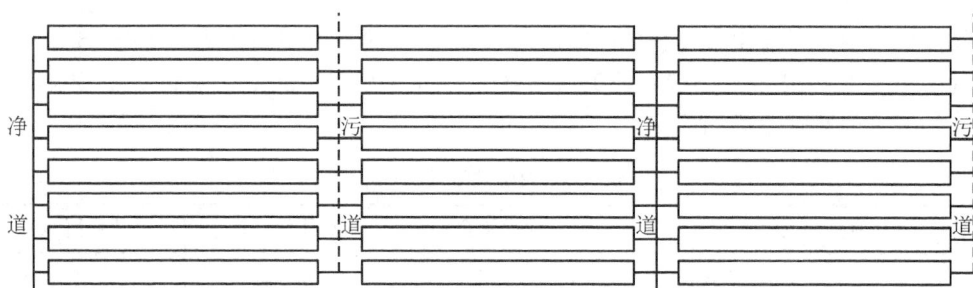

图 3-19　多列式布局

【必备知识】

畜牧场建筑物布局的任务就是合理设计各种房舍建筑物及设施的排列方式和次序，确定每栋建筑物和每种设施的位置、朝向和相互间距。

布局是否合理，不仅关系到牧场的生产联系和劳动效率，同时也直接影响场区和房舍内的小气候状况及牧场的卫生防疫。

在畜牧场布局时，要综合考虑各建筑物之间的功能联系、场区的小气候状况以及畜舍的通风、采光、防疫、防火要求，同时兼顾节约用地、布局美观整齐等要求。

一、建筑物的位置

确定每栋建筑物和每种设施的位置时，主要根据它们之间的功能联系和卫生防疫要求加以考虑。应将相互有关、联系密切的建筑物和设施就近设置，以便于生产联系。例如，某商品猪场的生产工艺流程是：种猪配种—妊娠—分娩哺乳—保育—育成—育肥—上市，因此，考虑各建筑物和设施的功能联系，应按种公猪舍、配种间、空怀母猪舍、妊娠母猪舍、产房、保育舍、育成猪舍、育肥猪舍、装猪台的顺序相互靠近设置。饲料调制、贮存间和贮粪场等与每栋猪舍都发生密切联系，其位置的确定应尽量使其至各栋猪舍的线路距离最短，同时要考虑净道和污道的分开布置及其他卫生防疫要求。

考虑卫生防疫要求时，应根据场地地势和当地全年主风向布置各种建筑物。地势与主风向相一致时较易设置，但若二者正好相反时，则可利用与主风向垂直的对角线上两"安全角"来安置防疫要求较高的建筑物。例如，主风为西北风而地势南高北低时，则场地的西南角和东北角均为安全角。

二、建筑物朝向

畜舍建筑物朝向关系到舍内的采光和通风状况。我国大陆地处北纬 20°～50°，太阳高度角冬季小、夏季大，夏季盛行东南风或西南风，冬季盛行西北风。因此，畜舍宜采取南向，这样的朝向，冬季可增加射入舍内的直射阳光，有利于提高舍温，而夏季可减少舍内的直射阳光，以防止强烈的太阳辐射影响畜禽。同时，这样的朝向也有利于减少冬季冷风渗入和增加夏季舍内通风量。畜舍朝向可根据当地的地形条件和气候特点，采取南偏东或偏西 15°以内配置。

三、建筑物的间距

相邻两栋建筑物纵墙之间的距离称为间距，以 L 表示间距。确定畜舍间距主要从日照、通风、防疫、防火和节约用地等多方面综合考虑。间距大时，前排畜舍不致影响后排光照，并有利于通风排污、防疫和防火，但势必增加牧场的占地面积。因此，必须根据当地气候、纬度、场区地形、地势等情况，酌情确定畜舍适宜的间距。

畜舍朝向一般为南向或南偏东、偏西一定角度。根据日照确定畜舍间距时，应使南排畜舍在冬季不遮挡北排畜舍日照，一般可按一年内太阳高度角最小的冬至日计算，而且应保证冬至日上午 9 点至下午 15 点这 6 小时内，使畜舍南墙满日照，这就要求间距不小于南排畜舍的阴影长度，而阴影长度与畜舍高度和太阳高度角有关。经计算，南向畜舍当南排檐高(一般以檐高计)为 H 时，要满足北排畜舍的上述日照要求，采光间距一般以 $L=(3～4)H$。纬度高的地区，系数取大值。

通风与防疫间距应根据通风要求确定舍间距时，应使下风向的畜舍不处于相邻上风向畜舍的涡风区内，这样，既不影响下风向畜舍的通风，又可使其免遭上风向畜舍排出的污浊空气的污染，有利于卫生防疫。畜舍的间距取檐高的 3～5 倍时，可满足畜舍通风排污和卫生防疫要求。

防火间距取决于建筑物的材料、结构和使用特点，畜舍建筑一般为砖墙、混凝土屋顶或木质屋顶并做吊顶，耐火等级为二级或三级，可参照民用建筑防火标准设置。耐火等级为三级和四级的民用建筑间最小防火间距是 8 m 和 12 m，所以畜舍的间中距如在$(3～5)H$之间，可以满足上述要求。

四、建筑物的排列

畜牧场建筑物通常应设计尽量做到整齐、紧凑、美观。畜舍的布置，应根据场地形状、畜舍的数量和长度，布置为单列式、双列式或多列式。要尽量避免横向狭长或竖向狭长的布局，因为狭长形布局势必加大饲料、粪污运输距离，使管理和生产联系不便，也使各种管线距离加大，建场投资增加，而方形或近似方形的布局可避免这些缺点。因此，如场地条件允许，生产区应采取方形或近似方形布局。

单列式布置使场区的净污道路分工明确，但道路和工程管线线路过长。此种布局是小规模和地形狭窄畜牧场常采用的一种布置方式，地面宽度足够的大型畜牧场不宜采用。

双列式布置是各种畜牧场最经济常使用的布置方式，优点是既能保证场区净污分流明确，又能缩短道路和工程管线的距离。

多列式布置常在一些大型畜牧场使用，此种布置方式重点解决场区道路的净污分流问题，避免因线路交叉而引起互相污染。

任务3   畜禽舍设计

一、畜禽舍面积的确定

按饲养方式、自动化程度及畜禽的饲养密度(表3-7～表3-11),计算拟定畜禽舍的建筑面积。

表3-7   鸡的饲养密度

地面平养		笼　　养		网上平养	
周龄	只/m²	周龄	只/m²	周龄	只/m²
0～6 7～14 15～20	20 12 20	0～1 1～3 4～6 6～11 11～20	60 40 34 24 14	0～6 6～18	24 14

表3-8   猪的饲养密度

猪群类别	体重(kg)	地面各类饲养密度(m²/头)		每栏头数
		非漏缝	局部或全部漏缝	
断奶仔猪	4～11	0.37	0.26	20～30
生长猪(前阶段)	11～18	0.56	0.28	20～30
生长猪(后阶段)	18～45	0.74	0.37	20～30
肥育猪(前阶段)	45～68	0.93	0.56	12～15
肥育猪(后阶段)	68～95	1.11	0.74	12～15
后备母猪	113～136	1.39	1.11	4～5
后备母猪(妊娠)		1.58	1.30	2～4
成年母猪	136～227	1.67	1.39	1～2
带子母猪		3.25	3.25	1
种公猪	密闭式	3.3～3.7	1.9～2.3	1～2
	开放式	14～23(运动场)	2.8～3.3(休息处)	1

表3-9   牛床的尺寸

牛　别	牛床尺寸(m)	
	长	宽
种公牛	2.2	1.5
成年母牛	1.7～1.9	1.2
6个月以上青年牛	1.4～1.5	0.8～1.0
临产母牛	2.2	1.5
分娩间	3.0	2.0
0～2个月龄犊牛	1.3～1.7	1.1～1.2
役牛和肥育牛	1.7～1.9	1.1～1.25

表 3-10　肉牛的饲养密度(m²/头)

牛群类别	所需面积	牛群类别	牛栏面积
繁殖母牛	4.65	公牛	11.12
断奶小牛	2.79	母牛	2.04
1 岁小牛	3.72	分娩母牛	9.29~11.12
犊牛(每栏养数头)	1.86		
肥育牛(肥育期平均体重 340 kg)	4.18		
肥育牛(肥育期平均体重 431 kg)	4.65		

表 3-11　羊的饲养密度(m²/只)

地面类型		公羊 (80~130 kg)	母羊 (68~91 kg)	母羊带羔羊 (2.3~14 kg)		肥育羔羊 (14~50 kg)
舍内	实地面	1.9~2.8	1.1~1.5	1.4~1.9*	0.14~0.19	0.74~0.93
	漏缝地面	1.3~1.9	0.74~0.93	0.93~1.9*	(供羔羊补料用)	0.37~0.46
露天	土地面	2.3~3.7	2.3~3.7	2.9		1.9~2.9
	铺砌地面	1.5	1.5	1.9		0.93*

注：* 产羔率超过 170%，每只羊占地面面积增加 0.46 m²。

二、确定畜禽舍类型

应考虑所在地区的气候类型、建筑习惯，结合经济状况、技术力量确定畜禽舍类型。图 3-20 所示为各种畜禽舍类型。

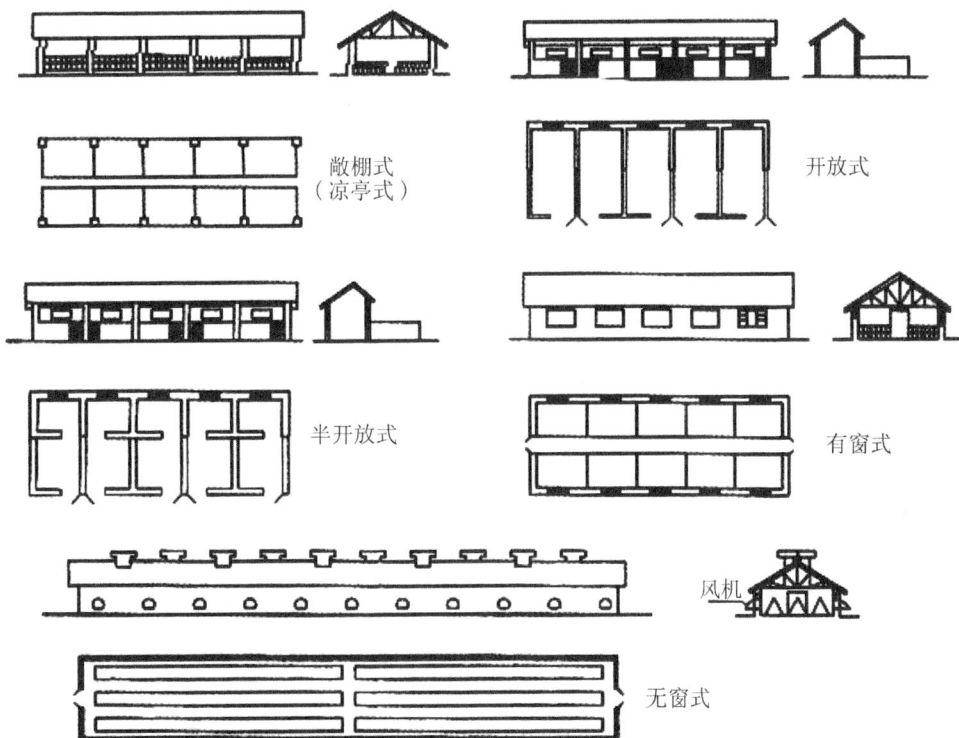

图 3-20　畜禽舍类型

气候分区与畜禽类型如表 3-12 所示。

表 3-12 气候分区与畜禽类型

气候区域	1月平均气温	建筑类型	建筑结构技术措施	舍内环境控制	畜舍种类
Ⅰ区	−28～−15℃	防严寒	保温墙、保温屋顶	控制排气	密闭舍
Ⅱ区	−15～−5℃	防寒	保温墙、保温屋顶	控制排气	密闭舍
Ⅲ区	0～5℃	防寒通风	普通墙体保温或隔热屋顶	自然排气通风	大窗舍
Ⅳ区	0～5℃	防寒防暑	普通墙增加窗面积或隔热屋顶	组织夏季通风	半开敞舍
Ⅴ区	5℃以上	防暑	不设围护墙，隔热屋顶加长出檐	局部人工降温	开敞舍

三、确定畜禽舍方位

畜禽舍方位是主要影响舍内温度、通风、采光等的重要因素。

我国地处北纬 20°～53°，冬季太阳高度角小，夏季太阳高度角大。舍的朝向以南向为宜，但还应兼顾到其他情况，科学合理地确定其方位。

四、确定畜禽舍外围护结构

1. 屋顶形式

一般跨度小和单列式畜栏的畜禽舍可以采用单坡式屋顶形式。双坡式畜禽舍易于建造，利于环境控制，为普遍采用的畜舍屋顶形式。不同地区根据防寒防暑要求的差异及建筑习惯进行确定屋顶形式。

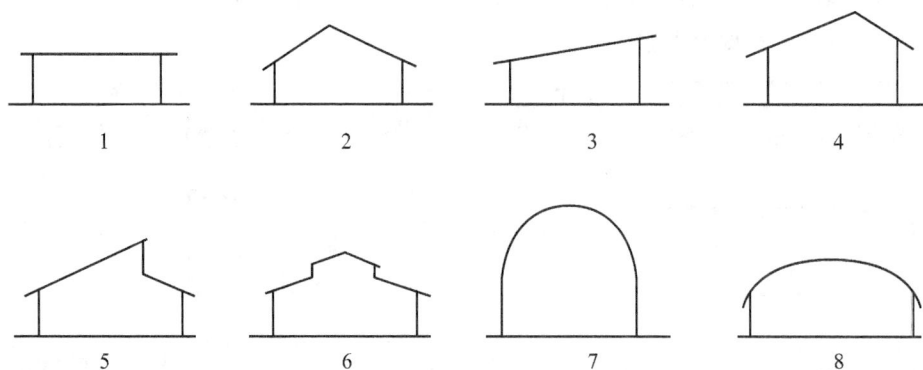

图 3-20 畜禽舍屋顶形式

1. 单坡式；2. 双坡式；3. 联合式；4. 平顶式；5. 拱顶式；6. 平拱顶式；7. 钟楼式；8. 半钟楼式

2. 天棚设置

设置高度一般为 2.0～2.8 m，羊舍通常为 1.5～1.8 m。但寒冷地区适当降低高度，炎热地区适当增加高度。

3. 墙壁

因地制宜就地取材，选择导热系数小、坚固、耐久、防水、抗消毒药剂腐蚀等性质的材料，根据防寒防暑和墙壁的材料确定墙壁的厚度，建造畜禽的墙壁。

4. 门

畜禽舍的外门要求至少 2 个以上，一般在两端墙上，对着中央通道，宽度为 1.5～2.0 m，高 2.0～2.4 m。供牛自动饲喂车通过的门高和宽为 3.2～4.0 m；供畜禽出入圈栏门

高与隔栏的高相同；供人出入的门高 1.8 m，宽 0.7 m。各类畜禽舍门的宽度如表 3-13
所示。

表 3-13　各类畜禽舍门的宽度

各类畜禽舍	门的宽度（m）
牛、马舍	1.2～1.5
猪舍	0.6～0.8
小群饲养的羊舍	0.8～1.2
大群饲养的羊舍	2.5～3.0
鸡舍	0.25～0.3

5. 窗

要满足舍内采光和通风需要，在面积不改变的情况下，设置窗户，并且要求等距离分
布，窗间宽度应在窗宽的 2 倍以内，南墙上窗数量为北墙上窗数量 2 倍。一般采光面设置
立式窗户。

五、畜禽舍的内部设计

1. 畜禽舍的平面设计

根据每栋舍所容纳畜禽的数量、饲养管理方式、气候特点、建筑材料与习惯等，合理
安排和布置舍内的各种设施。

（1）布置畜栏或笼具　一般情况下，沿着舍的长轴纵向排列畜栏或笼具。常见的畜栏
排列方式和中等养殖规模畜禽舍都以双列式排列为主。畜舍面积小的或饲养畜禽数量不大
时，采取单列式畜栏排列形式。大型现代化畜禽舍和舍内饲养畜禽数量较大时，多采用三
列式或多列式。

如果使用厂家生产定型的笼具、栏圈等产品，要根据每个笼具、栏圈所容纳畜禽的数
量计算其量，并确定其排列形式。

（2）设置舍内的通道　沿畜禽舍长轴方向布置畜栏时，管理、清粪、饲喂通道也随着
畜栏方向布置，因饲养管理方式和使用工具来确定通道的宽度，自由散栏饲养的双列式或
多列式畜舍，可靠纵墙布置笼具、畜栏。较长的双列式或多列式畜舍，每隔 30～40 m 设
1 个横向的通道，宽度为 1.5 m，牛舍、马舍为 1.8～2.0 m。

（3）确定采食宽度　根据每栏内饲养畜禽的数量和不同阶段，计算食槽、水槽的长与
宽，进一步确定栏圈的宽度。

（4）设置粪尿沟和清粪设施　拴系饲养的牛、马和定位栏饲养的猪及笼养的鸡和猪，
在畜床后部或笼下设粪尿沟。

（5）布置畜禽舍的附属房间　通常在畜禽舍靠场内净道一端设置饲料间、值班室、用
具存放间、消毒间等。

2. 畜禽的剖面设计

一般畜禽舍屋檐高度与舍内高度相当，寒冷地区以 2.2～2.7 m 为宜，炎热地区以 2.7～
3.3 m 为宜，跨度在 9 m 以上的畜禽舍可适当加高。同时要兼顾采光、通风等。

一般舍内地面比舍外地平面高出 30 cm 以上，若畜牧场地势较低时，可提高到 45～60 cm。
畜禽舍门前设置防滑的坡道，坡度应小于 15%，舍同内地面应向排水方向有 0.5%～

1.0%的坡度。

　　鸡饲槽、水槽上缘高度应与鸡背高度相同，牛的饲槽、水槽底部可与地面同高，猪的饲槽、水槽底部稍高于地面。猪的饮水器高度为：仔猪 10～15 cm，育成猪 25～35 cm，肥猪 30～40 cm，成年母猪 45～55 cm，成年公猪 50～60 cm。表 3-14 所示为各类畜禽舍内隔栏高度。

表 3-14　各类畜禽舍内隔栏高度(m)

各类畜禽舍	隔栏高度	各类畜禽舍	隔栏高度
平养鸡舍	2.5	空怀母猪舍	1.0～1.1
哺乳仔猪舍	0.4～0.5	妊娠后期及哺乳母猪舍	0.8～1.0
育成猪舍	0.6～0.8	公猪舍	1.3
育肥猪舍	0.8～1.0	成年母牛舍	1.3～1.5

　　牛舍剖面图如图 3-22 所示。

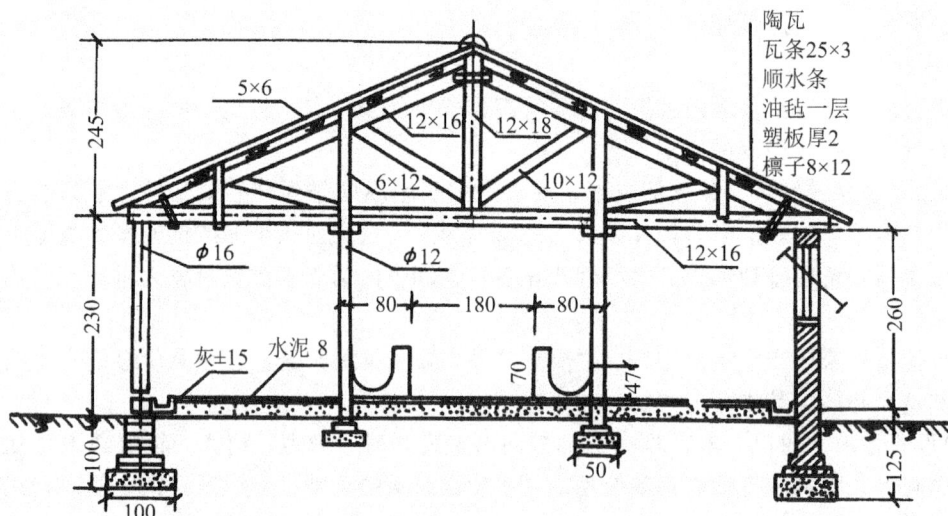

图 3-22　牛舍剖面图(cm)

六、饲养方式

1. 禽类饲养方式

(1)平养　平养是在禽舍地面上铺垫草或在距地面一定高度利用平网饲养家禽。

①垫料平养　在地面上铺垫草，将禽类饲养在垫草上。需经常更换垫草或在旧垫草上铺新垫草。这种方法的优点是投资少、费用低，符合鸡的行为习性，减少恶癖的发生。缺点是易于通过粪便传播疾病。

②网上平养　用木条、竹条或铁丝做成网，网距地面 40～70 cm，网格尺寸为 2.5 cm×5.0 cm。网上平养的优点是不需垫草、不需经常清扫，可减少粪便污染及疾病传播。缺点是饲养密度低，每鸡位的建筑投资大，劳动生产率相对低。

③混合地面平养　将网上平养和地面平养相结合形成的一种饲养禽类的方式，其特点

是：在禽舍中央用网上平养，四周用地上平养，粪便主要从网格掉入网下，减少了粪便的污染。

④地面平养　主要用来饲养种禽、雏鸡、肉用仔鸡、青年鸡和水禽。其中雏鸡、肉用仔鸡常用厚垫草平养，其余禽类既可采用厚垫草平养，也可采用全网和混合地面平养。

（2）笼养　笼养是将一定数量的鸡关在笼内饲养。笼养饲养密度高，每平方米可饲养肉鸡 20～30 只或蛋鸡 15～25 只，比平养密度高 2～3 倍。笼养鸡运动量少，饲料报酬高，生长比较均匀，笼养便于转群和机械操作。根据鸡笼的组装形式，可分为平置式、全阶梯式、半阶梯式、叠层式和复合式(图 3-23)。

雏鸡笼养常用叠层式，青年鸡和肉鸡笼养一般采用半阶梯式或叠层式。

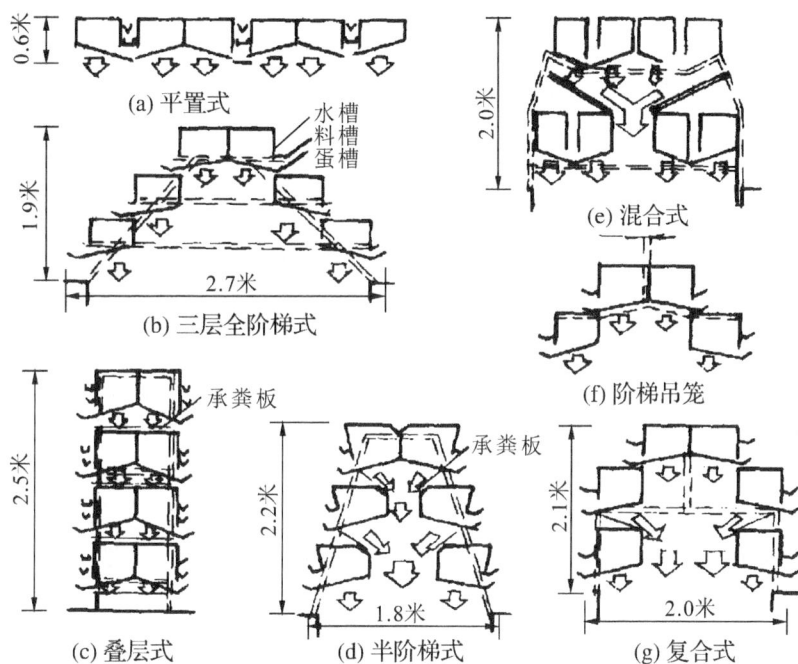

图 3-23　鸡笼养类型
(a)平置式；(b)三层全阶梯式；(c)叠层式；(d)半阶梯式；(e)混合式；(f)阶梯吊笼；(g)复合式

2. 猪的饲养方式

（1）单栏单养　即一个猪栏饲养一头猪。单栏单养对猪的活动有较大的限制，猪只能在较小的活动范围内站立躺卧或采食饮水，其优点是便于根据猪个体状况进行管理，同时还起到保护免受同类攻击的作用。需要进行单栏饲养的猪有：种公猪、配种母猪和产仔母猪，有时妊娠母猪也可采用单栏饲养。

（2）单栏群养　单栏群养是在一个猪栏内饲养 2 头或 2 头以上的猪，一般断乳仔猪、肥育猪、后备猪都采用单栏群养，有时妊娠母猪也采用单栏群饲。

（3）笼养　3～4 周断奶的早期断奶仔猪可以在单栏群养，也可以采用笼养。笼养时每笼养猪头数约为栏养时的 1/2，配合舍内环境控制，使早期断奶仔猪有更高的成活率和日增重。

（4）发酵床养猪技术是一种利用微生物处理技术解决养猪业粪污排放与环境污染的生

态环保养殖模式，属于无污染、无臭气、零排放的新型环保养猪技术。各饲养阶段的猪都适合。

３．牛（羊）的饲养方式

（１）全年放牧饲养　全年放牧饲养是将牛群常年放养在草场，在放牧场设置简易棚舍。这种饲养方式适合于气候温和，具有丰富草场资源的地区使用。半放牧饲养与其类似，只是冬季在舍内饲养，适合在具有丰富草场资源但冬季气候较冷的地区使用。

（２）全年舍饲　全年舍饲是将牛（羊）圈养在牛舍和运动场内。这种饲养方式适合于农区养牛（羊）。常用的舍饲方式是拴养和隔栏散养。拴养舍饲是将牛（羊）拴系在牛（羊）舍的牛（羊）床上，每天在运动场上活动数次。隔栏散养舍饲不需拴系设备，仅有供牛（羊）休息的隔栏以及喂饲、饮水、清粪等机械设备。

（４）舍饲与放牧结合　在春、夏、秋等气候暖和及牧草茂盛季节采用放牧方式饲养，在冬季气候寒冷和枯草季节采用舍饲方式饲养牛（羊）。

【必备知识】

一、畜禽舍设计

根据畜牧场生产工艺的要求，制定的畜禽舍建设的蓝图，包括建筑设计和技术设计。

1. 建筑设计

一般以工艺设计为依据，在选定的场址上进行合理的分区规划和建筑物、构筑物以及道路等的布局，绘制牧场总平面图。在牧场总体设计的基础上，根据工艺设计的要求，设计各种房舍的式样、尺寸、材料及内部布置等，绘制各种房舍的平面图、立面图和剖面图，必要时绘制用于表达房舍局部构造、材料、尺寸和做法的建筑详图。建筑设计的全部图纸包括牧场总平面图和各种房舍的平面、立面、剖面图以及建筑详图，统称为建筑施工图。建筑设计也涉及畜牧专业知识，因此，也需要有畜牧技术人员参与。

2. 技术设计

包括结构设计和设备设计。结构设计就是根据建筑设计的要求，设计和绘制每种房舍的基础、屋面、梁、柱等承重构件的平面图和构造详图，这些图纸统称为结构施工图。设备设计则是根据工艺设计、建筑设计和结构设计的要求，设计和绘制场区及各种房舍的给水、供暖、通风、电气等管线的平面布置图、立体布置图以及各种设备和配件的详图，这些图纸统称为设备施工图。技术设计必须由工程设计人员承担。

二、畜禽舍设计的原则

设计和建造畜舍，必须为畜禽创造适宜的环境，以提高畜禽健康和生产力。设计畜舍时，应遵循下列原则：

1. 应根据当地气候特点和生产要求选择畜舍类型和构造方案。

2. 应尽可能地采用科学合理的生产工艺，并注意节约用地。

3. 在满足生产要求的情况下，应注意降低生产成本。

三、畜禽舍设计基本要求

在设计畜舍时，一方面要反对那种追求形式、华而不实的铺张浪费现象，另一方面也要反对片面强调因陋就简的错误认识。因为将畜舍建造的过于简陋，起不到保温和隔热的作用，在冬季，畜舍温度过低，畜禽吃进去的饲料全被用于维持体温，没有生长发育的余力，有的反而掉膘，形成了"一年养半年长"的现象，甚至发生严重的冻伤。在夏季，畜舍过于简陋，舍温过高，畜禽处于热应激状态，难以进行正常的生产。

四、畜禽舍外围护结构作用

畜禽舍的墙、屋顶、门、窗和地面构了畜舍的外壳，称为"畜舍外围护结构"，为畜舍构造的一部分。畜舍以其外围护结构而使舍内空间不同程度的与外部隔开，形成不同于舍外环境状况的畜舍小气候。因而，畜舍内小气候状况在很大程度上取决于畜舍外围护结构状况。畜舍构造各部分根据其功能可以分为承重部分和围护、分割部分。畜舍承重部分有两种形式，第一种是墙体承重，依靠内外墙承载屋顶、楼板层、风雪和墙身自重等各种荷载，并将其传递到基础和基地上，该承重方式坚固、稳定、结构简单、施工方便、造价低，在畜舍建筑中经常使用，如图 3-24(a)所示。第二种是立贴式梁架承重，即由梁、柱承载屋顶重量，墙体起围护作用，如图 3-24(b)所示。采用立贴式梁架承重的墙体可以选用保温隔热性能好，价格低但强度差的材料，这种承重方式一般用于单层畜舍建筑。

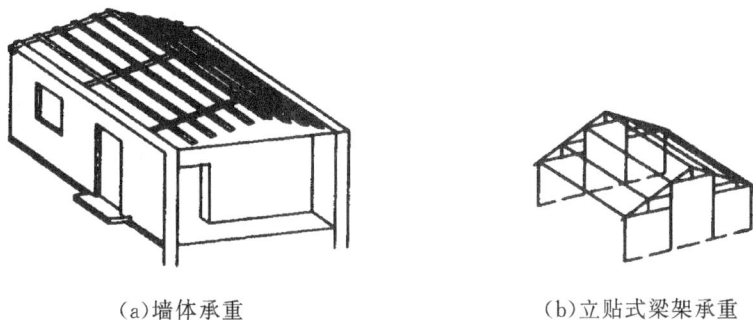

(a)墙体承重　　　　　　　　　　(b)立贴式梁架承重

图 3-24

选择确定畜舍构造方案，要求构造坚固、符合畜牧生产要求、形体和构造简单、整齐、经济美观，适用。在畜禽舍构造方案选择过程中，应该根据气候因素、畜牧业生产特点、建筑材料、建筑习惯和投资能力等因素综合考虑，切不可生搬硬套，盲目模仿。

五、畜舍的基本结构(图 3-25)

1. 基础、地基

房舍的墙或柱埋入地下的部分称为基础，它是畜舍承载的构件之一，它承担通过墙、柱传递的房舍的全部荷载，并再将其传递给基地。基础下面承受荷载的那部分土层称为地基。地基和基础支撑着畜舍地上部分，保证畜舍的坚固、耐用和安全。因此，地基和基础必须具备足够的强度和稳定性。

(1)地基　直接承载基础的土层称为天然地基，经过加固处理后承载基础的地基称为人工地基。天然地基应是质地均匀、结实、干燥、且组成一致，压缩性小而均匀(不超过 2～3 cm)、抗冲刷力强、膨胀性小、地下水位在 2 m 以下，无浸湿作用。砂砾、碎石、岩性土层以及有足够厚度、且不受地下冲刷砂质土层是良好天然地基。黏土和黄土含水多时土层较软，压缩性和膨胀性均大，不能保证干燥，不适宜做天然地基，宜采用砂黏土和砂壤土。

(2)基础　基础是整个建筑物的支撑点。必须具备坚固、耐久、防潮、防冻和抗机械作用等能力。一般基础应比墙宽，加宽部分常做成阶梯形，称"大放脚"。基础通过"大放脚"来增大底面积，使压强不超过地基的承载力。基础的地面宽度和埋置深度应根据畜舍

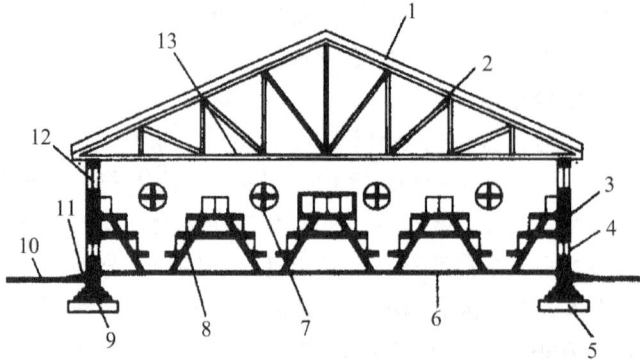

图 3-25 畜禽舍结构的主要组成部分

1. 屋面；2. 屋架；3. 砖墙；4. 地窗；5. 基础垫层；6. 室内地坪；7. 风机；
8. 鸡笼；9. 基础；10. 室外地坪；11. 散水；12. 窗 ；13. 吊顶

的总荷载、地基的承载力、土层的冻涨程度及地下水位状况计算确定。北方基础埋置深度应在土层最大冻结深度以下，但应避免将基础埋置在受地下水浸湿的土层中。按基础垫层使用材料的不同，基础可以分为灰土基础、碎砖三合土基础、毛石基础、混凝土基础等。目前，在畜舍建筑中，已经采用了钢筋混凝土与石块组合结构作基础。

2. 墙和柱

(1)墙体

①墙的作用　墙体是畜禽舍的主要构造部分，具有承重和分割空间、围护作用。墙体承重作用是指墙体将房舍全部荷载(包括房舍自身重量和屋顶积雪重量及风的压力等)传递给基础或地基。围护、分割作用是指墙体是将畜禽舍与外界隔开或对畜舍空间进行分割的主要构造。既具有围护和分割又具有承重的墙体称为承重墙。只具围护和分割的墙体称为非承重墙。墙体对畜舍内温度和湿度状况影响很大。据测定，冬季通过墙散失的热量占整个畜舍总失热量的35%～40%。外墙墙身与舍外地面接触的部位称勒脚。勒脚经常受屋檐滴下的雨水、地面雨雪的浸溅及地下水的侵蚀。为了防止墙壁被空气和土壤水汽侵蚀，可在勒脚与墙身之间用油毡、沥青、水泥或其他建筑材料铺1.5～2.0 cm厚的防潮层。

②墙体种类　按墙体所用材料的不同，可分为砖墙、砌块墙、复合板墙、石墙、土墙、灰板条墙等。

a. 砖墙　实心砖墙的厚度可为1/2砖、3/4砖、一砖、一砖半、二砖等，其厚度相应为120 mm、180 mm、240 mm、370 mm、490 mm。墙的厚度应根据承重和保温隔热要求，经过计算才能确定。当保温隔热要求高时，要求墙体厚，也可做空气间层，也可在墙内和墙面加保温层。砖墙砌筑方法有多种，要求砖块相互搭接、错缝、砂浆饱满。畜舍外墙面一般不抹灰粉刷，但需用1:(1～2)的水泥砂浆勾缝。

b. 砌块墙　以粉煤灰或炉渣等制成的砌块砌墙。各地生产的砌块长度不同，但宽度和厚度一般分别为380 mm和200 mm。砌块强度高、保温性能好，便于施工，可用于畜舍建筑。

c. 复合板墙　复合板墙具有造价低、施工快、美观等优点。复合板墙一般由结构层(内层)、保温层和饰面层构成。按抗压强度可分为非承重外挂板和承重外墙板两种类型。外挂板自重256 kg/m²。岩棉板保温层厚度为80 mm，总厚度为160 mm的外挂板，其热阻值为 1.76 m² · ℃，是厚度为 490mm 砖墙热阻的 2 倍多。

d. 石墙和土墙　在畜舍建筑中很少使用，灰板条墙可用于无须保温的非承重墙。

③墙体的卫生学要求　根据卫生学的要求，墙必须具备坚固、耐久、抗震、耐水、抗冻、结构简单、便于清扫和消毒等优点。同时应具有良好的保温隔热性能。

(2)柱　柱体是根据需要设置的房舍承重构件。用于立贴梁架、敞棚、房舍外廊等的承重时，一般采用独立柱，可为木柱、砖柱、钢筋混凝土柱等。如用于加强墙体的承重能力或稳定性时，则做成与墙合为一体但凸出墙面的壁柱。柱的用材、尺寸及其基础均须计算确定。独立柱的定位一般以柱截面几何中心与平面纵、横轴线相重合。壁柱的定位则纵向以墙的定位轴线为准，横向以柱的几何中心与墙的横向轴线相重合。

3. 屋顶和天棚

(1)屋顶　屋顶是房舍顶部的覆盖构件，与外墙一起构成房舍的建筑空间，故外墙和屋顶统称房舍外围护结构。

①屋顶的作用和形式　屋顶主要起遮风避雨和隔绝太阳辐射、保温防寒等作用。屋顶还承受上部荷载(雪和风压)和自重，并将其通过墙柱、基础向地基传递的作用。由于屋顶在夏季接受太阳辐射热比墙多，而冬季由于舍内外温差大，舍内空气受热上升，失热也多，因此，屋顶必须有较好的保温隔热性能。此外，屋顶还要求能承重、防水、防火、不透气、光滑、耐久、结构轻便、造价低等。

屋顶的基本形式有坡屋顶、平屋顶和拱形屋顶三种。坡屋顶又可分为单坡式、联合式、双坡式、半钟楼式、钟楼式，多个畜舍单元或多幢畜舍组合在一起则形成联体式。

a. 单坡式屋顶跨度小，结构简单，利于采光，适用于单列畜舍。

b. 双坡式屋顶跨度大，易于修建，保温隔热性能好，适宜于各种规模的各种畜群饲养。

c. 联合式屋顶跨度小，采光较单坡式屋顶差，但保温性能比单坡式屋顶好。

d. 钟楼式和半钟楼式屋顶是在双坡式屋顶单侧或双侧增设天窗以加强通风和采光。这种屋顶造价高，适用于温暖地区大跨度畜舍使用。

e. 双折式屋顶下部有较大空间，通常挂顶棚以形成阁楼，用以贮藏干草和垫草，保温隔热能力强，适用于寒冷地区使用，但造价大，结构复杂。

f. 锯齿式屋顶既保留了单坡式屋顶采光好的优点，又克服了跨度小和净高小的缺点，但用材多，造价高，畜舍较少使用。

②屋顶的构造

a. 坡式屋顶　坡式屋顶承重构件包括放置在承重纵墙或柱上的屋架和放置在屋架上的檩条。如果以横向的内外山墙搁置檩条来承重，则不设屋架，称为硬山搁檩。

坡式屋顶采用三角形屋架，由上弦、下弦、腹杆等组成，可用不同材料制作。各种杆件均用方木或圆木制作的屋架，称为木屋架。如果上弦和压杆用木材而下弦和拉杆用圆钢制作，则称为钢木屋架。各种杆件均用各型钢和圆钢制作称为钢屋架。各种杆件均用钢筋混凝土浇筑后拼装而成称为钢筋混凝土屋架。如果钢筋混凝土屋架的下弦及拉杆用圆钢制作，则称为钢筋混凝土组合屋架。

檩条也称桁条，是直接承受屋面荷载的构件，常用的有木檩条和钢筋混凝土檩条，其截面尺寸和间距须计算确定。一般地说，长度 3~4 m，细端直径 100~140 mm 的圆木檩条，间距为 700～1 000 mm；长度 3～4 m，截面宽、高分别为 60～80 mm 和 140～160 mm 的钢筋混凝土檩条，间距为 800～1 000 mm。

畜舍常用的坡式屋顶的屋面是黏土瓦屋面和波形瓦屋面。黏土瓦一般指机制平瓦，小青瓦也属黏土瓦，但在畜舍建筑中较少采用。平瓦屋面的构造一般是在檩条上钉望板，上铺油毡一层，然后钉顺条，其上再钉挂瓦条，然后挂瓦。为了节约木材，上述做法已较少采用，而是在檩条上钉椽子，其上铺苇箔、油毡，然后再钉挂瓦条挂瓦。采用挂瓦条构造屋面，保温隔热性能较差，可将挂瓦条截面高度加大，其间添充保温材料。亦可在铺 2 层苇箔后抹一层 30～50 mm 厚的草泥，将黏土瓦黏座在草泥上，其造价低，保温隔热性能较好。

波形瓦自重轻，覆盖面积大，这种轻型屋面可减小房舍重构件截面尺寸，故可省料、省投资，但其保温隔热性能较差，可在瓦下加设泡沫塑料保温层，并在其内侧置石膏板，以防潮和防止鼠雀破坏保温层。如采用复合板组合式畜舍，也属轻型屋面，其保温隔热较好，但造价比波形瓦高。

b. 平屋顶　平屋顶靠钢筋混凝土梁和楼板承重。楼板一般为现浇或预制钢筋混凝土板，前者是在承重构件上空现场支模、扎钢筋、整体浇捣混凝土而成。后者是在预制场制成一定尺寸的板块，运至现场进行装配，这种楼板一般做成多孔板。工厂制作的多孔板均按国家标准生产，板长一般为 3 000 mm、3 300 mm、3 400 mm、3 500 mm、3 600 mm、3 800 mm、4 000 mm 等，板宽为 500 mm、600 mm 等，板厚 110 mm 或 115 mm。

平屋顶的屋面可以分为柔性防水屋面和刚性防水屋面。前者一般是在楼板的上表面做一层 20 mm 厚的水泥砂浆平层，然后每刷一道沥青铺一层油毡，最上一层油毡上再刷沥青后，铺一层绿豆砂。刚性防水屋面是在楼板的上表面浇捣一层 40 mm 厚的细石混凝土，或做 20 mm 厚的防水水泥砂浆面层。如在柔性或刚性屋面上加保温层，须先在楼板上涂两道沥青作隔气层，再按需要厚度铺保温层，然后再按上述方法做屋面。

c. 拱形屋顶　按使用材料不同可分砖拱和钢筋混凝土薄壳拱屋顶，拱体是屋顶的承重部分。砖拱的施工一般是现场支模砌筑。薄壳拱则一般为预制，现场吊装。

③屋顶的保温材料　保温材料习惯上是指密度 $\rho < 600～700 \text{ kg/m}^3$、导热系数 $\lambda < 0.25 \text{ W/m} \cdot ℃$ 的材料。

a. 岩棉　岩棉是以岩石为主要原料制成的一种矿物棉，具有隔热性能好、容重小、导热系数低、不易燃火、使用时间长、耐腐蚀、吸声等优点，其制品有岩棉被、岩棉毡、岩棉管壳等。岩棉制品的导热系数在常温下为 $0.03～0.04 \text{ W/m} \cdot ℃$，吸水率 $\leqslant 5\%$，容重因制品不同而差别很大，一般为 $80～100 \text{ kg/m}^3$，高者 200 kg/m^3。岩棉制广泛用于屋顶、墙体、供热管道的保温隔热。

b. 珍珠岩　珍珠岩属火山喷出的酸性玻璃质熔岩，以此为原料加工制造的膨胀珍珠岩粉料，可用水泥、水玻璃、磷酸铝溶液、聚乙烯醇溶液等胶结材料制成各种不同性能和形状的珍珠岩制品，亦可用于屋面、墙体、地面的填充保温以及保温抹面层的集料，或在工地现场浇制轻型绝热层、保温混凝土等。一、二级膨胀珍珠岩的容重分别为 $<80 \text{ kg/m}^3$ 和 $80～150 \text{ kg/m}^3$，常温下导热系数分别为 $<0.052 \text{ W/m} \cdot ℃$ 和 $0.052～0.064 \text{ W/m} \cdot ℃$，含湿率 $<2\%$。

c. 蛭石　蛭石是一种片云母的矿物，经高温焙烧后体积膨大而成。其容重因粒径不同而异，一、二、三级混合料分别为≤100 kg/m³、110～140 kg/m³和150～200 kg/m³。导热系数0.052～0.07 W/ m·℃，使用温度≤800℃，含湿率＜3%。膨胀蛭石的用途和用法与膨胀珍珠岩基本相同。

d. 泡沫塑料　泡沫塑料因制造原料不同，又分聚氨酯泡沫塑料、聚氯乙烯泡沫塑料、可发性聚苯乙烯泡沫塑料、脲醛泡沫塑料等。

聚氨酯泡沫塑料包括硬质和软质两种。聚氨酯硬质泡沫塑料具有重量轻、强度高、导热系数低、吸水性小、隔声、抗震等特性，可用喷涂、灌注、模塑等工艺进行生产，亦可在常温下现场灌注。它与其他金属、非金属材料有较好的粘合度，但价格较贵。聚氨酯软质泡沫塑料质轻、柔软、弹性好、隔热保温、透气、吸声、耐磨，价格比硬质塑料稍低。

聚氯乙烯泡沫塑料包括硬质和软质两种。硬质聚氯乙烯泡沫塑料具有容重小、导热系数低、不吸水、耐酸碱和油、保温、吸音、防震等特点，使用时可根据需要用钢锯或电热丝切割，还可用胶黏剂黏接成各种形状，其容重≤45 kg/m³，导热系数≤0.043 W/m·℃。软质聚氯乙烯泡沫塑料分开孔和闭孔两种，开孔的可在建筑上作隔热吸声材料，其容重≤27 kg/m³。聚氯乙烯泡沫塑料的价格大大低于聚氨酯泡沫塑料。

可发性聚苯乙烯泡沫塑料无嗅、纯白色，具有隔热、吸声、耐低温、吸水性很小等特点。产品分可燃的和自熄的两种。除有成型制品外，另有一种可发性聚苯乙烯加工颗粒，可在施工现场用蒸气、热水、热风等简单处理后，经几秒至几分钟即可制成不同容重和形状的泡沫塑料制品。成品可用锯或电阻丝切割，广泛用作保温、隔热、吸声等。其容重可为20 kg/m³、30 kg/m³、50 kg/m³、70 kg/m³、100 kg/m³，导热系数为0.023～0.034 W/m·℃，其价格仅为聚氨酯泡沫塑料的1/4。

各种屋架及其适用跨度如表3-15所示。

(2)天棚　天棚又叫顶棚或者天花板，是将畜舍与屋顶下空间隔开的结构。由于天棚与屋顶之间形成较大的空气间层，封闭的空气间层具有良好的保温隔热作用。特别是在－30℃以下的寒冷地区，天棚能使畜舍更加温暖。对于炎热地区，天棚又能减少太阳辐射热从屋顶进入畜舍内，避免畜舍过热。采用负压机械纵向通风的畜舍，天棚可大大减少过风面积，显著提高通风效果。因此，良好的天棚对于炎热和寒冷地区畜舍环境控制都具有重要作用。

要求天棚导热性小、不透水、不透气、结构简单、重量轻，厚度要薄，同时能耐久、耐火、顶棚表面要求平滑、粉刷成白色以增加舍内亮度等。

表 3-15　各种屋架及其适用跨度

屋架形式		跨度(m)	间距(m)	屋面	坡度	说明
钢木屋架		9、12、15、18	3～4	机平瓦 小青瓦 木檩条	1/3～1/2	自重轻，施工便，木材受压杆，钢材受拉杆，但要耗用木材

屋架形式		跨度(m)	间距(m)	屋面	坡度	说明
钢筋混凝土屋架	小装构屋件架拼	3～6	3～4	机平瓦 小青瓦 钢檩条	1/3～1/2	拼装构件小，施工方便
	组合屋架	9 12 15 18	4～6	机平瓦 大　瓦 木或混凝土檩条 挂瓦板	1/5～1/2	钢筋混凝土压杆，钢材受拉杆，但屋架重心偏高，需设支撑系统
	预铰应拱力屋三架	9 12 15 18	4～6	机平瓦 大　瓦 木或混凝土檩条	1/5～1/2	上弦为预应力T形构件，经济指标好，施工也比较简单
钢屋架	角钢屋架	9 12 15 18	4～6	轻质瓦材 有时也用 混凝土檩条	1/5～1/3	上弦为双角钢，下弦腹杆为单角钢
	三角拱架屋架	12	4～6	轻质瓦材 有时也用 混凝土檩条	1/5～1/3	角钢和圆钢组成，自重轻，现场拼装，需经常油漆维护
	薄钢壁屋型架	12 15 18 24	4～6	轻质瓦材 薄壁钢檩条 桁架式钢檩条	1/5～1/3	大城市能生产，需经常油漆维护

畜舍内的高度通常以净高表示，净高是指地面至天棚的距离。畜舍无天棚时，净高是指地面至屋架下弦下缘的高。在寒冷地区，适当降低净高有利畜舍保温，而在炎热地区，加大净高则有利通风降温。

一般畜舍净高的标准是：牛舍 2.8 m，猪舍和羊舍 2.2～2.6 m，马舍 2.4～3.0 m。笼养鸡舍净高需适当增加，五层笼鸡舍净高需 4 m。

4. 门、窗

(1)门　畜禽舍的门有外门与内门之分，畜舍内部各部分之间的门以及畜舍附属房间通向舍内的门叫内门，畜舍通向舍外的门叫外门。按畜禽舍门的开启形式可分为平开门、折门、弹簧门和推拉门；按门的材料可分为木门、金属门。按每樘门的门扇数可分为单扇门、双扇门、四扇门。

畜舍的外门一般要考虑管理用车的通行，其宽度应按所用车的宽度确定，一般单扇门洞宽 0.9～1.0 m，双扇门宽 1.2 m 以上。当宽度在 1.5 m 以上时，宜考虑用折门或推拉门，门洞高一般为 2.1～2.4 m。各类畜禽舍外门的尺寸如表 3-16 所示。

在门的材料选择上，木门密封和保温性能均较好，但作畜舍大门则坚固程度较差，可酌情在门扇下部两面包 1.2～1.5 m 高的铁皮。金属门的优缺点与木门相反。

外门的功能有：①与外界隔离，保温防寒暑。②人畜进出。③运送饲料与清粪等操作和管理工作。④防止舍内动物外逃和舍外动物进入。

表 3-16　各类畜禽舍外门的尺寸

畜舍种类	宽度（m）	长度（m）
牛 舍	2.0～2.2	2.0～2.4
马 舍	2.0～2.2	2.2～2.5
猪 舍	1.5～1.6	2.0～2.2
羊 舍	2.5～3.0	2.0～2.5

每栋畜舍一般至少设两个外门。外门一般设在两端墙上，正对中央通道。如果是大跨度畜舍，也可在端墙上正对除粪、饲料通道各设 2 个或 3 个门，其大小根据作业特点与机械体积而定。较长畜舍或有运动场的畜舍也可在纵墙上设门，但要设在向阳避风的一侧。

在寒冷地区，为了防止冷空气大量侵入畜舍，通常在大门之外设立有窗的门斗，畜舍门应向外开，不应有门槛与台阶。但为了防止雨水淌入舍内，畜舍地面一般应高出舍外地坪 30 cm。

（2）窗　畜舍窗户的功能是通风和采光。按开启形式可分平开窗、转窗、推拉窗；按使用材料可分木窗、金属窗、硬塑窗等。平开窗分单扇、双扇和多扇，其构造简单，在畜舍中采用较多，外开时不占舍内面积，并便于安装纱窗。转窗按其铰链的安装位置，分为装在窗上部的上悬窗、装在窗中部的中悬窗和装在窗下部的下悬窗。转窗窗扇均水平旋转，开启时窗扇均须向外倾斜，以防雨水进入舍内。上悬窗开启时不占舍内空间，中悬窗占得较少，故畜舍较多采用。推拉窗可分左右推拉的推窗和上下推拉的拉窗，前者多用于窗两侧均不宜被侵占空间的部位，如单元式猪舍的走廊隔墙等处。

窗户多设在纵墙或屋顶上，是外围护结构中保温隔热性能最差的部分。因此，在设置窗户时，要统筹兼顾它的各种要求。在寒冷地区保温是主要矛盾，应在保证采光和夏季通风的前提下适当少设窗户，尽量减少畜舍面积。在温暖地区，窗户的主要作用是保证通风，可适当多设窗户和加大窗户面积，但也不宜过大，以防夏季传入过多的热量。

5. 地面

地面是畜舍建筑的主要构件。畜舍地面的作用不同于工业与民用建筑，特别是采用地面平养的畜舍，其特点是畜禽的采食、饮水、休息、排泄等生命活动和一切生产活动，均在地面上进行。畜舍必须经常冲洗、消毒。除家禽外，猪、牛、马等有蹄类家畜对地面有破坏作用，而坚硬的地面易造成蹄部伤病和滑跌。因此，畜舍地面必须坚固、保温、不滑，无造成外伤的隐患、有一定的弹性的坡度，防水，便于清洗消毒，耐腐蚀。

地面的防水和隔潮性能对地面本身的导热性和舍内卫生状况影响很大。地面潮湿是畜舍空气潮湿的主要原因之一。在地面透水和地下水位高的地区，可使地面水渗入地下土层，导致地面导热能力增强，这样的地面冬季温度过低，容易导致畜禽受凉冻伤。为此，必须对地面进行防潮处理，常用的防潮材料有油毡纸加沥青等。

地面平坦，有弹性且不滑，这是畜舍卫生的基本要求。坚硬的地面易引起家畜疲劳及关节水肿。地面太滑或不平时，易造成家畜滑倒而引起骨折、挫伤及脱臼，且不利于清扫和消毒。因此，地面排水沟应有一定的坡度，以保证洗涤水及尿水顺利排走。牛舍和马舍地面的坡度要求为 1%～1.5%，猪舍为 3%～4%。

常见地面及特性如表 3-17 所示。

表 3-17　常见地面及特性

地面种类	坚实性	不透水性	不导热性	柔软程度	不光滑程度	可消毒程度	总分
夯实土地面	1	1	3	5	4	1	15
夯实黏土地面	1	2	3	5	4	1	16
黏土碎石地面	2	3	2	4	4	1	16
石　地	4	4	1	2	3	3	17
混凝土地面	5	5	1	2	2	5	20
砖　地	4	4	3	4	4	2	21
木地板	3	4	5	4	3	3	22
沥青地面	5	5	2	3	5	5	25
炉渣上铺沥青	5	5	4	5	5	5	28

畜舍地面可分实体地面和缝隙地板两类。根据使用材料的不同，实体地面有素土夯实地面、三合土地面、砖地面、混凝土地面、沥青混凝土地面等。缝隙地板有混凝土地板、塑料地板、铸铁地板、金属网地板等。素土夯实地面、三合土地面和砖地面保温性能较好，造价低，但吸水性强，不坚固，易破坏，故除家禽和羊等畜禽的小型饲养场户外，已较少采用。混凝土地面或缝隙地板除保温性能和弹性不理想外，其他性能均可符合畜牧生产要求，造价也相对较低，故被普遍采用。沥青混凝土地面各种性能俱佳，但沥青含有某些有害或致癌物质，有危及动物健康和在产品中积累之虑。铸铁和金属网缝隙地板的缺点与混凝土缝隙地板同，但前者造价较高。塑料缝隙地板各种性能均较好，但造价较高。

实体地面的构造一般分基层、垫层和面层。混凝土地面在土质较好的情况下可直接以夯实素土作基层，否则可铺 50～70 mm 厚碎砖或炉渣或黄沙作基层，然后浇捣 50～80 mm 厚 150 号混凝土作垫层，再用 1:2 水泥砂浆做面层 20～25 mm，最后撒一层 1:1 干水泥黄沙，随打随用木抹抹麻面而不宜用铁抹抹光。为提高实体地面的保温性能，可在满足强度要求的前提下，于垫层下铺白灰焦渣、空心砖，并酌情减小垫层厚度。亦可在垫层下设保温层，但须防止沉降不匀而裂缝。缝隙地板的制作，除以混凝土为材料者可经计算确定截面尺寸、配筋并支模预制外，其余均由工厂定型生产。无论何种缝隙地板的设计和制作，除选择性能好的材料和保证所需强度处，还须确定板条与缝隙宽度的适宜比例。

6. 其他细部

(1)粉刷　粉刷是墙和吊顶表面的保护层，同时起表面光洁美观和改善房舍热工、光照等作用。畜舍的粉刷一般限于墙和吊顶内部表面，用水泥灰砂浆分层抹，需要清洗消毒的房间或部位，应以水泥砂浆抹面或抹 1.2～1.5 m 高的墙裙。

(2)台阶和坡道　在地坪存在高度差而又需要通行的地方，可建台阶供人行走，车辆和家畜通行的地方则须建坡道。台阶每层高度和宽度一般分别为 0.15 m 和 0.30 m,可用砖石铺砌、水泥砂浆做面层。坡道的坡度宜 1:(7～8),表面应做成锯状以防滑,可用砖石铺砌、水泥砂浆做面层,或按混凝土地面的做法施工。

(3)雨罩和风斗 畜禽舍大门向外开启时,门扇须防雨淋,应在门上部做现浇或预制混凝土雨罩,其悬挑尺寸一般为 0.9～1.2 m。在寒冷地区,畜禽舍设有西门和北门时,为防西北风倒灌和保温,可在门外设置门斗,并要求门头的入口向南或向东,带屋顶的门斗保温效果则更好。

畜舍各部分及其对环境的影响如表 3-18 所示。

表 3-18 畜舍各部分及其对环境的影响

畜舍结构	影响的环境因素
地基与基础	雪雨、雪、地下水会侵蚀地基和基础,因此这部分主要影响舍内湿度;对温度也有一定影响
墙壁	对舍内温度影响很大;对湿度也有很大影响
屋顶与天棚	对舍内温度影响巨大,这种影响大于墙壁;对湿度也有很大影响
地面	对温度的影响次于屋顶和墙壁;直接影响舍内湿度
门	主要影响舍内温度和通风换气
窗	主要影响舍内的采光、通风和温度

六、畜舍的内部设计

畜舍内部设计合理是保证饲养管理方便的前提,设计要符合畜禽生活和生产要求,建筑上尽量节约面积和降低造价,方便施工。

1. 畜舍的平面设计

畜舍内合理安排和布置畜栏、笼具、通道、粪尿沟、食槽、附属房间等,从而确定畜禽舍跨度、间距和长度,最后绘出畜舍平面图。

畜栏或笼具的布置排列数多可以减少通道和建筑面积,并减少外围结构面积,有利于保温隔热。笼养育雏舍、笼养兔舍也可沿舍的短轴排列笼具,采光和通风效果好。

如果采用工厂式生产的栏圈、笼具定型产品,则根据每栏容纳畜禽数和每栋舍的畜禽总数计算出所需要栏(笼)数,按确定的排列方式,并考虑通道、粪尿沟、食槽及附属房间等的设置,初步确定畜禽舍的跨度和长度,绘出平面图。如果采用的栏圈不是定型产品,则需要根据每圈畜禽的数量及采食宽度,以保证畜禽采食时不拥挤,减少争斗。采用自动饲槽或吊桶式喂料器的,栏圈宽度可不受采食宽度限制。

畜禽舍内通道沿长轴纵向布置畜栏时,饲喂、清粪及管理通道一般也纵向布置,其宽度须根据用途、使用的工具、操作内容等酌情而定。双列或多列布置时,靠纵墙布置畜栏或笼具,可节省一条通道。但靠墙的畜栏或笼具受墙冷辐射或热辐射的影响较大。较长的双列式或多列式畜舍,每 30～40 m 应沿跨度方向设横向通道,其宽度一般为 1.5～2.0 m。拴系饲养或固定栏架饲养的牛舍、马舍和猪舍以及笼养的鸡舍和猪舍,因排泄粪尿位置固定,应在畜床的后部或笼下设粪尿沟。

一般附属房间设在畜舍靠场内净道一端,长度较大的畜舍,附属房间也可设在畜禽舍的中部,以方便管理。房间用于存放饲料,一般存放饲料为 3～5 d 的用量,牛舍还应设草料棚，存放当天的青贮、青饲料或多汁饲料。为了加强管理，畜禽舍还应设饲养员值班室。奶牛舍还应设真空泵房、挤奶间等，大型畜禽舍还可高消毒间，工具间等。

2. 畜禽舍的剖面设计

主要是确定畜禽舍各部、各种配件、设备和设施的高度尺寸，并绘出平面图相对应的剖面图和立面图。

(1)畜禽舍的高度 除取决于自然采光和自然通风外，还应考虑当地气候和防寒、防暑要求，也与畜禽跨度有关，寒冷地区檐下高度 2.2～2.7 m 为宜，跨度 9 m 以上的畜禽可适当加高。炎热地区则不宜过低，一般以 2.7～3.5 m 为宜。

(2)舍内地面 舍内地面高度应比舍外地面高 20～30 cm，当场地低洼时，可提高到45～60 cm。舍大门前应设置走道，以保证畜禽和车辆进出，不能设置台阶。舍内地面的坡度在畜床位置就保证 2%～3%，以防畜床积水潮湿。厚垫料平养的舍，地面应向排水沟有 0.5%～1.0% 的坡度，以便清洗消毒时排水。

(3)饲槽、水槽设置 鸡的饲槽、水槽设置高度一般使槽上缘与鸡背同高。猪、牛的饲槽和水槽底可与地面同高或稍高于地面。猪用饮水器与水平面成 45°～60°，安装成距地面高 10～15 cm，可供各种大小的猪使用；如饮水器与地面平行，其高度见表 3-19。

表 3-19 猪用饮水器和畜栏高度

猪群种类	猪圈围栏高度(m)	猪群种类	饮水器水平高度(cm)
哺乳仔猪	0.4～0.5	仔 猪	10～15
育成猪	0.6～0.8	育成猪	25～35
育肥猪	0.8～1.0	肥 猪	30～40
空怀母猪	1.0～1.1	成年母猪	45～55
怀孕后期及哺乳母猪	0.8～1.0	成年公猪	50～60
公猪	1.3		

(4)隔栏(墙)的设置 因畜禽种类、品种、年龄不同，畜舍隔栏(墙)高度的要求也不相同。成年母牛隔栏高度为 1.3～1.5 m。平养成年鸡舍隔栏高度一般不应低于 2.5 m，用网或竹竿制作。

【扩展知识】

一、畜牧场的科学规划合理布局

在现代规模化养殖场中为了有较高的集约化程度和机械化水平，更科学地进行饲养管理，良好的防御畜禽疫病的措施，在畜牧场规划设计之初就要全面综合地考虑养殖过程中的各种因素，制定最的规划布局方案。在这个过程中要确立生产管理关系：①种畜禽的饲养与繁殖。②幼率的培育。③商品畜禽(生产群)的饲养管理。④饲料的运进、贮存、加工、调制与分发。⑤畜舍清扫、粪尿的清除及运送、堆贮。⑥畜禽产品的加工、保存、运输。⑦疫病的防治。除此以外还要考虑到地形地势、主导风向及不同纬度的光照合理设计。

二、畜禽舍的建筑设计

畜禽舍的设计必须符合畜禽生物学特性的需要，满足动物生产工艺和饲养管理的要求。畜禽舍设计、建造和管理的目的是为畜禽创造既符合畜禽生理要求又可进行高效生产的环境。畜禽舍既不同于工业厂房，也有别于民用住房，其特点是：在畜禽舍内饲养密度大，畜禽不仅在舍内饮水、采食、生产，而且还在舍内排泄，再由于畜禽的活动和畜舍外围护结构的封闭使畜舍内温度、水汽、灰尘、有害气体和噪声等显著高于舍外环境，畜舍内的气流和光照则低于舍外环境，增加了畜舍空气环境改善和控制的难度。只要我们根据畜禽的生物学特点，结合当地自然气候条件，选择适用的材料建筑，确定适宜的畜舍形式与结构，进行科学设计、合理施工、采用舍内环境控制设备和科学的管理，就能为畜禽的生产和活动创造良好环境。

项目4 畜牧场的配套设施

任务1 畜牧场防疫设施设置

一、畜牧场场界要划分明确

畜牧场四周应建较高的围墙或较深的防疫沟，阻止场外人员及其他动物进入场区。为了更有效地切断外界的污染因素，必要时可向防疫沟内放水，但在有水的防疫沟内不能从事水产养殖。

在场内各区之间，也可设较小的防疫沟或围墙，或种植隔离林带。不同年龄的畜群，最好不集中在一个区之内，并保持有足够的卫生防疫距离100～200 m。

二、在畜牧场大门入口处设车辆消毒池

消毒池与大门同宽，长3 m，深20 cm。并配备喷雾消毒设施。脚下踩踏消毒池，长2 m，宽1.5 m，深0.1 m。如设有消毒室，室内设有喷雾更衣换鞋间，安装紫外线灭菌灯和定时通过指示铃等。

三、生产区入口处必须设置消毒设施

供人员进入生产区的专用通道内要设有更衣室，有条件的或防疫要求严格的牧场设置淋浴室。在更衣室门口应设消毒池，长2 m，与门同宽，深10 cm，更衣室内必须设有紫外线消毒灯。

四、每栋畜禽舍入口处应设有消毒池

消毒池长1.5 m，与门同宽，门前放装有洗手用消毒液的消毒盆。操作间应设有紫外线灯，每栋畜禽舍配一个消毒器。

【必备知识】

畜牧场场界要划分明确。为保证畜牧场防疫安全，避免一切可能的污染和干扰，畜牧场四周应建较高的围墙或较深的防疫沟，以防止场外人员及其他动物进入场区。但这种防疫沟造价较高，也很费工。应该指出，用刺网隔离是不能达到安全目的的，最好采用密封墙，以防止野生动物侵入。

在场内各区域间同，也可设较小的防疫沟或围墙，或种植隔离林带。不同畜群分区饲

养，并且养殖区之间留有足够的卫生防疫距离(100～200 m)。

在畜牧场大门及各区域入口处，应设消毒设施，如车辆消毒池、人的脚踏消毒槽(图 3-26)，或喷雾消毒室、更衣换鞋间等。装设紫外线灭菌灯，应强调安全时间(3～5 min)，时间太短达不到安全目的，因此，有些畜牧场在消毒室内安装定时通过指示铃。

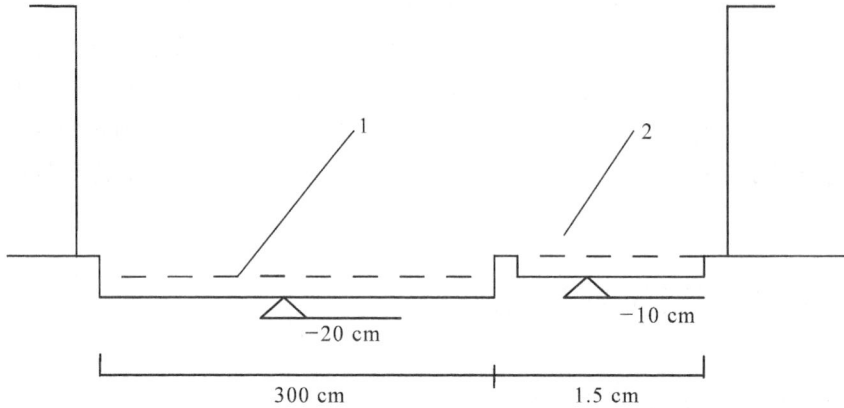

图 3-26　车辆消毒池及人的脚踏消毒槽断面
1. 车辆消毒池；2. 脚踏消毒槽

任务 2　场内道路规划

一、铺设畜牧场与外界连接的主干道
路面最小宽度应保证两辆中型运输车辆的顺利错车，为 6.0～7.0 m。

二、铺设畜牧场内的道路
场内支干道，约为 3.5 m，保证小型车辆运行。生产区内的道路要求净污分开与分流明确，互不交叉，兽医建筑物须有单独的道路。路面为水泥混凝土路面，也可用碎石、砾石、石灰渣土路面。

人员出入、运输饲料及畜产品用的清洁道(净道)，路面宽度单车道宽度为 3.5 m，双车道 6.0 m，路面横坡为 1.0％～1.5％，纵坡为 0.3％～8.0％。

运输粪污、病死畜禽的污物道(污道)，路面宽为 3.0～3.5 m，横坡为 2.0％～4.0％，纵坡为 0.3％～8.0％。

【必备知识】

畜牧的场路包括与外部联系的场外主干道交通和场内部道路。场外主干道担负着全场的货物、产品和人员的运输，其路面最小宽度应能保证两辆中型运输车辆的顺利错车，为 6.0～7.0 m。畜牧场内道路的设置不仅关系到场内运输功能，也具有卫生防疫意义，因此道路规划设计要满足分流与分工、联系简捷、路面质量、路面宽度、绿化防疫等要求。

一、道路分类
按功能分为人员出入、运输饲料用的清洁道(净道)和运输粪污、病死畜禽的污物道(污道)，有些场还设供畜禽转群和装车外运的专用通道。按道路担负的作用分为主要路、次要道路。

二、道路设计标准

清洁道一般是场区的主干道，路面最小宽度要保证饲料运输车辆的通行，宽度 3.5～6.0 m，宜用水泥混凝土路面，也可选用整齐石块或条石路面，路面横坡为 1.0%～1.5%，纵坡为 0.3%～8.0%。污物道宽度为 3.0～3.5 m，路面宜用水泥混凝土路面，也可用碎石、石、石灰渣土路面，但这类路面横坡为 2.0%～4.0%，纵坡为 0.3%～8.0%。与畜舍、饲料库、产品库连接的净道和兽医建筑物、贮粪场等连接的污道，都属于次要干道，道路宽度一般为2.0～3.5 m。

三、道路规划设计要求

1. 要求净污分开与分流明确，尽互不交叉，兽医建筑物须有单独的道路。
2. 要求路线简捷，以保证牧场各生产环节最方便的联系。
3. 路面质量好，要求坚实、排水良好。

任务 3 畜禽运动场设置

一、运动场的位置

两栋畜禽舍之间，也可在畜禽舍一侧设置。如受地形限制，设置在靠近畜禽舍比较开阔的地方。

二、运动场的要求

畜禽的运动场应选在背风向阳的地方，地势平坦稍有坡度，便于排水和保持干燥，运动场围栏外应设排水沟。在运动场的西侧及南侧，应设遮阳棚或种植树木和藤蔓植物。图 3-27 所示为畜牧场内道路断面图。

| 9.00 | 7.00 | 5.00 |
| 20.00 |

| 7.00 | 6.00 | 7.00 |
| 20.00 |

(a)场内主干道及场外用道断面(左图有人行道)

| 7.50 | 3.50 | 4.00 |
| 15.00 |

| 5.75 | 3.50 | 5.75 |
| 15.00 |

(b)场内支干道断面(左图有人行道)

图 3-27 畜牧场内道路断面图(cm)

三、运动场的面积

按每头家畜所占舍内平均面积的 3～5 倍计算，种鸡则按鸡舍面积的 2～3 倍计算。一般封闭舍内饲养肥猪、肉鸡和笼养蛋鸡不设运动场。

运动场四周应设围墙或围栏，其高度一般马为 1.6 m，鸡为 1.8 m，围栏上面可加设网。种畜运动场的围栏高度在原围栏高度基础上再增加 20～30 cm，也可用电围栏。

表 3-20 所示为畜禽的运动场面积及围栏高度。

表 3-20　畜禽的运动场面积及围栏高度

畜　　种	成年乳牛	青年牛	带子母猪	种公猪	仔猪	后备猪	羊
面积(m²/头或只)	20	15	12～15	30	4～70	5	4
围栏高度(m)	1.2	1.2	1.1	1.3	0.8	1.2	1.1

【必备知识】

畜禽每天到舍外运动，能使其全身受到外界气候因素的刺激和锻炼，促进机体各种生理过程的进行，增强体质，提高抗病能力。舍外运动能改善种公畜的精液品质，提高母畜受胎率，促进胎儿正常发育，减少难产。特别是种用家畜，有必要设置舍外运动场。在封闭舍内饲养肥猪、肉鸡和笼养蛋鸡，一般不设运动场。

一、运动场的位置

舍外运动场应选在背风向阳的地方，一般利用畜舍间距，也可在畜舍两侧分别设置。如受地形限制，也可在场内比较开阔的地方单设运动场。

二、运动场的面积

应保证畜禽自由活动，又要节约用地，种鸡按鸡舍面积的 2～3 倍计算，家畜的舍外运动场面积可参考下列数据：成年乳牛 20 m²/头，青年牛 15 m²/头，带仔母猪 12～15 m²/头，种公猪 30 m²/头，2～6 月龄仔猪 4～70 m²/头，后备猪 5 m²/头，羊 4 m²/只。

三、运动场的要求

运动场要平坦，稍有坡度，便于排水和保持干燥。围墙或围栏的高度为：马 1.6 m，牛 1.2 m，羊 1.1 m，猪 1.1 m，鸡 1.8 m(为防鸡飞出，上面可加设尼龙丝网)。各种畜运动场的围栏高度，可再增加 20～30 cm，也可用电围栏。在运动场的西侧及南侧，应设遮阳棚或种植树木，以遮挡夏季烈日。

任务 4　供水、排水设施设置

一、供水设施

畜牧场都有独立的供水系统，不受场外供水系统的影响。一般将水由水源地抽取到蓄水池中，经过处理后分配到供水管网中，送达每个用水地方，供人们生活用水和畜牧场生产用水。

二、排水设施

地势较为平坦的畜牧场，畜禽舍外周围地面都要有坡度，防止积水。在道路一侧或两侧设明沟排水，沟壁、沟底可砌砖、石，也可将土夯实做成梯形或三角形断面。排水沟最深处不应超过 30 cm，沟底有 1‰～2‰ 的坡度，上口宽 30～60 cm。

场地坡度较大的小型畜牧场，也可采用地面自由排水，在地势低处的围墙上设一定数量的排水孔，但不要与排水系统的管沟通用。

【必备知识】

一、畜牧场的供水

1. 分散式供水

分散式供水指各用水点分散地由各水源(井、河、湖、塘等)直接取水。

(1)地面水源　选用河、湖、水库等地面水作水源时，首先应选好取水点，并清除周围半径 100 m 以内水域的各种污染源。取水点上游 1000 m、下游 100 m 水域不应有污水排放口。在取水处可设置汲水踏板或建汲水码头，伸入河、湖、水库等，以便能汲取远离岸边的清洁水。以塘水作为水源时，可以采取分塘取水的方法，水质较好的专用作饮用水源，并作好防护，以防污染。有些地方在岸边修建自然渗滤井或砂滤井，对改善地面水水质可收到很好的效果。

①自然渗滤井　一般在湖水或池塘附近的浅层土壤对水质具有一定的渗滤作用时(如砂质土壤等)，可在离岸边 5～30 m 处打井，利用其土质的自然渗滤作用，使地面水经过渗滤，除掉水中悬浮的杂质及微生物后，流入渗井中，这样水质的理化性状得到改善，细菌总数大大降低。

②砂滤井(池)　砂滤井的形式很多，但都是利用砂的过滤作用改良水质。水流经特制的砂沟或矿层时，可以把水中悬浮的杂质隔滤下来。另外，在砂层表面隔下来的杂质中有大量的微生物，形成一层薄膜——生物膜。这种生物膜的孔隙更小，除隔滤作用外还有吸附作用，可以滤除并吸附水中细小的杂质和微生物。砂滤沟用细砂、粗砂及碎古铺成，水引入砂滤沟后经过砂层过滤，再流入清水井中，水的浑浊度、细菌总数等均可降低。

(2)地下水源　一般以地下水为水源。但大部分是采用浅层地下水，深度不超过 10～20 m，此种水井大部分构造比较简陋，如附近有工业废水排放点或排水沟、厕所、垃圾、猪圈等污染源，经雨水冲刷或由地面渗透，很容易受到污染，给人畜带来危害。因此，对水井加强卫生管理，是防止人、畜介水传染病的一项重要措施。为使水源安全卫生，用于取水的水井必须有良好的卫生防护设施和严格的卫生管理制度。

①水井位置　应便于取用，离用水地点不应太远，服务半径不超过 150 m。不宜建在依山或沼泽地带，以免暴雨时雨水和山洪冲入井内或将井淹没。井址周围要清洁，水井周围 30 m 范围内不得设置渗水厕所、渗水坑、粪坑、垃圾堆和废渣堆等。保证水井结构合理。

②井底　井下先铺 30 cm 河砂，上面铺 30 cm 厚卵石块，也可以在砂上铺带孔的水泥或木板，以防止抽水时浑浊。

③井壁　井壁下段设高 1 m 的进水井壁，用砖石垒砌，不必用灰砂抹缝，外围充填厚 30～60 mm 的砂砾，以利地下水渗入井中。井壁上段距井口 3 m 内用砖石密砌，用灰砂抹缝，外围充填 0.5 m 厚的黏土夯实，做成紧实无缝的防水层，以防地面水漏入井内。

④井台　用不透水材料砌成，高出地面约 20 cm，半径 1～3 m，有向外倾斜的坡度，以便水向外流。在井台周围要有排水沟，及时排除积水。

⑤井水的卫生管理　在井的周围 3～5 m 范围内划为卫生防护带，并建立卫生检查制度。

2. 集中式供水

由水源取来的水，集中进行净化与消毒处理，然后通过配水网将清洁水送到牧场各用水点。其水源应设卫生防护地带，防止污染。严格按《生活饮用水卫生标准》的规定执行。

应选地势较高，附近无污染源的地方。建在牧场及居民点的上游。进水口附近应为卫生防护区，进水管口要安装筛网，以阻挡较大的悬浮物进入水泵。可因地制宜修建简单的沉淀池、砂滤池、加氯池和清水贮存池，然后再送入供水管道。

二、畜牧场的排水设施

场区排水设施是为排除雨水、雪水，保持场地干燥卫生。为了减少投资，一般可在道路一侧或两侧设明沟排水，沟壁、沟底可砌砖、石，也可将土夯实做成梯形或三角形断面。

场地坡度较大的小型畜牧场，也可采用地面自由排水，在地势低处的围墙上设一定数量的排水孔，装铁篦子即可。有条件时，也可设暗沟排水，但不宜与舍内排水系统的管沟通用，以防泥沙淤塞，影响舍内排污，并防止雨季污水池满溢，污染周围环境。

任务 5　废弃物处理区设置

该区在全场区和生产区的下风向，与水源和畜舍至少保持 100 m 的卫生间距，建有围墙时，可缩小为 50 m。废弃物处理区内可设置贮粪池、发酵池、发酵仓等设施。为便于运往农田，可单独设有开向场外的大门。

各种家畜所需贮粪池（图 3-28）的面积，可参考下列数据：牛为 2.5 m^2/头，马为 2 m^2/匹，羊为 0.4 m^2/只，猪为 0.4 m^2/头。

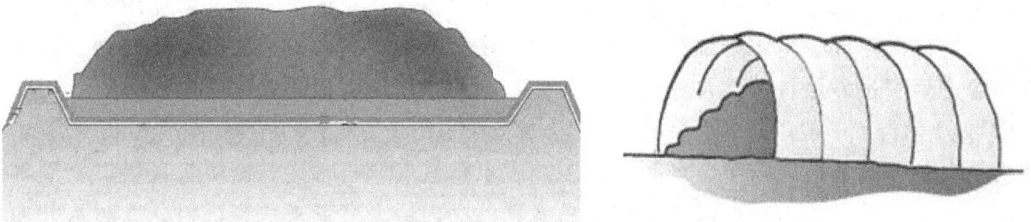

图 3-28　畜牧场贮粪池

【必备知识】

贮粪池应设在生产区的下风向，与畜舍至少保持 100 m 的卫生间距（有围墙及防护设施时，可缩小为 50 m），并便于运往农田。

【扩展知识】

天然水中常含有各种物质或细菌，达不到饮用标准。为了使饮水符合卫生要求，保证饮用安全，应将水加以必要的净化和消毒处理。

一、水质的净化

目的主要是除去悬浮物质和部分病原体，改善水质的物理性状。水的净化处理方法有沉淀和过滤。

1. 水质的沉淀

（1）自然沉淀　当水流减慢或静止时，水中原有的悬浮物可借本身重力作用逐渐向水底下沉，使水澄清，叫自然沉淀。自然沉淀一般都在专门的沉淀池中进行，需要一定的时间。

（2）混凝沉淀 经自然沉淀以后，水中还剩有细小的悬浮物及胶质微粒，因带有负电荷，彼此相斥很难自然下沉。此时需要加入混凝剂，使水中极小的悬浮物及胶质微粒凝聚成絮状而加快沉降，称混凝沉淀。其原理是在水中的微小胶体粒子多带有负电荷，不能凝集成比较大的颗粒，可长期悬浮而不沉淀。必须加入一定的混凝剂，使水中产生带正电荷的微小胶体粒子，带正电荷的胶状物与水中原有的带负电荷的胶体粒子互相吸引，凝集形成较大的絮状物而沉淀。这种絮状物表面积和吸附力较大，可吸附一些不带电荷的悬浮微粒及病原体共同沉降，因而使水的物理性状大大改善。

硫酸铝法：硫酸铝在水中与重碳酸盐结合成氢氧化铝胶体颗粒，可吸附水中悬浮微粒产生凝集而沉淀。硫酸铝的用量为 $50\sim100$ mg/L，即每 50 kg 水加硫酸铝 $2.5\sim5$ g。集中式给水可建自然沉淀池与混凝沉淀池。分散式给水可将明矾碾碎加入水中，用棍棒顺一个方向搅动均匀；也可用一根竹筒，将筒的内部打通，最后一节不要打通，四周钻成小孔，将明矾由竹筒上部装入，然后把竹筒放在水桶或水缸的水中搅动，待出现矾花时即可取出，静置约 0.5 h 后水即可澄清；或用纱布包明矾并系于棍棒上，持棒在水中搅动亦可。

硫酸铝要与水中的重碳酸盐作用后才可生成氢氧化铝胶体。因此，当水中的碱度不足和重碳酸盐的含量很低时，需加入适量的熟石灰 $Ca(OH)_2$，才能保证有良好的混凝效果。熟石灰的用量约为硫酸铝用量的 1/3。

2. 水质的过滤

使水通过滤料得到净化。县原理：一是隔滤作用，即水中悬浮物粒子大于滤料的孔隙者，不能通过滤层而被滤层阻留。另一是沉淀和吸附作用，即水中的微小物质（如细菌、胶体粒子等），虽不能被滤层隔滤，但当水质通过滤层时即沉淀在滤料表面上，因为滤料表面因胶体物质和细菌的沉淀而形成胶质生物滤膜，具有吸附作用，能吸附水中的微小粒子和病原体，可除去水中 $80\%\sim90\%$ 以上的细菌及 99% 左右的悬浮物，也可除去阿米巴包囊及血吸虫尾蚴等。

常用的滤料是砂，所以也称砂滤。另外，也可用矿渣、煤渣等，无论何种滤料都不应含有对机体有害的化学物质。滤料的铺法：最底层铺 10 cm 左右厚、直径 $1\sim2$ cm 大小的碎石，上面铺以棕皮二层，再上面铺粗砂 10 cm，粗砂上面铺细砂约 22 cm 厚，上面再铺棕皮一层，棕皮上面压上约 10 cm 厚的碎石即可。砂滤使用过久，砂层堵塞，须用清水洗砂，除去悬浮物后继续使用。滤水的效果取决于滤层的厚度、滤料粒径的适当组合、滤水速度、原水的浑浊度以及滤池的构造和管理等。

二、消毒

1. 消毒的目的

杀灭水中的病原体，防止介水传染病，确保饮用水的安全。常用的消毒方法有两大类，即物理消毒法（如煮沸消毒、紫外线消毒等）和化学消毒法（氯化消毒、臭氧消毒、高锰酸钾消毒等）。化学消毒的种类很多，目前我国主要采用氯化消毒法，氯化消毒法是用氯或含有效氯的化合物进行消毒的一种方法。因为此法杀菌力强，设备简单，使用方便，费用低。

2. 消毒剂

常用的氯化消毒剂是液态氯、漂白粉和漂白粉精。大型水厂多用液态氯消毒，小型水厂和分散式水源用漂白粉和漂白粉精消毒。新制的漂白粉含有效氯35%～36%，放置一段时间后，有效氯可减少，一般在25%～30%。漂白粉的性质不稳定，受日光、潮湿、二氧化碳的作用，使有效氯含量减少，当含量减少到15%时，就不适于供作饮用水消毒，故应密封、避光，在阴暗处保存。漂白粉精$Ca(ClO)_2$的有效氯含量为60%～70%，性质较漂白粉稳定，多制成片剂使用。

3. 消毒原理

各种氯化消毒剂的有效氯在水中形成次氯酸和次氯酸根，次氯酸分子体积小，电荷中性，能透过细胞膜，在细菌体内抑制磷酸丙糖脱氢酶的活性，使细菌糖代谢障碍而死亡。常用氯化消毒剂在水中产生次氯酸的反应式如下：

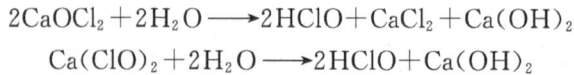

$$2CaOCl_2 + 2H_2O \longrightarrow 2HClO + CaCl_2 + Ca(OH)_2$$
$$Ca(ClO)_2 + 2H_2O \longrightarrow 2HClO + Ca(OH)_2$$

4. 影响氯化消毒效果的因素

(1) 消毒剂用量和接触时间　要保证氯化消毒的效果，必须向水中加入足够的消毒剂及保证有充分的接触时间。加入水中氯化消毒剂的用量，通常按有效氯计算。一般情况下，清洁水的加氯量为1～2 mg/L，接触30 min后，水中尚有余氯0.2～0.4 mg/L时，方可收到较为满意的效果。

(2) 水的pH　水质pH的高低影响生成次氯酸的浓度。次氯酸是一种弱酸，当pH低时主要以次氯酸形式存在，pH高时则次氯酸离解成次氯酸根。次氯酸的杀菌效果是次氯酸根的80～100倍。

(3) 水温　水温高杀菌效果好，在0～5℃时杀灭一定量大肠杆菌所需的时间较20～25℃时大3倍。因此水温低时，加氯量应适当增加。

(4) 水浑浊度　水的浑浊度也影响消毒效果，水质混浊时含有较多的杂质，消耗一定量的氯，且悬浮物内部包藏的细菌也不易被杀灭，影响消毒效果。故混浊度高的水必须预先经过沉淀和过滤，再行氯化消毒方可收到应有的效果。

5. 水质氯化消毒方法

根据不同水源及不同的供水方法，消毒方法可以多种多样。现介绍分散式给水消毒法。

(1) 常量氯消毒法　按常规加氯量(表3-21)进行消毒。井水消毒是直接在井水中按井

表3-21　不同水源水消毒的常规加氯量

水源种类	加氯量(mg/L)	加漂白粉量(g/m³)
深井水	0.5～1.0	2～4
浅井水	1.0～2.0	4～8
土坑水	3.0～4.0	12～16
泉 水	1.0～2.0	4～8
湖、河水(清洁透明)	1.5～2.0	6～8
（水质混浊）	2.0～3.0	8～12
塘 水(环境较好)	2.0～3.0	12～12
（环境不好）	3.0～4.0	12～18

注：漂白粉按含25%有效氯计算。

水量加入氯化消毒剂，首先根据井的形状测量井水的水量，计算出应加的漂白粉量，称好放入碗中，先加少量水调成糊状，再加水稀释，静置，取上清液倒入井中，用水桶将井水搅动，使其充分混匀。

用水点自行消毒时，将取来的地面水(泉、河、湖或塘水)置容器中，若水质混浊，应预先经混凝沉淀或过滤再行消毒。将漂白粉配成3‰漂白粉消毒液(每毫升消毒液含有效氯10 mg)，按50 kg水加10 mL消毒剂，混匀，经30 min消毒，就可以使用。漂白粉应现用现配，不宜放置过久，否则药效降低。若用漂白粉精片进行消毒，按每100 L水加1片(每片含有效氯200 mg)即可。

(2)持续氯消毒法 为了减少每天对井水或缸水进行加氯消毒的繁琐手续，可用持续氯消毒法。即在井水或缸水中放置装有漂白粉或漂白粉精片的有孔小型容器，由于取水时水波振荡，氯液不断由小孔溢出，使水中经常保存一定的有效氯量。加入容器中的氯化消毒剂量，可为1次加入量的20～30倍，1次放入，可持续消毒10～20 d，效果良好。装漂白粉的容器可因地制宜地采用塑料袋、竹筒、广口瓶或青霉素玻瓶等。

(3)过量氯水消毒法 一次加入常量氯化消毒加氯量的10倍(10～20 mg/L)进行饮用水消毒。本法主要适用于新井开始使用、旧井修理或淘洗、居民区发生饮用水传播的肠道传染病、井中被洪水淹没或落入异物等情况。在处理消毒污染井水时，一般在投入消毒剂后，等待10～12 h再用水；若水中氯味太大，则用汲出旧水不断涌出新水的方法，直至井水失去显著氯味为止。亦可在水中按1 mg余氯投加3.5 mg的硫代硫酸钠脱氯后再用。

三、畜牧场简易自来水厂

在无自来水的地方，为了改善人、畜饮用水的卫生条件，可建立各种小型的简易自来水系统。即在深井口上建井房，将水送上清水塔，用管道将水送到用水点，如以地面水为水源的地方，则需经过净化和消毒处理，可因地制宜修建简单的沉淀池、砂滤池加氯池和清水贮水池，然后再送入供水管道。以深层地下水为水源的地方，不需特殊净化处理，仅需氯化消毒即可供饮用。

畜牧场简易自来水厂应选在地势较高、附近无污染的地方。若以江河水做水源，应建在居民点的上游，进水口附近应围以竹篱笆或木柱作为卫生防护区。进水管口要安装筛网，以阻挡较大的悬浮物进入水泵。

计 划 单

学习情境 3	畜牧场规划与设计		学时	28
计划方式	小组讨论、同学间互相合作共同制定计划			
序号	实施步骤		使用资源	备注
制定计划说明				
计划评价	班 级		第 组	组长签字	
	教师签字			日 期	
	评语：				

决策实施单

学习情境 3		畜牧场规划与设计					
		计划书讨论					
计划对比	组号	工作流程的正确性	知识运用的科学性	步骤的完整性	方案的可行性	人员安排的合理性	综合评价
	1						
	2						
	3						
	4						
	5						
	6						

	制定实施方案		
序号	实施步骤		使用资源
1			
2			
3			
4			
5			
6			

实施说明:

计划及实施情况评价	班　　级		第　　组	组长签字	
	教师签字			日　　期	
	评语:				

作　业　单

学习情境 3	畜牧场规划与设计					
作业完成方式	课余时间独立完成					
作业题 1	畜牧场场址选择、规划设计					
作业解答						
作业题 2	生产工艺设计					
作业解答						
作业题 3	各种畜禽舍的建筑设计					
作业解答						
作业评价	班　　级		第　　组	组长签字		
	学　　号		姓　　名			
	教师签字		教师评分		日　期	
	评语：					

效果检查单

学习情境 3	畜牧场规划与设计			
检查方式	以小组为单位，采用学生自检与教师检查相结合，成绩各占总分(100 分)的 50％			
序号	检查项目	检查标准	学生自检	教师检查
1	资讯问题	回答正确、认真		
2	场址选择	回答正确、认真		
3	畜牧场规划原则	回答准确、合情合理		
4	畜牧场功能分区	表述清楚		
5	确定畜舍朝向	方法正确		
6	确定畜舍间距	计算准确、表述清楚		
7	畜牧场运动场要求	回答准确、认真		
8	畜牧场道路设计	设计合理、方法正确		
9	畜牧场排水设计	设计合理、方法正确		
10	畜牧场贮粪池设计	设计合理、方法正确		
11	畜舍设计	设计合理、方法正确		
检查评价	班　级	第　　　组	组长签字	
	教师签字		日　期	
	评语：			

评价反馈单

学习情境 3			畜牧场规划与设计		
效果评价					
评价方式	以小组为单位，针对组内每位同学，采用个人评价、组内互评和教师评价相结合的方式，评价教学效果				
评价类别	项目	子项目	个人评价	组内互评	教师评价
专业能力（60%）	资讯（10%）	获取信息（5%）			
		引导问题回答（3%）			
	计划（5%）	计划可执行度（3%）			
		用具材料准备（2%）			
	实施（20%）	各项操作正确（8%）			
		完成的各项操作效果好（6%）			
		完成操作中注意安全（4%）			
		操作方法的创意性（2%）			
	检查（10%）	全面性、准确性（5%）			
		生产中出现问题的处理（5%）			
	过程（5%）	使用工具的规范性（2%）			
		操作过程规范性（2%）			
		工具和设备使用管理（1%）			
	结果（10%）	结果质量（10%）			
社会能力（20%）	团队合作（10%）	小组成员合作良好（5%）			
		对小组的贡献（5%）			
	敬业、吃苦精神（10%）	学习纪律性（4%）			
		爱岗敬业和吃苦耐劳精神（6%）			
方法能力（20%）	计划能力（10%）	制定计划合理（10%）			
	决策能力（10%）	计划选择正确（10%）			
意见反馈					
请写出你对本学习情境教学的建议和意见					

评价评语	班　级		姓　名		学　号		总　评	
	教师签字		第　组		组长签字		日　期	
	评语：							

附　　录

附录 1　畜禽舍内小环境参数

畜　舍	温　度（℃）	相对湿度（%）	噪声允许强度（dB）	微生物允许含量（千个/米³）	尘埃允许含量（mg/m³）	有害气体允许浓度 CO_2（%）	NH_3（mg/m³）	H_2S（mg/m³）
一、牛舍								
1. 成乳牛舍，1岁以上青年牛								
栓系或散放饲养	10（8～12）	70（50～85）	70	＜70		0.25	34	4
散放厚垫草饲养	16（5～8）	70（50～85）	70	＜70		0.25	34	4
2. 产间	16（14～18）	70（50～85）	70	＜50		0.15	17	2
3. 0～20日龄犊牛预防室	18（16～20）	70（50～08）	70	＜20		0.15	17	2
4. 犊牛舍 20～60日龄	17（16～18）	70（50～85）	70	＜50		0.15	17	2
60～120日龄	15（12～18）	70（50～85）	70	＜40		0.25	26	4
5. 4～12月龄幼牛舍	12（8～16）	75（50～85）	70	＜70		0.25	34	4
6. 1岁以上小公牛及小母牛舍	12（8～16）	70（50～85）	70	＜70		0.25	34	4
二、猪舍								
1. 空怀、妊娠前期母猪舍	15（14～16）	75（60～85）	70	＜100		0.2	34	4
2. 公猪舍	15（14～16）	75（60～85）	70	＜60		0.2	34	4
3. 妊娠后期母猪舍	18（16～20）	70（60～80）	70	＜60		0.2	34	4
4. 哺乳母猪舍	18（16～18）	70（60～80）	70	＜50		0.2	26	4
哺乳仔猪	30～32	70（60～80）	70	＜50		0.2	26	4
5. 后备猪舍	16（15～18）	70（60～80）	70	＜50		0.2	34	4
6. 育肥猪舍　断奶仔猪	22（20～24）	70（60～80）	70	＜50		0.2	34	4
165日龄前	18（14～20）	75（60～85）	70	＜80		0.2	34	4
165日龄后	16（12～18）	75（60～85）	70	＜80		0.2	34	4
三、羊舍								
1. 公羊舍、母羊舍、断奶后及去势后的小羊舍	5（3～6）	75（50～85）		＜70		0.3	34	4
2. 产间暖棚	15（12～15）	70（50～85）		＜50		0.25	34	4
3. 公羊舍内的采精间	15（13～17）	75（50～85）		＜70		0.3	34	4
四、禽舍								
1. 成年禽舍								
鸡舍：笼养	20～18	60～70	90		2～5	0.15～0.2	17	2
地面平养	12～16	60～70	90		2～5	0.15～0.2	17	2
火鸡舍	12～16	60～70	90		2～5	0.15～0.2	17	2
鸭　舍	7～14	70～80	90		2～5	0.15～0.2	17	2
鹅　舍	10～15	70～80	90		2～5	0.15～0.2	17	2
2. 雏鸡舍								
1～30日龄：笼养	31～20	60～70	90		2～5	0.2	17	2
地面平养	31～24	60～70	90		2～5	0.2	17	2
	（伞下35～22）							
31～60日龄：笼养	20～18	60～70	90	2～5		0.2	17	2
地面平养	18～16	60～70	90	2～5		0.2	17	2
61～70日龄：笼养	18～16	60～70	90	2～5		0.2	17	2
地面平养	16～14	60～70	90	2～5		0.2	17	2
71～150日龄：笼养	16～14	60～70	90	2～5		0.2	17	2
地面平养	16～14	60～70	90	2～5		0.2	17	2

附录2　全国部分地区建筑物朝向表

地　　区	最佳朝向	适宜朝向	不宜朝向
北京地区	南偏东或西各30°以内	南偏东或西各45°以内	北西各30°～60°
上海地区	南到南偏东15°	南偏东30°,南偏西15°	北、西北
石家庄地区	南偏东15°	南至南偏东30°	西
太原地区	南偏东15°	南偏东至东	西北
呼和浩特地区	南至南偏东,南至南偏西	东南、西南	北、西北
哈尔滨地区	南偏东15°～20°	南至南偏东或偏西各15°	西、西北、北
长春地区	南偏东30°,南偏西10°	南偏东或西各45°	北、东北、西北
沈阳地区	南或南偏东20°	南偏东至东,南偏西至西	东北东至西北西
济南地区	南或南偏东10°～15°	南偏东30°	西偏北5°～15°
南京地区	南偏东15°	南偏东25°,南偏西10°	西、北
合肥地区	南偏东5°～15°	南偏15°东,南偏西5°	西
杭州地区	南偏东10°～15°,北偏东6°	南至南偏东30°	西、北
福州地区	南、南偏东5°～10°	南偏东20°	西
郑州地区	南偏东15°	南偏东25°	西北
武汉地区	南偏西15°	南偏东15°	西、西北
长沙地区	南偏东9°左右	南	西、西北
广州地区	南偏东15°,南偏西5°	南偏东22°30′、南偏西5°至西	
南宁地区	南、南偏东15°	南、南偏东15°～25°、南偏西5°	东、西
西安地区	南偏东10°	南、南偏西	西、西北
兰州地区	南至南偏东15°	南、偏东或西各30°	西、西北
银川地区	南至南偏东23°	南偏东34°南偏西20°	西、北
西宁地区	南至南偏西30°	南偏东30°至南偏西30°	北、西北
乌鲁木齐地区	南偏东40°,南偏西30°	东南、东、西	北、西北
成都地区	南偏东45°至南偏西15°	南偏东45°至东偏北30°	西、北
昆明地区	南偏东25°～56°	东至南至西	北偏东或西各35°
拉萨地区	南偏东10°,南偏西5°	南偏15°东、南偏西10°	西、北
厦门地区	南偏东5°～10°	南偏东22°30′、南偏西10°	南偏西25°西偏北30°
重庆地区	南、南偏东10°	南偏东15°、南偏西5°、北	东、西
旅顺、大连地区	南、南偏西15°	南偏东45°至南偏西、西	北、西北、东北
青岛地区	南、南偏东5°～15°	南偏东15°、南偏西15°	西、北

附录3　畜牧场工艺参数

表1　商品猪场的工艺参数

指　标	参　数	指　标	参　数
妊娠期(d)	114	每头母猪年产活仔数	
哺乳期(d)	35	初生(头)	19.8
仔猪培育期(d)	28～35	35日龄(头)	17.8
断奶至受胎(d)	7～10	36～70日龄(头)	16.9
繁殖周期(d)	163、169	72～180日龄(头)	16.5
母猪年产胎次	2.24	初生至180日龄体重(kg)	
母猪窝产仔数(头)	10	初生	1.2
窝产活仔数(头)	9	35日龄	6.5
种猪年更新率(%)	33	70日龄	20
母猪情期受胎率(%)	85	180日龄	90
公母比例		每头母猪年产肉量(活量kg)	1 575.0
自然交配	1∶25	平均日增重(g)	
人工授精	1∶100	初生至35日龄	156
成活率(%)		36～70日龄	386
哺乳期	90	71～180日龄	645
仔猪培育期	95	圈舍冲洗消毒时间(d)	7
育成育肥期	98	繁殖节律(d)	7
		周配种次数	1.2～1.4
		妊娠母猪提前进入产房时间(d)	7
		母猪配种后原圈观察时间	21

表2　鸡场主要工艺参数

指　标	参　数	指　标	参　数
一、轻型/中型蛋鸡体重及耗料			
1. 雏鸡(0～6周或7周龄)		(3)8～18周龄日耗料量(克/只)	46/48渐增至75/83*
(1)7周龄体重(克/只)	530/515*	(4)8～18周龄总耗料量(克/只)	4 550/5 180*
(2)7周龄成活率(%)	93/95*	3. 产蛋鸡(21～72)周龄	
(3)1～7周龄日耗料量(克/只)	10/12渐增至43	(1)21～40周龄日耗料量(克/只)	77/91渐增至114/127*
(4)1～7周龄总耗料量(克/只)	1 316/1 365*	(2)21～40周龄总耗料量(克/只)	15.2/16.4*
2. 育成鸡(8～18周或19周龄)		(3)41～72周龄日耗料量(克/只)	100渐增至104
(1)18周龄体重(克/只)	1 270/未统计	(4)41～72周龄总耗料量(克/只)	22.9/未统计
(2)18周龄成活率(%)	97～99		

指　标	参　数	指　标	参　数
二、轻型和中型蛋鸡生产性能			
1. 21～30 周入舍鸡产蛋率(%)	10 渐增至 90.7	5. 饲养日平均产蛋率(%)	78.0
2. 31～60 周入舍鸡产蛋率(%)	90 渐减至 71.5	6. 入舍鸡产蛋数(枚/只)	288.9
3. 61～76 周入舍鸡产蛋率(%)	70.9 渐减至 62.1	7. 入舍鸡平均产蛋率(%)	73.7
4. 饲养日产蛋数(枚/只)	305.8	8. 平均月死淘率(%)	1 以下
三、轻型蛋用型种鸡(来航)体重、耗料及生产性能			
1. 雏鸡(0～6 或 7 周龄)		(5)60 周龄体重(克/只)	1 730
(1)7 周龄体重(克/只)	480～560	(6)41～60 周龄总耗料量(克/只)	14 600
(2)1～7 周龄总耗料量(克/只)	1 130～1 274	(7)72 周龄体重(克/只)	1 780
2. 育成鸡(8～18 周或 19 周龄,9～15 周龄限饲)		(8)61～72 周龄总耗料量(克/只)	8 300
(1)18 周龄体重(克/只)	1 135～1 270	4. 22～73 周龄生产性能	
(2)8～18 周龄总耗料量(克/只)	3 941～5 026	(1)平均饲养日产蛋率(%)	73.
3. 产蛋鸡(21～72 周龄)		(2)累计入舍鸡产蛋数(枚/只)	267
(1)25 周龄体重(克/只)	1 550	(3)种蛋率(%)	84.1
(2)19～25 周龄总耗料量(克/只)	3 820	(4)累计入舍鸡产种蛋(枚/只)	211
(3)40 周龄体重(克/只)	1 640	(5)入孵蛋总孵化率(%)	84.9
(4)26～40 周龄总耗料量(克/只)	11 200	(6)累计入舍鸡产母雏数(只/只)	89.7
四、肉用型种鸡体重、耗料及生产性能			
1. 雏鸡(0～7 周龄)		(4)26～42 周龄日耗料量(克/只)	161 渐增至 180
(1)7 周龄体重(克/只)	749～885	(5)66 周龄体重(克/只)	3 632～3 768
(2)1～2 周龄不限饲日耗料量(克/只)	26～28	(6)4～66 周龄日耗料量(克/只)	170 渐减至 136
(3)3～7 周龄日耗料量(克/只,限饲)	40 渐增至 56	4. 22～66 周龄生产性能	
2. 育成鸡(8～20 周龄,限饲)		(1)饲养日产蛋数(枚)	209
(1)20 周龄体重(克/只)	2 235～2 271	(2)平均饲养日产蛋率(%)	68.0
(2)8～20 周龄日耗料量(克/只)	59 渐增至 105	(3)入舍鸡产蛋数(枚/只)	199
3. 产蛋鸡(21～66 周龄,限饲)		(4)入舍鸡平均产蛋率(%)	92
(1)25 周龄体重(克/只)	2 727～2 863	(5)入舍鸡产种蛋数(枚/只)	183
(2)21～25 周龄日耗料量(克/只)	110 渐增至 140	(6)平均孵化率(%)	86.8
(3)42 周龄体重(克/只)	3 422～2 557	(7)入舍鸡产雏鸡数(只/只)	159
		(8)平均月死淘率(%)	1 以下
五、肉仔鸡生产性能			
1. 1～4 周龄体重变化(克/只)	150 渐增至 1 060	5. 8～10 周龄体重变化(克/只)	2 780 渐增至 3 575
2. 1～4 周龄累计饲料效率	1.41	6. 8～10 周龄累计饲料效率	2.43
3. 5～7 周龄体重变化(克/只)	1 455 渐增至 2 335	7. 全期死亡率(%)	2～3
4. 5～7 周龄累计饲料效率	1.92	8. 胸囊肿发生率(%,垫料/镀塑网)	6.7～16.7

表 3　牛场主要工艺参数

(一)犊牛(160～280 kg)		(五)500～600 kg 泌乳牛(产奶量 4 000 kg)	
1. 混合精料	400	1. 混合精料	1 100
2. 青饲料、青贮、青干草	450	2. 青饲料、青贮、青干草	12 900
3. 块根块茎	200	3. 块根块茎	5 700
(二)1 岁以下幼牛(160～280 kg)		(六)450～500 kg 泌乳牛(产奶量 3 000 kg)	
1. 混合精料	365	1. 混合精料	900
2. 青饲料、青贮、青干草	5 100	2. 青饲料、青贮、青干草	11 700
3. 块根块茎	2 150	3. 块根块茎	3 500
(三)1 岁以上青年牛(160～280 kg)		(七)400 kg 泌乳牛(产奶量 2 000 kg)	
1. 混合精料	365	1. 混合精料	400
2. 青饲料、青贮、青干草	6 600	2. 青饲料、青贮、青干草	9 900
3. 块根块茎	2 600	3. 块根块茎	2 150
(四)500～600 kg 泌乳牛(产奶量 5 000 kg)		(八)种公牛(900～1 000 kg 体重)	
1. 混合精料	1 100	1. 混合精料	2 800
2. 青饲料、青贮、青干草	12 900	2. 青饲料、青贮、青干草	6 600
3. 块根块茎	7 300	3. 块根块茎	1 300

表 4　奶牛场主要工艺参数

指　标	参　数	指　标	参　数
工艺指标			
1. 性成熟月龄	6～12	9. 泌乳期(d)	300
2. 适配年龄	公:2～2.5,母:1.5～2	10. 干乳期(d)	60
3. 发情周期(d)	19～23	11. 奶牛利用年限	8～10
4. 发情持续天数(d)	1～2	12. 犊牛饲养日数(1～60 日龄)	60
5. 产后第一次发情天数	20～30	13. 育成牛饲养日数(7～18 月龄)	365
6. 情期受胎率(%)	60～65	14. 青年牛饲养日数(19～34 月龄)	488
7. 年产胎数	1	15. 成年母牛淘汰率(%)	8～10
8. 每胎产犊数(头)	1		
生产性能			
奶牛中等水平 300 d 泌乳量		牛等水平体重	
第一胎(千克/头)	3 000～4 000	出生重(千克/头)	公:38,母:36
第二胎(千克/头)	4 000～5 000	6 月龄体重(千克/头)	公:190,母:170
第三胎(千克/头)	5 000～6 000	12 月龄体重(千克/头)	公:340,母:275
		18 月龄体重(千克/头)	公:460,母:370

续表

指　标	参　数	指　标	参　数
犊牛喂乳量（千克/头·天）			
1～30 日龄	5 渐增至 8	91～120 日龄	4 渐减至 3
31～60 日龄	8 渐减至 6	121～150 日龄	2
61～90 日龄	5 渐减至 4		

表 5　各种牧场劳动定额参考值

畜　种		劳动定额 ［头（只）/人］	工作条件	工作内容
牛场	泌乳牛	12～24		
		8～15	机械挤奶兼饲养	饲养管理，挤奶
	种公牛	4～6	人工挤奶兼饲养	饲养管理，挤奶
	育成牛	30～50		
	育肥牛	20～30		
	犊　牛	40～55		
鸡场	雏鸡	10 000～12 000	机械化笼养或网养	
		5 000～6 000	半机械化笼养或网养	
		2 500	手工笼养	
		2 000～3 000	半机械化地面平养	
		1 500	手工地面平养	
	育成鸡	20 000～30 000	机械化笼养或网养	饲养管理，清粪
		10 000	半机械化笼养或网养	饲养管理，清粪
		5 000	手工笼养	饲养管理，清粪
		4 000～6 000	半机械化地面平养	饲养管理，清粪
		3 000	手工地面平养	饲养管理，清粪
	产蛋鸡或 种鸡	5 000～6 000	机械化笼养或网养	饲养管理，收蛋
		2 500～3 000	半机械化笼养或网养	饲养管理，收蛋
		1 200～1 500	手工笼养或网养	饲养管理，收蛋
		1 200～1 500	半机械化地面平养	饲养管理，收蛋
		800～1 000	手工地面平养	饲养管理，收蛋
猪场	公猪	15～20	群养，地面撒喂湿拌料，缝隙地板，人工清粪至舍外	饲养管理、护理、配种、运动等
	母猪	200～300		
	断奶仔猪	400～500		
	肥育猪	650～800		

附录 4 建筑图纸上物体图例

序号	名 称	图 例	说 明
1	自然土壤		包括各种自然土壤、黏土等
2	素土夯实		
3	砂、灰土及粉刷	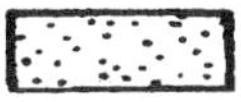	
4	砂砾石及碎砖三合土	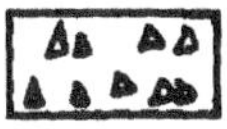	
5	石材		包括岩层及贴面、铺地等石材
6	方整石、条石		本图例表示砌体
7	毛石	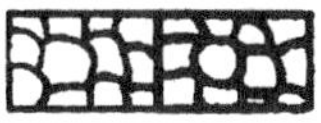	本图例表示砌体
8	普通砖、硬质砖		在比例小于或等于 1:50 的平、剖面图中不画斜线,可在底图背面涂红表示
9	非承重的空心砖		在比例较小的图面中可不画图例,但须注明材料
10	瓷砖或类似材料		包括面砖、马赛克及各种铺地砖
11	混凝土		
12	钢筋混凝土	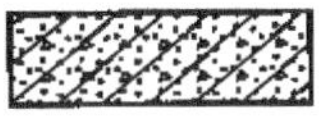	1. 在比例小于或等于 1:100 的图面中不画图例,可在底图上涂黑表示 2. 剖面图中如画也钢筋时,可不画图例
13	加气混凝土	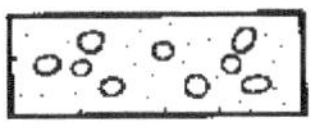	
14	加气钢筋混凝土	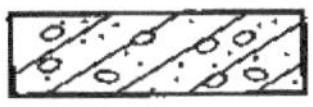	

续表

序号	名　称	图　例	说　明
15	毛石混凝土		
16	花纹钢板		立面斜线为60°
17	金属网		
18	木材		
19	胶合板		1. 应注明"层胶合板" 2. 在比例较小的图面中,可不画图例,但须注明材料
20	矿渣、炉渣及焦渣		
21	多孔材料或耐火砖		包括泡沫混凝土、软木等材料
22	菱苦土		
23	玻璃		必要时可注明玻璃名称,如磨砂玻璃、夹丝玻璃等
24	松散保温材料		包括木屑、木屑石灰、稻壳等
25	纤维材料或人造板		包括麻丝、玻璃棉(毡)、矿棉(毡)、刨花板、木丝板等
26	防水材料或防潮层		应注明材料
27	橡皮或塑料		底图背面涂红
28	金属		

续表

序号	名 称	图 例	说 明
29	水		
30	土墙		包括土筑墙、土坯墙、三合土墙等
31	板条墙		包括钢丝墙、苇箔墙等
32	木栏杆		指全部用木材制作的栏杆
33	金属栏杆		指全部用金属制作的栏杆
34	通风道		
35	空门洞		
36	单向门		
37	双扇门		
38	对开折门		
39	单扇推拉门		门的名称代号用 M 表示
40	双扇推拉门		
41	墙内单扇推拉门		
42	墙内双扇推拉门		
43	单扇双面弹簧门		
44	双扇双面弹簧门		
45	单扇内外开双层门		

续表

序号	名　称	图　例	说　明
46	双扇内外开双层间		门的名称代号用 M 表示
47	转门		门的名称代号用 M 表示
48	单层固定窗	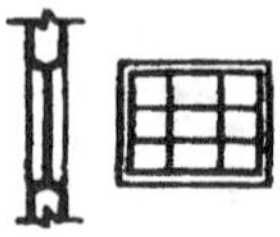	1. 立面图中的斜线,系表示窗扇开关方式。单虚线表示单层内开(双虚线表示双层内开),单实线表示单层外开(双实线表示双层外开) 2. 平、剖面图中的虚线,仅系说明开关方式,在设计图中可不表示 3. 窗的名称代号用 C 表示
49	单层外开上悬窗	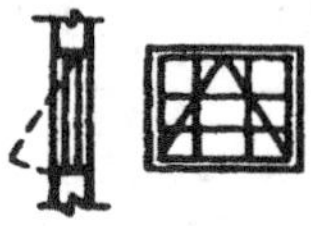	
50	单层中悬窗	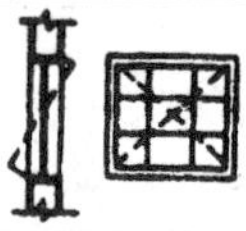	
51	单层内开下悬窗	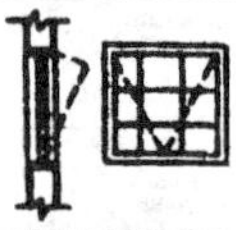	
52	单层外开平开窗	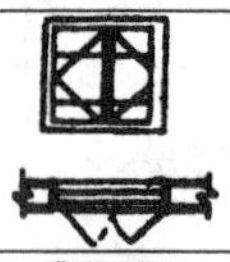	
53	单层垂直旋转窗	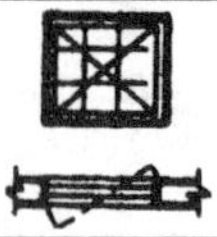	1. 立面图中的斜线,系表示窗扇开关方式。单虚线表示单层内开(双虚线表示双层内开),单实线表示单层外开(双实线表示双层外开) 2. 平、剖面图中的虚线,仅系说明开关方式,在设计图中可不表示 3. 窗的名称代号用 C 表示
54	双层固定窗	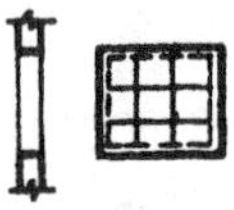	
55	双层内外开平开窗		
56	水平推拉窗	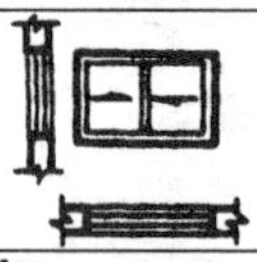	
57	百叶窗	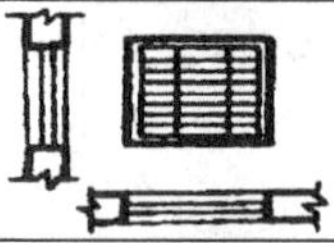	
58	高窗		

附录5　《畜禽养殖污染防治管理办法》

（国家环境保护总局令第9号，2001年5月8日发布）

第一条　为防治畜禽养殖污染，保护环境，保障人体健康，根据环境保护法律，法规的有关规定，制定本办法。

第二条　本办法所称畜禽养殖污染，是指在畜禽养殖过程中，畜禽养殖场排放的废渣，清洗畜禽体和饲养场地、器具产生的污水及恶臭等对环境造成的危害和破坏。

第三条　本办法适用于中华人民共和国国境内畜禽养殖场的污染防治畜禽放养不适用本办法。

第四条　畜禽养殖污染防治实行综合利用优先，资源化、无害化和减量化的原则。

第五条　县级以上人民政府环境保护行政主管部门在拟定本辖区的环境保护规划时，应根据本地实际，对畜禽养殖污染防治状况进行调查和评价，并将其污染防治纳入环境保护规划中。

第六条　新建、改建和扩建畜禽养殖场，必须按建设项目环境保护法律、法规的规定，进行环境影响评价，办理有关审批持续。

畜禽养殖场的环境影响评价报告书（表）中，应规定畜禽废渣综合利用方案和措施。

第七条　禁止在下列区域内建设畜禽养殖场：

（一）生活饮用水水源保护区、风景名胜区、自然保护区和核心区及缓冲区；

（二）城市和城镇中居民区、文教科研区、医疗区等人口集中地区；

（三）县级人民政府依法划定的禁养区域；

（四）国家或地方法律、法规规定需特殊保护的其他区域。

本办法分布前已建成的、地处上述区域内的畜禽养殖场应限期搬迁或关闭。

第八条　畜禽养殖场污染防治设施必须与主体工程同时设计、同时施工、同时使用。畜禽废渣综合利用措施必须在畜禽养殖场投入运营的同时予以落实。

环境保护行政主管部门在对畜禽养殖场污染防治设施进行竣工验收时，其验收内容中应包括畜禽废渣综合利用措施的落实情况。

第九条　畜禽养殖场必须按有关规定向所在地环境保护行政主管部门进行排污申报登记。

第十条　畜禽养殖场排放污染物，不得超过国家或地方规定的排放标准。

在依法实施污染物排放总量控制的区域内，畜禽养殖场必须按规定取得《排污许可证》，并按照《排污许可证》的规定排放污染物。

第十一条　畜禽养殖场排放污染物，应按照国家规定缴纳排污费。向水体排放污染物，超过国家或地方规定排放标准的，应按规定缴纳超标准排污费。

第十二条　县级以上人民政府环境保护行政主管部门有权对本辖区范围内的畜禽养殖场的环境保护工作进行现场检查，索取资料，采集样品、监测分析。被检查单位和个人必须如实反映情况，提供必要资料。

检察机关和人员应当为被检查的单位和个人保守技术秘密和业务秘密。

第十三条　畜禽养殖场必须设置畜禽废渣的储存设施和场所，采取对储存场所地面进行水泥硬化等措施，防止畜禽废渣渗漏、散落、溢流、雨水淋失、恶臭气味等对周围环境造成污染和危害。

畜禽养殖场应当保持环境整洁，采取清污分流和粪尿的干湿分离等措施，实现清洁养殖。

第十四条　畜禽养殖场应采取将畜禽废渣还田、生产沼气、制造有机肥料、制造再生饲料等方法进行综合利用。

用于直接还田利用的畜禽粪便，应当经处理达到规定的无害化标准，防止病菌传播。

第十五条　禁止向水体倒畜禽废渣。

第十六条　运输畜禽废渣，必须采取防渗漏、防流失、防遗撒及其他防止污染环境的措施，妥善处置贮运工具清洗废水。

第十七条　对超过规定排放标准或排放总量指标，排放污染物或造成周围环境严重污染的畜禽养殖场，县级以上人民政府环境保护行政主管部门可提出限期治理建议，报同级人民政府批准实施。

被责令限期治理的畜禽养殖场应向做出限期治理决定的人民政府的环境保护行政主管部门提交限期治理计划，并定期报告实施情况。提交的限期治理计划中，应规定畜禽废渣综合利用方案。环境保护行政主管部门在对畜禽养殖场限期治理项目进行验收时，其验收内容中应包括上述综合利用方案的落实情况。

第十八条　违反本办法规定，有下列行为之一的由县级以上人民政府环境保护行政主管部门责令停止违法行为，限期改正，并处以 1 000 元以上 3 万元以下罚款：

（一）未采取有效措施，致使储存的畜禽废渣渗漏、散落、溢流、雨水淋失、散发恶臭气味等对周围环境造成污染和危害的。

（二）向水体或其他有关规定，由环境保护行政主管部门依据有关环境保护法律、法规的规定给予处罚。

第十九条　本办法中的畜禽养殖场，是指常年存栏量为 500 头以上的猪、3 万羽以上的鸡和 100 头以上的牛的畜禽养殖场，以及达到规定规模标准的其他类型的畜禽养殖场。其他类型畜禽养殖场的规模标准，由省级环境保护行政主管部门根据本地区实际，参照上述标准做出规定。

地方法规或规章对畜禽养殖场的规模标准规定严于第一款确定的规模标准的，从其规定。

第二十条　本办法中的畜禽废渣，是指畜禽养殖场的畜禽粪便、畜禽舍垫料、废饲料及散落的羽毛等固体废物。

第二十一条　本办法自公布之日起实施。

附录6　《畜禽养殖业污染物排放标准》(GB 18596—2001)

(2001年12月28日发布，2003年1月1日实施)

前　言

为贯彻《环境保护法》《水污染防治法》《大气污染防治法》，控制畜禽养殖业产生的废水、废渣和恶臭对环境的污染，促进养殖业生产工艺和技术进步，维护生态平衡，制定本标准。

本标准适用于集约化、规模化的畜禽养殖场和养殖区，不适用于畜禽散养户。根据养殖规模，分阶段逐步控制，鼓励种养结合和生态养殖，逐步实现全国养殖业的合理布局。

根据畜禽养殖业污染物排放的特点，本标准规定的污染物控制项目包括生化指标、卫生学指标和感观指标等。为推动畜禽养殖业污染物的减量化、无害化和资源化，促进畜禽养殖业干清粪工艺的发展，减少水资源浪费，本标准规定了废渣无害化环境标准。

本标准为首次制定。

本标准由国家环境保护总局科技标准司提出。

本标准由农业部环保所负责起草。

本标准由国家环境保护总局负责解释。

一、主题内容与适用范围

1. 主题内容

本标准按集约化畜禽养殖业的不同规模分别规定了水污染物、恶臭气体的最高允许日均排放浓度、最高允许排水量，畜禽养殖业废渣无害化环境标准。

2. 适用范围

本标准适用于全国集约化畜禽养殖场和养殖区污染物的排放管理，以及这些建设项目环境影响评价、环境保护设施设计、竣工验收及其投产后的排放管理。

(1)本标准适用的畜禽养殖场和养殖区的规模分级，按表1和表2执行。

表1　集约化畜禽养殖场的适用规模(以存栏数计)

| 类别规模 | 猪 | 鸡(只) | | 牛(头) | |
分级	(25千克/头以上)	蛋鸡	肉鸡	成年奶牛	肉牛
Ⅰ级	≥3 000	≥100 000	≥200 000	≥200	≥400
Ⅱ级	500≤Q<3 000	15 000≤Q<100 000	30 000≤Q<200 000	100≤Q<200	200≤Q<400

注：Q表示养殖量。

表2　集约化畜禽养殖区的适用规模(以存栏数计)

| 类别规模 | 猪 | 鸡(只) | | 牛(头) | |
分级	(25千克/头以上)	蛋鸡	肉鸡	成年奶牛	肉牛
Ⅰ级	≥6 000	≥200 000	≥400 000	≥400	≥800
Ⅱ级	3 000≤Q<6 000	100 000≤Q<200 000	200 000≤Q<400 000	200≤Q<400	400≤Q<800

注：Q表示养殖量。

(2)对具有不同畜禽种类的养殖场和养殖区，其规模可将鸡、牛的养殖量换算成猪的养殖量，换算比例为：30只蛋鸡折算成1头猪，60只肉鸡折算成1头猪，1头奶牛折算成10头猪，1头肉牛折算成5头猪。

(3)所有Ⅰ级规模范围内的集约化畜禽养殖场和养殖区，以及Ⅱ级规模范围内且地处国家环境保护重点城市、重点流域和污染严重河网地区的集约化畜禽养殖场和养殖区，自本标准实施之日起开始执行。

(4)其他地区Ⅱ级规模范围内的集约化养殖场和养殖区，实施标准的具体时间可由县级以上人民政府环境保护行政主管部门确定，但不得迟于2004年7月1日。

(5)对集约化养羊场和养羊区，将羊的养殖量换算成猪的养殖量，换算比例为：3只羊换算成1头猪，根据换算后的养殖量确定羊场或养羊区的规模级别，并参照本标准的规定执行。

二、定义

1. 集约化畜禽养殖场

指进行集约化经营的畜禽养殖场。集约化养殖是指在较小的场地内，投入较多的生产资料和劳动，采用新的工艺与技术措施，进行精心管理的饲养方式。

2. 集约化畜禽养殖区

指距居民区一定距离，经过行政区划确定的多个畜禽养殖个体生产集中的区域。

3. 废渣

指养殖场外排的畜禽粪便，畜禽舍垫料、废饲料及散落的毛羽等固体废物。

4. 恶臭污染物

指一切刺激嗅觉器官，引起人们不愉快及损害生活环境的气体物质。

5. 臭气浓度

指恶臭气体(包括异味)用无臭空气进行稀释，稀释到刚好无臭时所需的稀释倍数。

6. 最高允许排水量

指在畜禽养殖过程中直接用于生产的水的最高允许排放量。

三、技术内容

本标准按水污染物、废渣和恶臭气体的排放分为以下三部分。

1. 畜禽养殖业水污染物排放标准

(1)畜禽养殖业废水不得排入敏感水域和有特殊功能的水域。排放去向应符合国家和地方的有关规定。

(2)标准适用规模范围内的畜禽养殖业的水污染物排放分别执行表3、表4和表5的规定。

表3 集约化畜禽养殖业水冲工艺最高允许排水量

种 类	猪(m³/百头·d)		鸡(m³/千只·d)		牛(m³/百头·d)	
季 节	冬季	夏季	冬季	夏季	冬季	夏季
标准值	2.5	3.5	0.8	1.2	20	30

注：废水最高允许排放量的单位中，百头、千只均指存栏数。春、秋季废水最高允许排放量按冬、夏季的平均值计算。

表 4 集约化畜禽养殖业干清粪工艺最高允许排水量

种 类	猪(m³/百头·d)		鸡(m³/千只·d)		牛(m³/百头·d)	
季 节	冬季	夏季	冬季	夏季	冬季	夏季
标准值	1.2	1.8	0.5	0.7	17	20

注：废水最高允许排放量的单位中，百头、千只均指存栏数。春、秋季废水最高允许排放量按冬、夏季的平均值计算。

表 5 集约化畜禽养殖业水污染物最高允许日均排放浓度

控制项目	五日生化需氧量(mg/L)	化学需氧量(mg/L)	悬浮物/(mg/L)	氨氮(mg/L)	总磷(以 P 计)(mg/L)	粪大肠菌群数(个/mL)	蛔虫卵(个/L)
标准值	150	400	200	80	8.0	10 000	2.0

2. 畜禽养殖业废渣无害化环境标准

(1)畜禽养殖业必须设置废渣的固定储存设施和场所，储存场所要有防止粪液渗漏、溢流措施。

(2)用于直接还田的畜禽粪便，必须进行无害化处理。

(3)禁止直接将废渣倾倒入地表水体或其他环境中。畜禽粪便还田时，不能超过当地的最大农田负荷量，避免造成面源污染和地下水污染。

(4)经无害化处理后的废渣，应符合表 6 的规定。

表 6 畜禽养殖业废渣无害化环境标准

控制项目	指 标
蛔虫卵	死亡率≥95%
粪大肠菌群数	≤10⁵ 个/kg

3. 畜禽养殖业恶臭污染物排放标准

集约化畜禽养殖业恶臭污染物的排放执行表 7 的规定。

表 7 集约化畜禽养殖业恶臭污染物排放标准

控制项目	标准值
臭气浓度(无量纲)	70

4. 畜禽养殖业应积极通过废弃物和粪便的还田或其他措施对所排放的污染物进行综合利用实现污染物的资源化。

四、监测

污染物项目监测的采样点和采样频率应符合国家环境监测技术规范的要求。污染物项目的监测方法按表 8 执行。

表8 畜禽养殖业污染物排放配套监测方法

序号	项　目	监　测　方　法	方　法　来　源
1	生化需氧量(BOD)	稀释与接种法	GB 7488—87
2	化学耗氧量(COD)	重铬酸钾法	GB 11914—89
3	悬浮物(SS)	重量法	GB 11901—89
4	氨氮(NH_3-N)	钠氏试剂比色法	GB 7479—87
		水杨酸分光光度法	GB 7481—87
5	总P(以P计)	钼蓝比色法	①
6	粪大肠菌群数	多管发酵法	GB 5750—85
7	蛔虫卵	吐温－80柠檬酸缓冲液离心沉淀集卵法	②
8	蛔虫卵死亡率	堆肥蛔虫卵检查法	GB 7959—87
9	寄生虫沉降率	粪稀蛔虫卵检查法	GB 7959—87
10	臭气浓度	三点式比较臭袋法	GB 14675

注：①水和废水监测分析方法(第三版)，中国环境科学出版社，1989.

②卫生防疫检验，上海科学技术出版社，1964.

(分析方法中，未列出国家标准的暂时采用下述标准方法，待国家标准方法颁布后执行国家标准。)

五、标准的实施

1. 本标准由县级以上人民政府环境保护行政主管部门实施统一监督管理。

2. 省、自治区、直辖市人民政府可根据地方环境和经济发展的需要，确定严于本标准的集约化畜禽养殖业适用规模，或制定更为严格的地方畜禽养殖业污染物排放标准，并报国务院环境保护行政主管部门备案。

附录7 《畜禽养殖业污染防治技术规范》
(HJ/T 81—2001)

一、主题内容

本技术规范规定了畜禽养殖场的选址要求、场区布局与清粪工艺、畜禽粪便贮存、污水处理、固体粪肥的处理利用、饲料和饲养管理、病死畜禽尸体处理与处置、污染物监测等污染防治的基本技术要求。

二、技术原则

1. 畜禽养殖场的建设应坚持农牧结合、种养平衡的原则，根据本场区土地(包括与其他法人签约承诺水消纳本场区产生粪便污水的土地)对畜禽粪便的消纳能力，确定新建畜禽养殖场的养殖规模。

2. 对于无相应消纳土地的养殖场必须配套建立具有相应加工(处理)能力的粪便污水处理设施或处理(置)机制。

3. 畜禽养殖场的设置应符合区域污染物排放总量控制要求。

三、选址要求

1. 禁止在下列区域内建场

(1)生活饮用水水源保护区、风景名胜区、自然保护区的核心区及缓冲区。

(2)城市和城镇居民区,包括文教科研区、医疗区、商业区、工业区、浏览区等人口集中地区。

(3)县级人民政府依法划定的禁养区域。

(4)国家或地方法律、法规规定需特殊保护的其他区域。

2. 新建、改建、扩建的畜禽养殖场选址应避开禁建区域,在禁建区域附近建设的,应设在禁建区域常年主导风向的下风向或侧风向处,场界与禁建区域边界的最小距离不得小于 500m。

四、场区布局与清粪工艺

1. 新建、改建、扩建的畜禽养殖场应实现生产区、生活管理区的隔离,粪便污水处理设施和禽畜尸体焚烧炉应设在养殖场的生产区、生活管理区的常年主导风向的下风向或侧风向处。

2. 养殖场的排水系统应实行雨水和污水收集输送系统分离,在场区内设置的污水收集输送系统,不得采取明光布设。

3. 新建、改建、扩建的畜禽养殖场应采取干法清粪工艺,采取有效措施将粪及时、单独清出,不可与尿、污水混排出,并将产生的粪渣及时运至贮存或处理场所,实现日产日清。采用水冲粪、水泡粪湿法清粪工艺的养殖场,要逐步改为干法清粪工艺。

五、畜禽粪便的贮存

1. 畜禽养殖场产生的畜禽粪便应设置专门贮存设施,其恶臭及污染物排放应符合《畜禽养殖业污染物排放标准》。

2. 贮存设施的位置必须远离各类功能地表水体(距离不得小于 400 m),并应设在养殖场生产及生活管理区的常年主导风向的下风向或侧风向处。

3. 贮存设施应采取有效的防渗处理工艺,防止畜禽粪便污染地下水。

4. 对于种养结合的养殖场,畜禽粪便贮存设施的总容积不得低于当地农林作物生产用肥的最大间隔时间内本养殖场所产生粪便的总量。

5. 贮存设施应采取设置顶盖等防止降雨(水)进入的措施。

六、污水的处理

1. 畜禽养殖过程中产生的污水应坚持种养结合的原则,经无害化处理后尽量充分还田,实现污水资源化利用。

2. 畜禽污水经治理后向环境中排放,应符合《畜禽养殖业污染物排放标准》的规定,有地方排放标准的应执行地方排放标准。污水作为灌溉用水排入农田前,必须采取有效措施进行净化处理(包括机械的、物理的、化学的和生物学的),并须符合《农田灌溉水质标准》(GB 5084—92)的要求。

(1)在畜禽养殖场与还田利用的农田之间应建立有效的污水输送网络,通过车载或管道形式将处理(置)后的污水输送至农田,要加强管理,严格控制污水输送沿途的弃、撒和跑、冒、滴、漏。

(2)在畜禽养殖场污水排入农田前必须进行预处理(采用格栅、厌氧、沉淀等工艺流程),并应配套设置田间贮存池,以解决农田在非施肥期间的污水出路问题,田间贮存池的总容积不得低于当地农林作物生产用肥的最大间隔时间内畜禽养殖场排放污水的总量。

3. 对没有充足土地消纳污水的畜禽养殖场,可根据当地实际情况选用下列综合利用措施。

(1)经过生物发酵后，可浓缩制成商品液体有机肥料。

(2)进行沼气发酵，对沼渣、沼液应尽可能实现综合利用，同时要避免产生新的污染，沼渣及时清运至粪便储存场所。沼液尽可能进行还田利用，不能还田利用并需外排的要进行进一步净化处理，达到排放标准。沼气发酵产物应符合《粪便无害化卫生标准》(GB 7959—1987)。

4. 制取其他生物能源或进行其他类型的资源回收综合利用，要避免二次污染，并应符合《畜禽养殖业污染物排放标准》的规定。

5. 污水的净化处理应根据养殖种养、养殖规模、清粪方式和当地的自然地理条件，选择合理、适用的污水净化处理工艺和技术路线，尽可能采用自然生物处理的方法，达到回用标准或排放标准。

6. 污水的消毒处理提倡采用非氯化的消毒措施，要注意防止产生二次污染物。

七、固体粪肥的处理利用

1. 土地利用

(1)畜禽粪便必须经过无害化处理，并且须符合《粪便无害化卫生标准》后，才能进行土地利用，禁止未经处理的畜禽粪便直接施肥入农田。

(2)经过处理的粪便作为土地的肥料或土壤调节剂来满足作物生长的需要，其用量不能超过作物当年生长所需养分的需求量。

在确定粪肥的最佳使用量时需要对土壤肥力和粪肥肥效进行测试评价，并应符合当地环境容量的要求。

(3)对高降雨区、坡地及沙质容易产生径流和渗透性较强的土壤，不适宜施用粪肥或粪肥使用量过高易使粪肥流失引起地表水或地下水污染时，应禁止或暂停使用粪肥。

2. 对没有充足土地消纳利用粪肥的大中型畜禽养殖场和养殖小区，应建立集中处理畜禽粪便的有机肥厂或处理(置)机制。

(1)固体粪肥的堆制可采用高温好氧发酵或其他适用技术和方法，以杀死其中的病原菌和蛔虫卵，缩短堆制时间，实现无害化。

(2)高温好氧堆制法分自然堆制发酵法和机械强化发酵法，可根据本场的具体情况选用。

八、饲料和饲养管理

1. 畜禽养殖饲料应采用合理配方，如理想蛋白质体系配方等，提高蛋白质及其他营养的吸收效率，减少氮的排放量和粪的生产量。

2. 提倡使用微生物制剂、酶制剂和植物提取液等活性物质，减少污染物排放和恶臭气体的产生。

3. 养殖场场区、畜禽舍、器械等消毒应采用环境友好的消毒剂和消毒措施(包括紫外线、臭氧、双氧水等方法)，防止产生氯代有机物及其他的二次污染物。

九、病死畜禽尸体的处理与处置

1. 病死畜禽尸体要及时处理，严禁随意丢弃，严禁出售或作为饲料再利用。

2. 病死畜禽尸体处理应采用焚烧炉焚烧的方法，在养殖场比较集中的地区。应集中设置焚烧设施。同时焚烧产生的烟气应采取有效的净化措施，防止烟尘、一氧化碳、恶臭等对周围大气环境的污染。

3. 不具备焚烧条件的养殖场应设置两个以上安全填埋井，填埋井应为混凝土结构，深度大于 2m，直径 1m 井口加盖密封。进行填埋时，在每次投入畜禽尸体后，应覆盖一层厚度大于 10cm 的熟石灰，井填满后，须用黏土填埋压实并封口。

十、畜禽养殖场排放污染物的监测

1. 畜禽养殖场应安装水表，对用水实行计量管理。

2. 畜禽养殖场每年应至少两次定期向当地环境保护行政主管部门报告污水处理设施和粪便处理设施的运行情况，提交排放污水、废气、恶臭以及粪肥的无害化指标的监测报告。

3. 对粪便污水处理设施的水质应定期进行监测，确保达标排放。

4. 排污口应设置国家环境保护总局统一规定的排污口标志。

十一、其他

养殖场防疫、化验等产生的危险废水和固体废弃物应按国家的有关规定进行处理。

附录 8 《恶臭污染物排放标准》(GB 14554—1993)

(1993 年 7 月 19 日，1994 年 1 月 15 日实施)

为贯彻《中华人民共和国大气污染防治法》，控制恶臭污染物对大气的污染，保护和改善环境，制定本标准。

一、主题内容与适用范围

1. 主题内容

本标准分年限规定了 8 种恶臭污染物的一次最大排放限值、复合恶臭物质的臭气浓度限值及无组织排放源的厂界浓度限值。

2. 适用范围

本标准适用于全国所有向大气排放恶臭气体单位及垃圾堆放场的排放管理以及建设项目的环境影响评价、设计竣工验收及其建成后的排放管理。

二、引用标准

GB 3095 大气环境质量标准；

GB 12348 工业企业厂界噪声标准；

GB/T 14675 空气质量 恶臭的测定 三点比较式臭袋法；

GB/T 14676 空气质量 三甲胺的测定 气相色谱法；

GB/T 14677 空气质量 甲苯、二甲苯、苯乙烯的测定 气相色谱法；

GB/T 14678 空气质量 硫化氢、甲硫醇、甲硫醚、二甲二硫的测定 气相色谱法；

GB/T 14679 空气质量 氨的测定 次氯酸钠——水杨酸分光光度法；

GB/T 14680 空气质量 二硫化碳的测定 二乙胺分光光度法。

三、名词术语

1. 恶臭污染物(odor pollutants)指一切刺激嗅觉器官引起人们不愉快及损害生活环境的气体物质。

2. 臭气浓度(odor concentration)指恶臭气体(包括异味)用无臭空气进行稀释,当稀释到刚好无臭时所需的稀释倍数。

3. 无组织排放源　指没有排气筒或排气筒高度低于15m的排放源。

四、技术内容

1. 标准分级

本标准恶臭污染物厂界标准分三级

(1)排入 GB 3095 中一类区的执行一级标准,一类区内不得建新的排污单位。

(2)排入 GB 3095 中二类区的执行二级标准。

(3)排入 GB 3095 中三类区的执行三级标准。

2. 标准值

(1)恶臭污染物厂界标准值是对无组织排放源的限值,如表1所示。

表1　恶臭污染物厂界标准值

序　号	控制项目	单　位	一　级	二　级		三　级	
				新、扩、改建	现　有	新、扩、改建	现　有
1	氨	mg/m³	1.0	1.5	2.0	4.0	5.0
2	三甲胺	mg/m³	0.05	0.08	0.15	0.45	0.80
3	硫化氢	mg/m³	0.03	0.06	0.10	0.32	0.60
4	甲硫醇	mg/m³	0.004	0.007	0.010	0.020	0.035
5	甲硫醚	mg/m³	0.03	0.07	0.15	0.55	1.10
6	二甲二硫	mg/m³	0.03	0.06	0.13	0.42	0.71
7	二硫化碳	mg/m³	2.0	3.0	5.0	8.0	10
8	苯乙烯	mg/m³	3.0	5.0	7.0	14	19
9	臭气浓度	无量纲	10	20	30	60	70

1994 年 6 月 1 日起立项的新、扩、改建设项目及其建成后投产的企业执行二级、三级标准中相应的标准值。

(2)恶臭污染物排放标准值,如表2所示。

表2　恶臭污染物排放标准值

序　号	控制项目	排气筒高度(m)	排放量(kg/h)
1	硫化氢	15	0.33
		20	0.58
		25	0.90
		30	1.3
		35	1.8
		40	2.3
		60	5.2
		80	9.3
		100	14
		120	21

续表

序 号	控制项目	排气筒高度(m)	排放量(kg/h)
2	甲硫醇	15	0.04
		20	0.08
		25	0.12
		30	0.17
		35	0.24
		40	0.31
		60	0.69
3	甲硫醚	15	0.33
		20	0.58
		25	0.90
		30	1.3
		35	1.8
		40	2.3
		60	5.2
4	二甲二硫醚	15	0.43
		20	0.77
		25	1.2
		30	1.7
		35	2.4
		40	3.1
		60	7.0
5	二硫化碳	15	1.5
		20	2.7
		25	4.2
		30	6.1
		35	8.3
		40	11
		60	24
		80	43
		100	68
		120	97
6	氨	15	4.9
		20	8.7
		25	14
		30	20
		35	27
		40	35
		60	75

续表

序　号	控制项目	排气筒高度(m)	排放量(kg/h)
7	苯乙烯	15	6.5
		20	12
		25	18
		30	26
		35	35
		40	46
		60	104
8	三甲胺	15	0.54
		20	0.97
		25	1.5
		30	2.2
		35	3.0
		40	3.9
		60	8.7
		80	15
		100	24
		120	35
9	臭气浓度	15	2 000
		25	6 000
		35	15 000
		40	20 000
		50	40 000
		≥60	60 000

五、标准的实施

1. 排污单位排放(包括泄漏和无组织排放)的恶臭污染物,在排污单位边界上规定监测点(无其他干扰因素)的一次最大监测值(包括臭气浓度)都必须低于或等于恶臭污染物厂界标准值。

2. 排污单位经烟、气排、气筒(高度在15m以上)排放的恶臭污染物的排放量和臭气浓度都必须低于或等于恶臭污染物排放标准。

3. 排污单位经排水排出并散发的恶臭污染物和臭气浓度必须低于或等于恶臭污染物厂界标准值。

六、监测

1. 有组织排放源监测

(1)排气筒的最低高度不得低于15m。

(2)凡在表2所列两种高度之间的排气筒,采用四舍五入的方法计算其排气筒的高度。表2中所列的排气筒高度系指从地面(零地面)起至排气口的垂直高度。

(3)采样点

有组织排放源的监测采样点应为臭气进入大气的排气口,也可以在水平排气道和排气筒下部采样监测,测得臭气浓度或进行换算求得实际排放量。经过治理的污染源监测点设在治理装置的排气口,并应设置永久性标志。

(4)有组织排放源采样频率应按生产周期确定监测频率,生产周期在 8 h 以内的,每 2 h 采集一次。生产周期大于 8 h 的,每 4 h 采集一次,取其最大测定值。

2. 无组织排放源监测

(1)采样点

厂界的监测采样点,设置在工厂厂界的下风向侧,或有臭气方位的边界线上。

(2)采样频率

连续排放源相隔 2 h 采一次,共采集 4 次,取其最大测定值。间歇排放源选择在气味最大时间内采样,样品采集次数不少于 3 次,取其最大测定值。

3. 水域监测

水域(包括海洋、河流、湖泊、排水沟、渠)的监测,应以岸边为厂界线,其采样点设置、采样频率与无组织排放源监测相同。

4. 测定

标准中各单项恶臭污染物与臭气浓度的测定方法,如表 3 所示。

表 3 恶臭污染物与臭气浓度测定方法

序 号	控制项目	测定方法
1	氨	GB/T 14679
2	三甲胺	GB/T 14676
3	硫化氢	GB/T 14678
4	甲硫醇	GB/T 14678
5	甲硫醚	GB/T 14678
6	二甲二硫醚	GB/T 14678
7	二硫化碳	GB/T 14680
8	苯乙烯	GB/T 14677
9	臭气浓度	GB/T 14675

附加说明:

本标准由国家环境保护局科技标准司提出。

本标准由天津市环境保护科学研究所、北京市机电研究院环保技术研究所主编。

本标准主要起草人石磊、王延吉、李秀荣、姜菊、王鸿志、卫红梅。

本标准由国家环境保护局负责解释。

附录9 《中华人民共和国环境影响评价法》

(2002 年 10 月 28 日第九届全国人民代表大会常务委员会第三十次会议通过)

第一章 总 则

第一条 为了实施可持续发展战略,预防因规划和建设项目实施后对环境造成不良影响，促进经济、社会和环境的协调发展，制定本法。

第二条　本法所称环境影响评价，是指对规划和建设项目实施后可能造成的环境影响进行分析、预测和评估，提出预防或者减轻不良环境影响的对策和措施，进行跟踪监测的方法与制度。

第三条　编制本法第九条所规定的范围内的规划，在中华人民共和国领域和中华人民共和国管辖的其他海域内建设对环境有影响的项目，应当依照本法进行环境影响评价。

第四条　环境影响评价必须客观、公开、公正，综合考虑规划或者建设项目实施后对各种环境因素及其所构成的生态系统可能造成的影响，为决策提供科学依据。

第五条　国家鼓励有关单位、专家和公众以适当方式参与环境影响评价。

第六条　国家加强环境影响评价的基础数据库和评价指标体系建设，鼓励和支持对环境影响评价的方法、技术规范进行科学研究，建立必要的环境影响评价信息共享制度，提高环境影响评价的科学性。

国务院环境保护行政主管部门应当会同国务院有关部门，组织建立和完善环境影响评价的基础数据库和评价指标体系。

第二章　规划的环境影响评价

第七条　国务院有关部门、设区的市级以上地方人民政府及其有关部门，对其组织编制的土地利用的有关规划，区域、流域、海域的建设、开发利用规划，应当在规划编制过程中组织进行环境影响评价，编写该规划有关环境影响的篇章或者说明。

规划有关环境影响的篇章或者说明，应当对规划实施后可能造成的环境影响作出分析、预测和评估，提出预防或者减轻不良环境影响的对策和措施，作为规划草案的组成部分一并报送规划审批机关。

未编写有关环境影响的篇章或者说明的规划草案，审批机关不予审批。

第八条　国务院有关部门、设区的市级以上地方人民政府及其有关部门，对其组织编制的工业、农业、畜牧业、林业、能源、水利、交通、城市建设、旅游、自然资源开发的有关专项规划（以下简称专项规划），应当在该专项规划草案上报审批前，组织进行环境影响评价，并向审批该专项规划的机关提出环境影响报告书。

前款所列专项规划中的指导性规划，按照本法第七条的规定进行环境影响评价。

第九条　依照本法第七条、第八条的规定进行环境影响评价的规划的具体范围，由国务院环境保护行政主管部门会同国务院有关部门规定，报国务院批准。

第十条　专项规划的环境影响报告书应当包括下列内容：

1. 实施该规划对环境可能造成影响的分析、预测和评估；

2. 预防或者减轻不良环境影响的对策和措施；

3. 环境影响评价的结论。

第十一条　专项规划的编制机关对可能造成不良环境影响并直接涉及公众环境权益的规划，应当在该规划草案报送审批前，举行论证会、听证会，或者采取其他形式，征求有关单位、专家和公众对环境影响报告书草案的意见。但是，国家规定需要保密的情形除外。

编制机关应当认真考虑有关单位、专家和公众对环境影响报告书草案的意见，并应当在报送审查的环境影响报告书中附具对意见采纳或者不采纳的说明。

第十二条 专项规划的编制机关在报批规划草案时，应当将环境影响报告书一并附送审批机关审查；未附送环境影响报告书的，审批机关不予审批。

第十三条 设区的市级以上人民政府在审批专项规划草案，作出决策前，应当先由人民政府指定的环境保护行政主管部门或者其他部门召集有关部门代表和专家组成审查小组，对环境影响报告书进行审查。审查小组应当提出书面审查意见。

参加前款规定的审查小组的专家，应当从按照国务院环境保护行政主管部门的规定设立的专家库内的相关专业的专家名单中，以随机抽取的方式确定。

由省级以上人民政府有关部门负责审批的专项规划，其环境影响报告书的审查办法，由国务院环境保护行政主管部门会同国务院有关部门制定。

第十四条 设区的市级以上人民政府或者省级以上人民政府有关部门在审批专项规划草案时，应当将环境影响报告书结论以及审查意见作为决策的重要依据。

在审批中未采纳环境影响报告书结论以及审查意见的，应当作出说明，并存档备查。

第十五条 对环境有重大影响的规划实施后，编制机关应当及时组织环境影响的跟踪评价，并将评价结果报告审批机关；发现有明显不良环境影响的，应当及时提出改进措施。

第三章 建设项目的环境影响评价

第十六条 国家根据建设项目对环境的影响程度，对建设项目的环境影响评价实行分类管理。

建设单位应当按照下列规定组织编制环境影响报告书、环境影响报告表或者填报环境影响登记表（以下统称环境影响评价文件）：

1. 可能造成重大环境影响的，应当编制环境影响报告书，对产生的环境影响进行全面评价；

2. 可能造成轻度环境影响的，应当编制环境影响报告表，对产生的环境影响进行分析或者专项评价；

3. 对环境影响很小、不需要进行环境影响评价的，应当填报环境影响登记表。

建设项目的环境影响评价分类管理名录，由国务院环境保护行政主管部门制定并公布。

第十七条 建设项目的环境影响报告书应当包括下列内容：

1. 建设项目概况；

2. 建设项目周围环境现状；

3. 建设项目对环境可能造成影响的分析、预测和评估；

4. 建设项目环境保护措施及其技术、经济论证；

5. 建设项目对环境影响的经济损益分析；

6. 对建设项目实施环境监测的建议；

7. 环境影响评价的结论。

涉及水土保持的建设项目，还必须有经水行政主管部门审查同意的水土保持方案。

环境影响报告表和环境影响登记表的内容和格式，由国务院环境保护行政主管部门制定。

第十八条　建设项目的环境影响评价，应当避免与规划的环境影响评价相重复。

作为一项整体建设项目的规划，按照建设项目进行环境影响评价，不进行规划的环境影响评价。

已经进行了环境影响评价的规划所包含的具体建设项目，其环境影响评价内容建设单位可以简化。

第十九条　接受委托为建设项目环境影响评价提供技术服务的机构，应当经国务院环境保护行政主管部门考核审查合格后，颁发资质证书，按照资质证书规定的等级和评价范围，从事环境影响评价服务，并对评价结论负责。为建设项目环境影响评价提供技术服务的机构的资质条件和管理办法，由国务院环境保护行政主管部门制定。

国务院环境保护行政主管部门对已取得资质证书的为建设项目环境影响评价提供技术服务的机构的名单，应当予以公布。

为建设项目环境影响评价提供技术服务的机构，不得与负责审批建设项目环境影响评价文件的环境保护行政主管部门或者其他有关审批部门存在任何利益关系。

第二十条　环境影响评价文件中的环境影响报告书或者环境影响报告表，应当由具有相应环境影响评价资质的机构编制。

任何单位和个人不得为建设单位指定对其建设项目进行环境影响评价的机构。

第二十一条　除国家规定需要保密的情形外，对环境可能造成重大影响、应当编制环境影响报告书的建设项目，建设单位应当在报批建设项目环境影响报告书前，举行论证会、听证会，或者采取其他形式，征求有关单位、专家和公众的意见。

建设单位报批的环境影响报告书应当附具对有关单位、专家和公众的意见采纳或者不采纳的说明。

第二十二条　建设项目的环境影响评价文件，由建设单位按照国务院的规定报有审批权的环境保护行政主管部门审批；建设项目有行业主管部门的，其环境影响报告书或者环境影响报告表应当经行业主管部门预审后，报有审批权的环境保护行政主管部门审批。

海洋工程建设项目的海洋环境影响报告书的审批，依照《中华人民共和国海洋环境保护法》的规定办理。

审批部门应当自收到环境影响报告书之日起六十日内，收到环境影响报告表之日起三十日内，收到环境影响登记表之日起十五日内，分别作出审批决定并书面通知建设单位。

预审、审核、审批建设项目环境影响评价文件，不得收取任何费用。

第二十三条　国务院环境保护行政主管部门负责审批下列建设项目的环境影响评价文件：

1. 核设施、绝密工程等特殊性质的建设项目；

2. 跨省、自治区、直辖市行政区域的建设项目；

3. 由国务院审批的或者由国务院授权有关部门审批的建设项目。

前款规定以外的建设项目的环境影响评价文件的审批权限，由省、自治区、直辖市人民政府规定。

建设项目可能造成跨行政区域的不良环境影响，有关环境保护行政主管部门对该项目的环境影响评价结论有争议的，其环境影响评价文件由共同的上一级环境保护行政主管部门审批。

第二十四条　建设项目的环境影响评价文件经批准后，建设项目的性质、规模、地点、采用的生产工艺或者防治污染、防止生态破坏的措施发生重大变动的，建设单位应当重新报批建设项目的环境影响评价文件。

建设项目的环境影响评价文件自批准之日起超过五年，方决定该项目开工建设的，其环境影响评价文件应当报原审批部门重新审核；原审批部门应当自收到建设项目环境影响评价文件之日起十日内，将审核意见书面通知建设单位。

第二十五条　建设项目的环境影响评价文件未经法律规定的审批部门审查或者审查后未予批准的，该项目审批部门不得批准其建设，建设单位不得开工建设。

第二十六条　建设项目建设过程中，建设单位应当同时实施环境影响报告书、环境影响报告表以及环境影响评价文件审批部门审批意见中提出的环境保护对策措施。

第二十七条　在项目建设、运行过程中产生不符合经审批的环境影响评价文件的情形的，建设单位应当组织环境影响的后评价，采取改进措施，并报原环境影响评价文件审批部门和建设项目审批部门备案；原环境影响评价文件审批部门也可以责成建设单位进行环境影响的后评价，采取改进措施。

第二十八条　环境保护行政主管部门应当对建设项目投入生产或者使用后所产生的环境影响进行跟踪检查，对造成严重环境污染或者生态破坏的，应当查清原因、查明责任。对属于为建设项目环境影响评价提供技术服务的机构编制不实的环境影响评价文件的，依照本法第三十三条的规定追究其法律责任；属于审批部门工作人员失职、渎职，对依法不应批准的建设项目环境影响评价文件予以批准的，依照本法第三十五条的规定追究其法律责任。

第四章　法律责任

第二十九条　规划编制机关违反本法规定，组织环境影响评价时弄虚作假或者有失职行为，造成环境影响评价严重失实的，对直接负责的主管人员和其他直接责任人员，由上级机关或者监察机关依法给予行政处分。

第三十条　规划审批机关对依法应当编写有关环境影响的篇章或者说明而未编写的规划草案，依法应当附送环境影响报告书而未附送的专项规划草案，违法予以批准的，对直接负责的主管人员和其他直接责任人员，由上级机关或者监察机关依法给予行政处分。

第三十一条　建设单位未依法报批建设项目环境影响评价文件，或者未依照本法第二十四条的规定重新报批或者报请重新审核环境影响评价文件，擅自开工建设的，由有权审批该项目环境影响评价文件的环境保护行政主管部门责令停止建设，限期补办手续；逾期不补办手续的，可以处五万元以上二十万元以下的罚款，对建设单位直接负责的主管人员和其他直接责任人员，依法给予行政处分。

建设项目环境影响评价文件未经批准或者未经原审批部门重新审核同意，建设单位擅自开工建设的，由有权审批该项目环境影响评价文件的环境保护行政主管部门责令停止建设，可以处五万元以上二十万元以下的罚款，对建设单位直接负责的主管人员和其他直接责任人员，依法给予行政处分。

海洋工程建设项目的建设单位有前两款所列违法行为的，依照《中华人民共和国海洋环境保护法》的规定处罚。

第三十二条　建设项目依法应当进行环境影响评价而未评价，或者环境影响评价文件未经依法批准，审批部门擅自批准该项目建设的，对直接负责的主管人员和其他直接责任人员，由上级机关或者监察机关依法给予行政处分；构成犯罪的，依法追究刑事责任。

第三十三条　接受委托为建设项目环境影响评价提供技术服务的机构在环境影响评价工作中不负责任或者弄虚作假，致使环境影响评价文件失实的，由授予环境影响评价资质的环境保护行政主管部门降低其资质等级或者吊销其资质证书，并处所收费用一倍以上三倍以下的罚款；构成犯罪的，依法追究刑事责任。

第三十四条　负责预审、审核、审批建设项目环境影响评价文件的部门在审批中收取费用的，由其上级机关或者监察机关责令退还；情节严重的，对直接负责的主管人员和其他直接责任人员依法给予行政处分。

第三十五条　环境保护行政主管部门或者其他部门的工作人员徇私舞弊，滥用职权，玩忽职守，违法批准建设项目环境影响评价文件的，依法给予行政处分；构成犯罪的，依法追究刑事责任。

第五章　附　则

第三十六条　省、自治区、直辖市人民政府可以根据本地的实际情况，要求对本辖区的县级人民政府编制的规划进行环境影响评价。具体办法由省、自治区、直辖市参照本法第二章的规定制定。

第三十七条　军事设施建设项目的环境影响评价办法，由中央军事委员会依照本法的原则制定。

第三十八条　本法自 2003 年 9 月 1 日起施行。

附录 10　《中华人民共和国环境保护法》

（2015 年 1 月 1 日实施）80
主席令第 9 号

（1989 年 12 月 26 日第七届全国人民代表大会常务委员会第十一次会议通过 2014 年 4 月 24 日第十二届全国人民代表大会常务委员会第八次会议修订）

第一章　总　则

第一条　为保护和改善环境，防治污染和其他公害，保障公众健康，推进生态文明建设，促进经济社会可持续发展，制定本法。

第二条　本法所称环境，是指影响人类生存和发展的各种天然的和经过人工改造的自然因素的总体，包括大气、水、海洋、土地、矿藏、森林、草原、湿地、野生生物、自然遗迹、人文遗迹、自然保护区、风景名胜区、城市和乡村等。

第三条　本法适用于中华人民共和国领域和中华人民共和国管辖的其他海域。

第四条　保护环境是国家的基本国策。

国家采取有利于节约和循环利用资源、保护和改善环境、促进人与自然和谐的经济、技术政策和措施，使经济社会发展与环境保护相协调。

第五条　环境保护坚持保护优先、预防为主、综合治理、公众参与、损害担责的原则。

第六条　一切单位和个人都有保护环境的义务。

地方各级人民政府应当对本行政区域的环境质量负责。

企业事业单位和其他生产经营者应当防止、减少环境污染和生态破坏，对所造成的损害依法承担责任。

公民应当增强环境保护意识，采取低碳、节俭的生活方式，自觉履行环境保护义务。

第七条　国家支持环境保护科学技术研究、开发和应用，鼓励环境保护产业发展，促进环境保护信息化建设，提高环境保护科学技术水平。

第八条　各级人民政府应当加大保护和改善环境、防治污染和其他公害的财政投入，提高财政资金的使用效益。

第九条　各级人民政府应当加强环境保护宣传和普及工作，鼓励基层群众性自治组织、社会组织、环境保护志愿者开展环境保护法律法规和环境保护知识的宣传，营造保护环境的良好风气。

教育行政部门、学校应当将环境保护知识纳入学校教育内容，培养学生的环境保护意识。新闻媒体应当开展环境保护法律法规和环境保护知识的宣传，对环境违法行为进行舆论监督。

第十条　国务院环境保护主管部门，对全国环境保护工作实施统一监督管理；县级以上地方人民政府环境保护主管部门，对本行政区域环境保护工作实施统一监督管理。

县级以上人民政府有关部门和军队环境保护部门，依照有关法律的规定对资源保护和污染防治等环境保护工作实施监督管理。

第十一条　对保护和改善环境有显著成绩的单位和个人，由人民政府给予奖励。

第十二条　每年 6 月 5 日为环境日。

第二章　监督管理

第十三条　县级以上人民政府应当将环境保护工作纳入国民经济和社会发展规划。国务院环境保护主管部门会同有关部门，根据国民经济和社会发展规划编制国家环境保护规划，报国务院批准并公布实施。

县级以上地方人民政府环境保护主管部门会同有关部门，根据国家环境保护规划的要求，编制本行政区域的环境保护规划，报同级人民政府批准并公布实施。

环境保护规划的内容应当包括生态保护和污染防治的目标、任务、保障措施等，并与主体功能区规划、土地利用总体规划和城乡规划等相衔接。

第十四条　国务院有关部门和省、自治区、直辖市人民政府组织制定经济、技术政策，应当充分考虑对环境的影响，听取有关方面和专家的意见。

第十五条　国务院环境保护主管部门制定国家环境质量标准。

省、自治区、直辖市人民政府对国家环境质量标准中未作规定的项目，可以制定地方环境质量标准；对国家环境质量标准中已作规定的项目，可以制定严于国家环境质量标准的地方环境质量标准。地方环境质量标准应当报国务院环境保护主管部门备案。

国家鼓励开展环境基准研究。

第十六条　国务院环境保护主管部门根据国家环境质量标准和国家经济、技术条件，制定国家污染物排放标准。

省、自治区、直辖市人民政府对国家污染物排放标准中未作规定的项目，可以制定地方污染物排放标准；对国家污染物排放标准中已作规定的项目，可以制定严于国家污染物排放标准的地方污染物排放标准。地方污染物排放标准应当报国务院环境保护主管部门备案。

第十七条　国家建立、健全环境监测制度。国务院环境保护主管部门制定监测规范，会同有关部门组织监测网络，统一规划国家环境质量监测站（点）的设置，建立监测数据共享机制，加强对环境监测的管理。

有关行业、专业等各类环境质量监测站（点）的设置应当符合法律法规规定和监测规范的要求。

监测机构应当使用符合国家标准的监测设备，遵守监测规范。监测机构及其负责人对监测数据的真实性和准确性负责。

第十八条　省级以上人民政府应当组织有关部门或者委托专业机构，对环境状况进行调查、评价，建立环境资源承载能力监测预警机制。

第十九条　编制有关开发利用规划，建设对环境有影响的项目，应当依法进行环境影响评价。

未依法进行环境影响评价的开发利用规划，不得组织实施；未依法进行环境影响评价的建设项目，不得开工建设。

第二十条　国家建立跨行政区域的重点区域、流域环境污染和生态破坏联合防治协调机制，实行统一规划、统一标准、统一监测、统一的防治措施。

前款规定以外的跨行政区域的环境污染和生态破坏的防治，由上级人民政府协调解决，或者由有关地方人民政府协商解决。

第二十一条　国家采取财政、税收、价格、政府采购等方面的政策和措施，鼓励和支持环境保护技术装备、资源综合利用和环境服务等环境保护产业的发展。

第二十二条　企业事业单位和其他生产经营者，在污染物排放符合法定要求的基础上，进一步减少污染物排放的，人民政府应当依法采取财政、税收、价格、政府采购等方面的政策和措施予以鼓励和支持。

第二十三条　企业事业单位和其他生产经营者，为改善环境，依照有关规定转产、搬迁、关闭的，人民政府应当予以支持。

第二十四条　县级以上人民政府环境保护主管部门及其委托的环境监察机构和其他负有环境保护监督管理职责的部门，有权对排放污染物的企业事业单位和其他生产经营者进行现场检查。被检查者应当如实反映情况，提供必要的资料。实施现场检查的部门、机构及其工作人员应当为被检查者保守商业秘密。

第二十五条　企业事业单位和其他生产经营者违反法律法规规定排放污染物，造成或者可能造成严重污染的，县级以上人民政府环境保护主管部门和其他负有环境保护监督管理职责的部门，可以查封、扣押造成污染物排放的设施、设备。

第二十六条　国家实行环境保护目标责任制和考核评价制度。县级以上人民政府应当将环境保护目标完成情况纳入对本级人民政府负有环境保护监督管理职责的部门及其负责人和下级人民政府及其负责人的考核内容，作为对其考核评价的重要依据。考核结果应当向社会公开。

第二十七条　县级以上人民政府应当每年向本级人民代表大会或者人民代表大会常务委员会报告环境状况和环境保护目标完成情况，对发生的重大环境事件应当及时向本级人民代表大会常务委员会报告，依法接受监督。

第三章　保护和改善环境

第二十八条　地方各级人民政府应当根据环境保护目标和治理任务，采取有效措施，改善环境质量。

未达到国家环境质量标准的重点区域、流域的有关地方人民政府，应当制定限期达标规划，并采取措施按期达标。

第二十九条　国家在重点生态功能区、生态环境敏感区和脆弱区等区域划定生态保护红线，实行严格保护。

各级人民政府对具有代表性的各种类型的自然生态系统区域，珍稀、濒危的野生动植物自然分布区域，重要的水源涵养区域，具有重大科学文化价值的地质构造、著名溶洞和化石分布区、冰川、火山、温泉等自然遗迹，以及人文遗迹、古树名木，应当采取措施予以保护，严禁破坏。

第三十条　开发利用自然资源，应当合理开发，保护生物多样性，保障生态安全，依法制定有关生态保护和恢复治理方案并予以实施。

引进外来物种以及研究、开发和利用生物技术，应当采取措施，防止对生物多样性的破坏。

第三十一条　国家建立、健全生态保护补偿制度。

国家加大对生态保护地区的财政转移支付力度。有关地方人民政府应当落实生态保护补偿资金，确保其用于生态保护补偿。

国家指导受益地区和生态保护地区人民政府通过协商或者按照市场规则进行生态保护补偿。

第三十二条　国家加强对大气、水、土壤等的保护，建立和完善相应的调查、监测、评估和修复制度。

第三十三条　各级人民政府应当加强对农业环境的保护，促进农业环境保护新技术的使用，加强对农业污染源的监测预警，统筹有关部门采取措施，防治土壤污染和土地沙化、盐渍化、贫瘠化、石漠化、地面沉降以及防治植被破坏、水土流失、水体富营养化、水源枯竭、种源灭绝等生态失调现象，推广植物病虫害的综合防治。

县级、乡级人民政府应当提高农村环境保护公共服务水平，推动农村环境综合整治。

第三十四条　国务院和沿海地方各级人民政府应当加强对海洋环境的保护。向海洋排放污染物、倾倒废弃物，进行海岸工程和海洋工程建设，应当符合法律法规规定和有关标准，防止和减少对海洋环境的污染损害。

第三十五条 城乡建设应当结合当地自然环境的特点，保护植被、水域和自然景观，加强城市园林、绿地和风景名胜区的建设与管理。

第三十六条 国家鼓励和引导公民、法人和其他组织使用有利于保护环境的产品和再生产品，减少废弃物的产生。

国家机关和使用财政资金的其他组织应当优先采购和使用节能、节水、节材等有利于保护环境的产品、设备和设施。

第三十七条 地方各级人民政府应当采取措施，组织对生活废弃物的分类处置、回收利用。

第三十八条 公民应当遵守环境保护法律法规，配合实施环境保护措施，按照规定对生活废弃物进行分类放置，减少日常生活对环境造成的损害。

第三十九条 国家建立、健全环境与健康监测、调查和风险评估制度；鼓励和组织开展环境质量对公众健康影响的研究，采取措施预防和控制与环境污染有关的疾病。

第四章 防治污染和其他公害

第四十条 国家促进清洁生产和资源循环利用。

国务院有关部门和地方各级人民政府应当采取措施，推广清洁能源的生产和使用。企业应当优先使用清洁能源，采用资源利用率高、污染物排放量少的工艺、设备以及废弃物综合利用技术和污染物无害化处理技术，减少污染物的产生。

第四十一条 建设项目中防治污染的设施，应当与主体工程同时设计、同时施工、同时投产使用。防治污染的设施应当符合经批准的环境影响评价文件的要求，不得擅自拆除或者闲置。

第四十二条 排放污染物的企业事业单位和其他生产经营者，应当采取措施，防治在生产建设或者其他活动中产生的废气、废水、废渣、医疗废物、粉尘、恶臭气体、放射性物质以及噪声、振动、光辐射、电磁辐射等对环境的污染和危害。

排放污染物的企业事业单位，应当建立环境保护责任制度，明确单位负责人和相关人员的责任。

重点排污单位应当按照国家有关规定和监测规范安装使用监测设备，保证监测设备正常运行，保存原始监测记录。

严禁通过暗管、渗井、渗坑、灌注或者篡改、伪造监测数据，或者不正常运行防治污染设施等逃避监管的方式违法排放污染物。

第四十三条 排放污染物的企业事业单位和其他生产经营者，应当按照国家有关规定缴纳排污费。排污费应当全部专项用于环境污染防治，任何单位和个人不得截留、挤占或者挪作他用。

依照法律规定征收环境保护税的，不再征收排污费。

第四十四条 国家实行重点污染物排放总量控制制度。重点污染物排放总量控制指标由国务院下达，省、自治区、直辖市人民政府分解落实。企业事业单位在执行国家和地方污染物排放标准的同时，应当遵守分解落实到本单位的重点污染物排放总量控制指标。

对超过国家重点污染物排放总量控制指标或者未完成国家确定的环境质量目标的地区，省级以上人民政府环境保护主管部门应当暂停审批其新增重点污染物排放总量的建设项目环境影响评价文件。

第四十五条　国家依照法律规定实行排污许可管理制度。

实行排污许可管理的企业事业单位和其他生产经营者应当按照排污许可证的要求排放污染物；未取得排污许可证的，不得排放污染物。

第四十六条　国家对严重污染环境的工艺、设备和产品实行淘汰制度。任何单位和个人不得生产、销售或者转移、使用严重污染环境的工艺、设备和产品。

禁止引进不符合我国环境保护规定的技术、设备、材料和产品。

第四十七条　各级人民政府及其有关部门和企业事业单位，应当依照《中华人民共和国突发事件应对法》的规定，做好突发环境事件的风险控制、应急准备、应急处置和事后恢复等工作。

县级以上人民政府应当建立环境污染公共监测预警机制，组织制定预警方案；环境受到污染，可能影响公众健康和环境安全时，依法及时公布预警信息，启动应急措施。

企业事业单位应当按照国家有关规定制定突发环境事件应急预案，报环境保护主管部门和有关部门备案。在发生或者可能发生突发环境事件时，企业事业单位应当立即采取措施处理，及时通报可能受到危害的单位和居民，并向环境保护主管部门和有关部门报告。

突发环境事件应急处置工作结束后，有关人民政府应当立即组织评估事件造成的环境影响和损失，并及时将评估结果向社会公布。

第四十八条　生产、储存、运输、销售、使用、处置化学物品和含有放射性物质的物品，应当遵守国家有关规定，防止污染环境。

第四十九条　各级人民政府及其农业等有关部门和机构应当指导农业生产经营者科学种植和养殖，科学合理施用农药、化肥等农业投入品，科学处置农用薄膜、农作物秸秆等农业废弃物，防止农业面源污染。

禁止将不符合农用标准和环境保护标准的固体废物、废水施入农田。施用农药、化肥等农业投入品及进行灌溉，应当采取措施，防止重金属和其他有毒有害物质污染环境。

畜禽养殖场、养殖小区、定点屠宰企业等的选址、建设和管理应当符合有关法律法规规定。从事畜禽养殖和屠宰的单位和个人应当采取措施，对畜禽粪便、尸体和污水等废弃物进行科学处置，防止污染环境。

县级人民政府负责组织农村生活废弃物的处置工作。

第五十条　各级人民政府应当在财政预算中安排资金，支持农村饮用水水源地保护、生活污水和其他废弃物处理、畜禽养殖和屠宰污染防治、土壤污染防治和农村工矿污染治理等环境保护工作。

第五十一条　各级人民政府应当统筹城乡建设污水处理设施及配套管网，固体废物的收集、运输和处置等环境卫生设施，危险废物集中处置设施、场所以及其他环境保护公共设施，并保障其正常运行。

第五十二条　国家鼓励投保环境污染责任保险。

第五章　信息公开和公众参与

第五十三条　信息公开和公众参与公民、法人和其他组织依法享有获取环境信息、参与和监督环境保护的权利。

各级人民政府环境保护主管部门和其他负有环境保护监督管理职责的部门，应当依法公开环境信息、完善公众参与程序，为公民、法人和其他组织参与和监督环境保护提供便利。

第五十四条　国务院环境保护主管部门统一发布国家环境质量、重点污染源监测信息及其他重大环境信息。省级以上人民政府环境保护主管部门定期发布环境状况公报。

县级以上人民政府环境保护主管部门和其他负有环境保护监督管理职责的部门，应当依法公开环境质量、环境监测、突发环境事件以及环境行政许可、行政处罚、排污费的征收和使用情况等信息。

县级以上地方人民政府环境保护主管部门和其他负有环境保护监督管理职责的部门，应当将企业事业单位和其他生产经营者的环境违法信息记入社会诚信档案，及时向社会公布违法者名单。

第五十五条　重点排污单位应当如实向社会公开其主要污染物的名称、排放方式、排放浓度和总量、超标排放情况，以及防治污染设施的建设和运行情况，接受社会监督。

第五十六条　对依法应当编制环境影响报告书的建设项目，建设单位应当在编制时向可能受影响的公众说明情况，充分征求意见。

负责审批建设项目环境影响评价文件的部门在收到建设项目环境影响报告书后，除涉及国家秘密和商业秘密的事项外，应当全文公开；发现建设项目未充分征求公众意见的，应当责成建设单位征求公众意见。

第五十七条　公民、法人和其他组织发现任何单位和个人有污染环境和破坏生态行为的，有权向环境保护主管部门或者其他负有环境保护监督管理职责的部门举报。

公民、法人和其他组织发现地方各级人民政府、县级以上人民政府环境保护主管部门和其他负有环境保护监督管理职责的部门不依法履行职责的，有权向其上级机关或者监察机关举报。

接受举报的机关应当对举报人的相关信息予以保密，保护举报人的合法权益。

第五十八条　对污染环境、破坏生态，损害社会公共利益的行为，符合下列条件的社会组织可以向人民法院提起诉讼：

（一）依法在设区的市级以上人民政府民政部门登记；

（二）专门从事环境保护公益活动连续五年以上且无违法记录。

符合前款规定的社会组织向人民法院提起诉讼，人民法院应当依法受理。

提起诉讼的社会组织不得通过诉讼牟取经济利益。

第六章　法律责任

第五十九条　法律责任企业事业单位和其他生产经营者违法排放污染物，受到罚款处罚，被责令改正，拒不改正的，依法作出处罚决定的行政机关可以自责令改正之日的次日起，按照原处罚数额按日连续处罚。

前款规定的罚款处罚，依照有关法律法规按照防治污染设施的运行成本、违法行为造成的直接损失或者违法所得等因素确定的规定执行。

地方性法规可以根据环境保护的实际需要，增加第一款规定的按日连续处罚的违法行为的种类。

第六十条　企业事业单位和其他生产经营者超过污染物排放标准或者超过重点污染物排放总量控制指标排放污染物的，县级以上人民政府环境保护主管部门可以责令其采取限制生产、停产整治等措施；情节严重的，报经有批准权的人民政府批准，责令停业、关闭。

第六十一条　建设单位未依法提交建设项目环境影响评价文件或者环境影响评价文件未经批准，擅自开工建设的，由负有环境保护监督管理职责的部门责令停止建设，处以罚款，并可以责令恢复原状。

第六十二条　违反本法规定，重点排污单位不公开或者不如实公开环境信息的，由县级以上地方人民政府环境保护主管部门责令公开，处以罚款，并予以公告。

第六十三条　企业事业单位和其他生产经营者有下列行为之一，尚不构成犯罪的，除依照有关法律法规规定予以处罚外，由县级以上人民政府环境保护主管部门或者其他有关部门将案件移送公安机关，对其直接负责的主管人员和其他直接责任人员，处十日以上十五日以下拘留；情节较轻的，处五日以上十日以下拘留：

（一）建设项目未依法进行环境影响评价，被责令停止建设，拒不执行的；

（二）违反法律规定，未取得排污许可证排放污染物，被责令停止排污，拒不执行的；

（三）通过暗管、渗井、渗坑、灌注或者篡改、伪造监测数据，或者不正常运行防治污染设施等逃避监管的方式违法排放污染物的；

（四）生产、使用国家明令禁止生产、使用的农药，被责令改正，拒不改正的。

第六十四条　因污染环境和破坏生态造成损害的，应当依照《中华人民共和国侵权责任法》的有关规定承担侵权责任。

第六十五条　因污染环境和破坏生态造成损害的，应当依照《中华人民共和国环境影响评价机构、环境监测机构以及从事环境监测设民共和国侵权责任法》的有关规定承担侵权责任。备和防治污染设施维护、运营的机构，在有关环境服务活动中弄虚作假，对造成的环境污染和生态破坏负有责任的，除依照有关法律法规规定予以处罚外，还应当与造成环境污染和生态破坏的其他责任者承担连带责任。

第六十六条　提起环境损害赔偿诉讼的时效期间为三年，从当事人知道或者应当知道其受到损害时起计算。

第六十七条　上级人民政府及其环境保护主管部门应当加强对下级人民政府及其有关部门环境保护工作的监督。发现有关工作人员有违法行为，依法应当给予处分的，应当向其任免机关或者监察机关提出处分建议。

依法应当给予行政处罚，而有关环境保护主管部门不给予行政处罚的，上级人民政府环境保护主管部门可以直接作出行政处罚的决定。

第六十八条　地方各级人民政府、县级以上人民政府环境保护主管部门和其他负有环境保护监督管理职责的部门有下列行为之一的，对直接负责的主管人员和其他直接责任人员给予记过、记大过或者降级处分；造成严重后果的，给予撤职或者开除处分，其主要负责人应当引咎辞职：

（一）不符合行政许可条件准予行政许可的；

（二）对环境违法行为进行包庇的；

（三）依法应当作出责令停业、关闭的决定而未作出的；

（四）对超标排放污染物、采用逃避监管的方式排放污染物、造成环境事故以及不落实生态保护措施造成生态破坏等行为，发现或者接到举报未及时查处的；

（五）违反本法规定，查封、扣押企业事业单位和其他生产经营者的设施、设备的；

（六）篡改、伪造或者指使篡改、伪造监测数据的；

（七）应当依法公开环境信息而未公开的；

（八）将征收的排污费截留、挤占或者挪作他用的；

（九）法律法规规定的其他违法行为。

第六十九条　违反本法规定，构成犯罪的，依法追究刑事责任。

第七章　第七十条　附则

本法自 2015 年 1 月 1 日起施行。

主要参考文献

[1] 李震钟．家畜环境卫生学附牧场设计．北京：中国农业出版社，1993

[2] 刘卫东，孔庆友．家畜环境卫生学．北京：中国农业出版社，2000

[3] 冯春霞．家畜环境卫生．北京：中国农业出版社，2001

[4] 李如治．家畜环境卫生学．北京：中国农业出版社，2003

[5] 刘凤华．家畜环境卫生学．北京：中国农业大学出版社，2004

[6] 蔡长霞．畜禽环境卫生．北京：中国农业出版社，2006

[7] 刘鹤翔．家畜环境卫生．重庆：重庆大学出版社，2007

[8] 王庆稿．畜禽环境卫生学．北京：中国农业出版社，1995

[9] 周大康．家畜环境卫生学．北京：中国农业出版社，2001

[10] 梁学武．现代奶牛生产．北京：中国农业出版社，2002

[11] 李宝林．猪生产．北京：中国农业出版社，2001

[12] 魏国生．动物生产概论．北京：中央广播电视大学出版社，1999

[13] 杨宁等．现代养鸡生产．北京：北京农业大学出版社，1995

[14] 杨和平．牛羊生产．北京：中国农业出版社，2001

[15] 豆卫．禽类生产．北京：中国农业出版社，2001

[16] 赵云焕，刘卫东．畜禽环境卫生与牧场设计．郑州：河南科学技术出版社，2007

[17] 郑翠芝．畜牧场设计及畜禽舍环境调控．北京：中国农业出版社，2012

[18] 蒲德伦，朱海生．家畜环境卫生学及牧场设计．北京：中国农业出版社，2015